湖北师范大学资助出版
武汉科技大学资助出版

旋转设备小样本跨工况故障诊断

胡俊伟　李维刚　张　永　著

华中科技大学出版社
中国·武汉

内容简介

本书介绍了旋转设备小样本跨工况故障诊断的基础理论和工程应用,阐述了小样本机械故障数据驱动诊断技术和工程背景。全书分为11章,内容包括:绪论,旋转机械故障和小样本智能诊断技术基础理论,基于数据增强、优化元学习、度量元学习和半监督学习等的小样本智能诊断技术和实例应用,以及智能诊断的未来挑战。本书涵盖了作者团队近年来在小样本数据驱动故障诊断方面所取得的最新研究成果,内容新颖,结构清晰,实用性强,可为旋转设备小样本跨工况故障诊断提供理论支持和方法指导。

本书主要适合机械设备故障诊断、状态监测和可靠性维护等领域的技术人员使用和参考,也可作为机械工程、自动化、智能制造和人工智能等相关学科专业的在校师生的教材以及研究人员的参考书。

图书在版编目(CIP)数据

旋转设备小样本跨工况故障诊断 / 胡俊伟,李维刚,张永著. -- 武汉:华中科技大学出版社,2025.8.
ISBN 978-7-5772-2072-7

Ⅰ. TH133

中国国家版本馆 CIP 数据核字第 2025Z740L8 号

旋转设备小样本跨工况故障诊断　　　　　　　　　　　　　胡俊伟　李维刚　张　永　著
Xuanzhuan Shebei Xiaoyangben Kuagongkuang Guzhang Zhenduan

策划编辑:张少奇
责任编辑:程　青
封面设计:廖亚萍
责任监印:朱　玢

出版发行:华中科技大学出版社(中国·武汉)　　　　电话:(027)81321913
　　　　　武汉市东湖新技术开发区华工科技园　　　　邮编:430223
录　　排:武汉市洪山区佳年华文印部
印　　刷:武汉市洪林印务有限公司
开　　本:787mm×1092mm　1/16
印　　张:12.5
字　　数:294千字
版　　次:2025年8月第1版第1次印刷
定　　价:69.80元

前　　言

以深度学习为基础的人工智能技术促进了现代工业的快速发展,机械系统设备日益复杂和精密,机械故障诊断技术呈现出多学科交叉和融合的特点。从21世纪开始,随着计算机技术和复杂系统诊断技术不断丰富,新时代工业智能制造对机械故障诊断技术提出了新的要求。党的二十大报告指出,要推动战略性新兴产业融合集群发展,构建新一代信息技术、人工智能、生物技术、新能源、新材料、高端装备、绿色环保等一批新的增长引擎,加快发展数字经济,促进数字经济和实体经济深度融合,打造具有国际竞争力的数字产业集群。人工智能是国家战略的重要组成部分,是未来国际竞争的焦点和经济发展的新引擎。

本书紧跟新时代工业化与信息化深度融合的契机,面向新一代人工智能诊断技术,立足于机械装备智能诊断的迫切工程需求,以及国家新工科建设,围绕小样本变工况的实际工业场景,进行大数据驱动的机械装备智能诊断。轴承和齿轮箱作为机械装备关键部件,其健康状态诊断对系统装备的稳定运行、生产效率提高和生产安全起着至关重要的作用。近年来,系统关键机械设备故障引发的灾难性事故时有发生,旋转设备小样本跨工况故障诊断成为当下的研究热点。

结合当前机械智能诊断技术的研究现状,作者基于课题组多年的机械故障诊断技术研究经验,本着与时俱进、理论和应用相结合的原则,在本书中为读者提供了一系列面向旋转设备小样本跨工况故障诊断方法的最新研究成果。本书首先介绍了机械故障诊断技术的发展和现状,分析了本书研究的意义。接着,介绍了机械故障和小样本智能诊断基础理论,系统地阐述了小样本旋转机械故障智能诊断理论和实现方法。最后,还针对智能诊断的挑战和未来发展方向进行了调研总结,方便读者理解并掌握智能故障诊断方面的专业知识,也为其他工业复杂机械设备的故障诊断提供新的技术途径。

本书由武汉科技大学张永教授统筹编撰,湖北师范大学胡俊伟博士负责主要撰写工作,武汉科技大学戴源、程舒烈硕士参与撰写,全书由武汉科技大学李维刚教授编辑校稿。武汉科技大学人工智能与自动化学院机电设备健康分析与性能优化研究室的研究工作和相关成果为本书提供了丰富的素材,湖北师范大学电气工程与自动化学院孙鹤洋硕士对本书进行了细致的校对,在此对他们的辛勤付出表示真诚的感谢。

衷心感谢湖北师范大学詹习生教授、程伶俐副教授为本书的出版给予的支持和帮助,本书在撰写过程中参考了大量同行学者的成果和意见,在此表示感谢。本书获湖北师范大学资助(湖北师范大学规划教材),同时还得到了国家自然科学基金项目(62273264,62303169)的支持,获武汉科技大学冶金自动化与检测技术教育部工程研究中心开放基金(MADTOF2024A02)资助,获广西重点研发计划项目(桂科 AB22035023),湖北省自然科学基金创新群体项目(2025AFA040)、联合基金项目(2024AFD008),湖北省教育厅科学技术研究项目(Q20242511),湖北省教育厅科学研究计划青年人才项目(Q20232513),武汉市重点研发计划项目(2025050102030008)支持,在此一并表示感谢。

设备状态监测与智能诊断是一个新兴的交叉研究方向,很多理论方法还不成熟,应用研究更是欠缺。限于著者水平有限,书中难免有疏漏及不妥之处,恳请广大读者批评指正。

著者

2025 年 4 月

目录

第1章 绪 论

1.1 研究背景及意义

近年来,随着美国的"工业互联网"、德国的"工业4.0"以及中国的"中国制造2025"等产业政策的出台,各国都试图以人工智能技术为支点,提高制造业的整体实力[1]。与工业制造息息相关的旋转机械设备,在包括汽车制造、航空航天和轨道交通等的许多领域中都扮演着至关重要的角色。由于旋转机械设备通常服役于高负载、高转速和高温度等恶劣环境,其关键部件如滚动轴承、齿轮等容易出现故障。因此,保障旋转机械设备的高效稳定运行对于提高生产效率、减少经济损失、保障产品质量和生产安全至关重要[2]。对工作中的旋转设备进行实时监测、状态识别、状态预警和故障诊断,可显著提升旋转机械设备的可靠性,降低维护成本,延长使用寿命[3]。《机械工程学科发展战略报告(2021~2035)》[4]明确指出以预测为中心的机械装备故障预测与健康管理(prognostics and health management,PHM)是机械工程未来5~15年研究前沿与重大科学问题。

健康评估(health assessment,HA)作为预测性维护的基础,旨在对工业制造关键部件的健康状态进行在线监测与预测,健康评估技术的可靠性直接影响着运维决策与维修计划的制订。《中国制造2025》[5]鼓励企业采用先进的健康评估技术,开展工业设备的在线监测和预测,提升设备安全可靠性。掌握可靠的健康评估技术,对提升我国高端制造装备竞争力具有关键作用。习近平总书记指出:"谁能把握大数据、人工智能等新经济发展机遇,谁就把准了时代脉搏。"近年来,以生成式人工智能为代表的新一代人工智能技术加速发展,成为各国抢占科技革命与产业革命优势地位的技术制高点。以深度学习为基础的人工智能诊断技术不仅有利于我国在这一轮人工智能技术变革中掌握设备运维的主动权,更是我国在本轮制造业运维发展中积累竞争优势的战略抓手之一。

故障诊断是工业设备预测与健康管理[6]中的关键技术,故障诊断在挖掘监测数据与设备健康状态之间的关系方面发挥着重要作用,其目的是准确检测故障和定位故障,从而确定在预防性维护中应对故障的行动方案。近年来,机械设备向高速、复杂的方向发展,同时也需要满足高效、稳定、长期运行的要求,故障诊断已成为大多数工业复杂系统中不可或缺的技术[7]。

旋转机械设备的健康状态可以由运行中的振动、电流、电压、声音和力矩等信息的变化来体现,可通过对变化信息的挖掘和分析来判断旋转机械设备的健康状态。传统的故障诊断主要采用信号处理的方法[8],即从原始信号中提取时域、频域和时频域特征进行设备诊断分析,这需要专业知识和专家经验。随着传感器技术、数据采集技术的飞速发展,设备变化信息的采集更加方便;同时,随着工业设备的高度集成化、智能化发展,在大数据背景下,传统的旋转设备故障诊断方法无法满足现有工业智能制造实时高效的诊断要求。随着机器学习[9]的发展,通过大量数据的输入训练,机器学习模型可以自动调整和优化参数,逐步改善性能。这种数据驱动的方法使得系统更具灵活性,能够适应不同工况和设备的变化。利用数据驱动的方式从设备的变化信息中挖掘有效的故障特征并进行故障诊断是一种有效的手段[10]。深度学习作为机器学习的一种,其相关故障诊断方法在大型工业系统中得到了广泛的研究和应用[11,12],与严重依赖专家知识和经验的传统方法相比,深度学习方法通过利用强大的特征提取功能,削弱了对手工特征工程的依赖。然而,只有在存在足够多的训练数据样本时,才能保证深度学习模型的有效性。当这一前提条件无法得到满足时,这些模型的性能可能会大大下降。在实际工业应用中,通常存在海量的正常数据,而突发性故障的数据非常稀少,并且对数据打标签也需要消耗大量时间和成本。这类场景的故障诊断被称为小样本故障诊断[13],只能使用标签率极低的数据集来训练模型,而极有限的训练样本会造成模型过拟合等问题。同时,由于设备工况的变化,模型无法快速适应跨工况的故障诊断任务[14],这也是设备运维和故障诊断需要面临的问题。

在实际场景中普遍存在的变工况和小样本故障数据对故障诊断的可靠性带来了极大的影响。作为旋转机械设备的关键部件,滚动轴承和齿轮的安全可靠运行事关重大。研究发现,不同工况下的旋转机械设备会表现出不同的退化状态,产生不同的数据分布[15];在工业生产中,机械设备不可能带故障长期运行,这使得在实际生产中很难获得大量、高质量的故障数据。在变工况小样本故障数据情况下,很难训练出具有高性能、强泛化能力的可靠模型[16]。因此,如何对具有多工况与小样本数据特点的旋转机械设备进行故障诊断是一个具有挑战性的研究课题。

1.2　国内外研究现状

旋转机械故障诊断是识别机器设备运行状态的科学,研究的是机器设备运行状态的变化在诊断信息中的反映[17]。自 20 世纪 60 年代美国机械故障预防小组和英国机器保健中心成立以来,国内外诸多研究机构和学者在机械故障诊断领域进行了深入探索[18],并取得了丰硕的研究成果。传统非数据驱动的诊断方法不能满足实时监测设备健康状态的智能诊断需求,以深度学习故障诊断为代表的设备健康评估技术能够实时监测旋转机械设备的状态,有望提高装备智能诊断水平。智能故障诊断是一种很有前途的自动识别设备健康状态的方法。

目前,机械设备故障分析方法通常可以分为两大类[19]:① 传统非数据驱动的诊断方法;

② 基于数据驱动的智能诊断方法。

1.2.1　传统非数据驱动的诊断方法研究现状

传统非数据驱动的故障诊断方法主要包括基于故障机理的方法和基于信号处理的方法。其研究现状如下。

1. 基于故障机理的方法研究现状

基于故障机理的方法是依据理论知识和大量设备状态信号与设备系统参数建立相互联系的表达式,并以此改变系统参数来调整设备的状态信号[20]。研究故障机理可以分析故障发生与演化的机理,揭示故障发生发展与征兆信号的内在联系和映射关系。由于机械设备自身的复杂性以及系统间多种影响因素的相互耦合,某一系统全面的故障数据样本是不太容易获得的,基于故障机理的方法在建模和计算过程中都面临很大的挑战。以滚动轴承为例,Gupta[21] 提出的轴承结构相互作用六自由度模型是最经典的动力学模型之一;Yu 等[22] 提出轴承转子系统磨损模型,表达出转子系统的性能演变过程;Liu 等[23] 考虑滚道、轴承座、润滑油薄膜以及转子和外壳并建立了新的解析动力模型。上述系列基于故障机理的方法反映了某一故障的表征,得到了简单的表示模型,但极大地牺牲了建模精度,在复杂工况下很难满足实际需求。

2. 基于信号处理的方法研究现状

基于信号处理的方法,是通过分析采集反映设备状态变化的观测信号,提取信号中各种特征信息从而获取故障征兆来进行故障诊断的。利用信号处理技术和专家经验知识,可以分析设备运行中的状态信息,得到表征故障的信号成分。常用的信号处理方法包括谱分析(spectral analysis,SA)[24,25]、快速傅里叶变换(fast Fourier transform,FFT)[26,27]、短时傅里叶变换(short time Fourier transform,STFT)[28]、经验模态分解(empirical mode decomposition,EMD)[29,30]和小波变换(wavelet transform,WT)[31-33]等技术。通过这些方法对信号进行分析求解,可弱化噪声干扰成分,增强设备状态信号,从而提取相应故障特征信息并实现故障诊断分析。然而,过多的人工干预难以满足现代大规模和自动化设备对诊断的准确性和效率的要求[34]。另外,这些传统的信号分析方法往往需要足够多的先验知识和专家经验,这可能会限制它们在实际工业场景中的应用。尤其是,在故障早期、故障信号微弱和复合故障等情况下,这些方法仍然存在不足。

1.2.2　基于数据驱动的智能诊断方法研究现状

基于数据驱动的智能诊断方法,利用简单的传统诊断方法,不需要建立复杂的部件或系统模型,也不需要专业的信号处理知识和专家经验,利用采集的设备历史数据建立和优化机器学习模型,就可以在复杂机械设备诊断中获得良好的诊断效果,是学术界和工业界的热点研究方向。基于数据驱动的基本诊断流程包括数据采集、特征提取和故障识别[35]。本小节将主要从三个方面介绍:特征提取研究现状、基于机器学习(包括传统的机器学习和深度学习)的旋转机械设备故障诊断方法研究现状和基于元学习的小样本旋转机械设备故障诊断方法研究现状。

1. 特征提取研究现状

特征提取是机械设备故障诊断的基础。在旋转机械设备运行过程中,一般通过安装在机械设备上不同功能的传感器,如振动传感器、温度传感器和电流传感器等采集不同类型的数据。特征提取的作用是将传感器收集的原始数据降为较低维度的特征集,这些特征集包含原始数据中能体现设备状态的大部分重要信息,用于数据驱动方法的模型训练和设备状态监测。

信号处理的特征提取方法可以归为三类:时域、频域和时频域分析方法[36]。时域分析是对动态信号的各种时域参数、指标进行计算。Jiang 等[37]从滚动轴承振动信号中提取了16 种时域特征用于滚动轴承的故障诊断,其中:有量纲特征(最大值、最小值、均值、方差、振幅和均方根等)数值大小受运行负载、转速等条件影响;无量纲特征(波形、脉冲、裕度和峭度等)对运行状态故障足够敏感[38]。频域分析可以通过功率谱、倒频谱和傅里叶变换(Fourier transform,FT)等技术将时域信号转换为频域信号,具有较好的时移不变性,可以用来表征机械故障状态信息,但是只能处理平稳信号。Rapur 等[39]利用小波包变换(wavelet packet transform,WPT)对时域信号进行预处理,以反映故障产生的复杂瞬态频谱信号。时频域方法可用于处理非平稳、非正弦信号,能够反映振动信号时域和频域特征全貌,通常可采用经验模态分解、小波包变换和希尔伯特-黄变换(Hilbert-Huang transform,HHT)等方法提取特征,以反映机械设备在非平稳运行条件下的状态。Cheng 等[40]基于 HHT 方法从滚动轴承的振动信号中提取了轴承运行状态的时频信息,为轴承的故障诊断提供了支撑。

另外,深度学习提供了从原始信号中自动提取特征的方法,可以避免手工提取特征,建立传感器信号与设备健康状态信息之间的自动映射。例如:Lu 等[41]通过自动编码器(auto-encoder,AE)自动学习旋转机械设备健康状态信息,实现了自动特征提取,并取得了令人满意的效果。Xie 等[42]利用深度学习模型自动从电机轴承数据中提取自适应特征,实现了电机轴承故障的准确诊断。表 1.1 总结了不同信号特征提取方法,并给出了对应的优缺点。

表 1.1　几类信号特征提取方法对比

特征提取方法	提 取 技 术	优　　　点	缺　　　点
时域方法	统计分析:均值、方差、均方根值、偏斜度等	计算简单、易于理解	对噪声敏感
频域方法	快速傅里叶变换:功率谱、频率、谱峰等	可处理非平稳信号、频域信息丰富、对噪声不敏感	无时间信息、频谱泄漏

续表

特征提取方法	提 取 技 术	优　点	缺　点
时频域方法	经验模态分解、小波包变换、希尔伯特-黄变换等	可处理非平稳信号、兼具时域和频域信息	计算复杂
自动特征提取方法	深度学习自动特征提取	无须人工干预、易于使用	算法要求高、信息冗余

2. 基于机器学习的旋转机械设备故障诊断方法研究现状

基于数据驱动的算法模型可用来建立信号与设备健康状态指标之间复杂的非线性映射关系。近年来,学术界和工业界将一些传统的机器学习算法应用于旋转机械设备故障诊断。这些经典的机器学习算法[43]包括 k 近邻(k-nearest neighbor,KNN)分类算法[44]、随机森林(random forest,RF)[45]、支持向量机(support vector machine,SVM)[46]、神经网络(neural network,NN)[47]和 XGBoost(extreme gradient boosting)分类算法[48]等,并取得了较好的诊断效果。

传统的机器学习数据驱动方法虽然在许多故障诊断任务上取得了较好的效果,但现有的浅层的网络结构只能进行单层隐藏节点的非线性变换,无法学习更抽象高维的特征信息[49]。传统的机器学习诊断方法受信号处理方法的影响,严重依赖人工特征提取,且需要专家经验,当生产工作条件和诊断任务发生变化、故障样本数据较少时,提取的特征泛化性显著变差,无法满足工业过程中复杂工况下的诊断要求[50]。因此,研究更有效的小样本故障诊断方法,对保证设备安全可靠运行具有重要的理论研究和工业应用意义。

20 世纪 80—90 年代,由于计算机计算能力有限以及相关技术的限制,可用于分析的数据量太小,深度学习在模式分析中并没有表现出令人满意的识别性能。2006 年,Hinton等[51]对多层神经网络进行了深入探索并取得了突破性的进展,使得深度学习成为机器学习领域新的研究热点。此后,随着图形处理单元(graphics processing unit,GPU)计算能力的提高与成本的降低,基于深度学习的机器学习算法在计算机视觉、语言识别和自然语言处理等领域取得了巨大的进展[52]。随着工业大数据时代的来临,大量的设备运行状态数据为旋转机械设备故障诊断提供了更充分的信息,也为高效可靠的智能诊断提供了更大的可能。

深度学习起源于人工神经网络的研究,深度学习通过模拟人脑来进行分析学习,模仿人脑的机制来解释数据,由低维特征表示抽象高维信息,发掘数据的分布式特征表示[53]。最初采用人工神经网络(artificial neural network,ANN)[54]、反向传播(back propagation,BP)神经网络[55,56]和深度置信网络(deep belief network,DBN)[57,58]对机械进行故障诊断,以提高诊断性能。2017 年以来,基于深度学习的旋转机械设备诊断方法成为学术界和工业界的研究热点。目前,应用于机械设备故障诊断的深度学习模型主要有:深度置信网络[59,60]、深度自动编码器(deep auto-encoder,DAE)[61,62]、卷积神经网络(convolutional neural network,CNN)[63,64]、残差网络(residual network,ResNet)[65,66]、循环神经网络(recurrent neural network,RNN)[67,68]、图卷积神经网络(graph neural convolutional network,GCNN)[69,70]和生成对抗网络(generative adversarial network,GAN)[71,72]等。

对于恒定工况条件下的故障诊断,2016 年,Tao 等[73]和 Li 等[74]都使用 DBN 基于轴承和齿轮箱数据进行了验证,相比传统的机器学习方法取得了更高的诊断准确性。2017 年,Chen 等[75]通过加入高斯白噪声利用去噪深度稀疏自动编码器(sparse auto-encoder)来减少模型容易发生的过拟合现象,并针对不同的轴承数据验证了方案的有效性。2018 年,Liu 等[68]借助一种新 RNN 模型——门控制循环单元(gated recurrent unit,GRU)实现了从上个周期到下个周期滚动轴承多个振动值的准确预测,该模型特别适合处理带有时序特征的信号从而进行设备的故障诊断。2019 年,Su 等[76]基于残差挤压网络(residual squeeze network)利用卷积层实现了不同信道的信息融合,用于高速列车转向架故障诊断。2020 年,Yuan 等[77]利用经典的 CNN 实现了工业场景通用诊断框架设计,并在轴承、齿轮箱、机床和电池等常见工业关键设备数据集上进行了试验,验证了其有效性。2021 年,Ma 等[78]基于稀疏约束生成对抗网络(sparsity-constrained generative adversarial network,SC-GAN)用简单的结构对机器故障诊断进行数据增强,该模型捕获了关键的频率成分,为样本生成机制提供了可信的解释,并基于齿轮箱案例验证了模型对其他机器和复杂的信号具有良好的泛化能力。2022 年,Li 等[79]给出了基于 GNN 的智能故障诊断和寿命预测的指南。

目前主流的深度学习网络或模块主要有自动编码器(AE)、卷积神经网络(CNN)、图卷积神经网络(GCNN)和注意力机制(attention mechanism,AM),其中卷积神经网络是故障诊断领域主流的模块。

(1)卷积神经网络是深度学习的重要分支之一,在视觉通信和语音处理领域得到了广泛的应用。AlexNet 在 2012 年的 ImageNet[80]挑战赛中大大提高了图像识别的准确性,使 CNN 受到了前所未有的关注。随后,CNN 被引入故障诊断领域,为状态监测的研究提供了新的思路。Xu 等[81]提出了一种新的跨模态融合卷积神经网络,用于整合跨模态特征,并将这些特征传递给下一层,以实现有效的特征传播和融合。Ding 等[82]提出了一种新的轻量级多尺度卷积网络,利用共享多尺度卷积来捕捉多时间尺度特征,并构建了逆向可分离卷积块以进一步提取高级特征。Qin 等[83]提出了一种逐步自适应卷积网络的方法,通过在一维卷积结构中插入基于多核最大平均差异的领域适应模块,来学习不同速度域的振动数据的领域不变特征。

(2)图卷积神经网络近年来已成功地应用于旋转机械设备的故障诊断。Zhang 等[84]应用深度图卷积神经网络对滚动轴承进行故障诊断,将声学信号转换到图域,丰富了特征的故障信息,提高了故障诊断精度。Yu 等[85]提出了一种基于快速图卷积神经网络的故障诊断方法,利用小波包对振动信号进行分解,并将时频特征用图表示,使用图卷积神经网络来提取图样本特征。Yan 等[86]提出了一种用于智能故障诊断的多分辨率超图神经网络,通过建立和融合多分辨率的超图结构,挖掘了数据间的关系结构,并发现了样本之间的高阶复杂关系。Zhou 等[87]提出了一种基于动态图特征学习的旋转机械故障诊断方法,将振动信号转换为基于频谱特征的静态图,并对冗余边缘进行简化,利用图卷积更新静态输入图的边缘连接,最后将动态输入图重构为噪声样本图表征。该方法不仅减少了冗余边,而且提高了基于噪声信号特征的图质量。

（3）自动编码器是一种由编码器和解码器组成的无监督算法，编码器的原理是先将输入信号映射到隐藏层表达式中，提取高维输入数据特征，并实现降维。解码器的作用是重构隐藏层中的原始输入数据，以完成输入数据的重构。模型在重建过程中构建重构损失函数，实现模型参数的优化。Miao 等[88]提出了一种稀疏表征的卷积自动编码器，设计了一种稀疏表征模块并将时域信号变换到稀疏域，用于提取振动信号的脉冲分量并去除噪声。Zhang 等[89]提出了一种新的单层表征学习方法，即判别稀疏自动编码器，该方法通过鉴别器输入数据的标签信息，探索输入特征和标签的相似性，并利用稀疏卷积编码器从信号中提取鉴别特征。Yu 等[90]提出了一种动态卷积自动编码器网络，使用嵌入的多尺度形态图层来提取振动信号的故障特征，并根据峰度将不同尺度特征进行融合，利用动态卷积的方法调整每个卷积核的权重，达到自适应特征提取的效果。

（4）注意力机制是一种可提高模型性能的技术，其独特的信息提取模型也具有极大的研究潜力，注意力机制有助于模型实现有效的资源分配，提高模型的信息捕获能力。Yang 等[91]提出了一种自注意力并行融合网络的方法，用于齿轮箱故障诊断，利用格拉姆角场矩阵和连续小波变换进行特征提取，采用自注意力融合层计算特征之间的相关性矩阵，从而分配特征权重。Cao 等[92]提出了一种新的尖峰图注意力网络。该方法使用多相耦合混沌振荡器阵列重建原始信号以减少噪声，并利用基于图注意力的神经网络的自注意力机制和时空特征提取能力，实现对齿轮箱健康状况的准确评估。Su 等[93]提出了一种自适应门控注意力网络的方法，通过多角度选择和加权相关特征通道来增强故障特征提取能力。Wang 等[94]提出了一种多尺度注意力 Q 网络的齿轮箱故障诊断方法，该方法设计了一种新的不平衡分类马尔可夫决策过程，并将一种多尺度注意力卷积神经网络作为深度 Q 网络算法的代理结构，以提高复杂条件下的特征学习能力。

虽然目前的深度学习模型在机械设备故障诊断领域取得了显著的成绩。然而，这些方法仍然存在手动参数调优过程烦琐和计算资源成本高等缺点[95]，且模型的训练依赖大量标记样本。在实际工业场景中，诊断场景有如下特点[96,97]：① 数据稀缺，系统通常处于健康安全运行状态，高质量带标签的故障样本数据难以获得，故障样本数据量少[98,99]；② 工作条件不同，操作条件（如转速[100]和工作负荷[101]）变化或诊断任务改变，会造成训练数据与测试数据分布差异大（简称为跨域），诊断模型泛化性能差；③ 训练数据质量差，工程中的工作条件复杂，领域自适应如果不采用任何技术，则不能直接用实验室模拟数据替代真实采集数据来训练性能良好的模型[102,103]，此外，真实数据存在不准确性、不确定性和不完整性，无法满足可靠深度学习模型的训练需求[104]；④ 解释性不足，诊断模型可解释性差，存在深度学习算法在工业上的推广应用不足等诸多实际问题。基于以上原因，需要寻找一种超参数优化量少、训练数据量少、泛化能力强的方法，以满足实践中快速、准确的故障诊断要求。元学习正好可以满足要求。接下来，我们将详细介绍基于元学习的小样本旋转机械设备故障诊断方法研究现状。

3. 基于元学习的小样本旋转机械设备故障诊断方法研究现状

为了解决小样本和跨域两个主要问题，研究者提出了数据增强和迁移学习，以解决样本有限和跨域带来的领域差异问题。

　　针对小样本故障诊断问题,研究者提出了几种基于数据增强的方法。常用的是通过生成对抗网络进行数据增强,该方法中,生成器和判别器进行动态博弈对抗,使生成器生成的数据能达到以假乱真的程度[105]。如:Li 等[72,106]分别利用生成对抗网络和变分自动编码器(variational auto-encoder,VAE)来扩展旋转机械设备等的工业故障数据集。然而,生成对抗网络模型很难训练,并且需要大量的计算资源。

　　在跨域的故障诊断问题中,迁移学习将从具有足够多标记样本的源域中学习到的知识迁移到有限标记样本的目标域[107]。如:Qian 等[108]和 Liu 等[109]都基于迁移学习策略实现了轴承跨域故障诊断。然而,深度学习模型通常依赖于大量的训练数据,当训练数据不足时,迁移学习容易发生负迁移现象[110],跨域诊断性能会明显降低。

　　近年来,一些学者基于元学习方法建立了不同的诊断模型,以解决不同工作条件下有限样本的工业故障诊断问题[111,112]。元学习又称为学会学习,指的是一种学习技术,它可以在看不见的任务上实现快速适应[113,114]。这受到了人类学习的启发。当人类遇到一系列任务时,会学习如何处理它们,同时积累知识经验,这样就可以快速学习相关的新知识并很好地处理新任务。元学习寻求任务背后的基本规则,即元知识[115]。利用高级的元知识能够快速学习特定任务,从而提供全局共享的教学,而不是从头开始学习[116]。

　　这里主要关注的是现在流行的基于深度学习的元学习,即深度元学习。在故障诊断方面,2019 年,Zhang 等[13]首次将元学习应用于滚动轴承的小样本故障诊断任务,同时解决了工作条件变化和小样本这两个难题。元学习算法概况及应用如图 1.1 所示,图中概括了元学习算法的分类和小样本跨域诊断应用。在故障诊断领域,从理论层面上,深度元学习算法可分为三类:基于优化(optimization-based)的算法、基于度量(metric-based)的算法和基于模型(model-based)的算法。

　　通过在多个小样本任务上对元学习模型进行训练,可以快速学习和适应新的任务,为实际工程中小样本变工况跨域故障诊断问题提供各种解决方案。

　　基于优化的元学习(optimization-based meta-learning,OBML)旨在为故障诊断任务提供全局共享的初始权重,使模型能够在微调后快速适应新的任务,包括模型不可知元学习(model agnostic meta-learning,MAML)及其改进的 Reptile[117]。基于度量的元学习(metric-based meta-learning,MBML)根据查询样本与支持样本的相似性对查询样本进行分类。暹罗网络(Siamese network,SiaNet)[118]、关系网络(relation network,RelaNet)[119]、匹配网络(matching network,MatchNet)[120]和原型网络(prototypical network,ProtoNet)[121]是基于度量算法以不同特征映射和相似性度量元学习的典型代表。到目前为止,基于模型的元学习方法在机械故障诊断中还很少得到应用,Wang 等[122]提出了一种一维记忆增强卷积长短期记忆(one-dimensional memory augmented convolutional long short-term memory,1D-MACLSTM)网络用于多螺栓松动检测。

　　近几年来,Feng 等[123]将对抗性领域自适应引入元度量学习,在小样本跨域诊断方面具有明显优势。Ma 等[124]提出了一种基于多尺度扩展卷积和关系模块的元学习故障诊断方

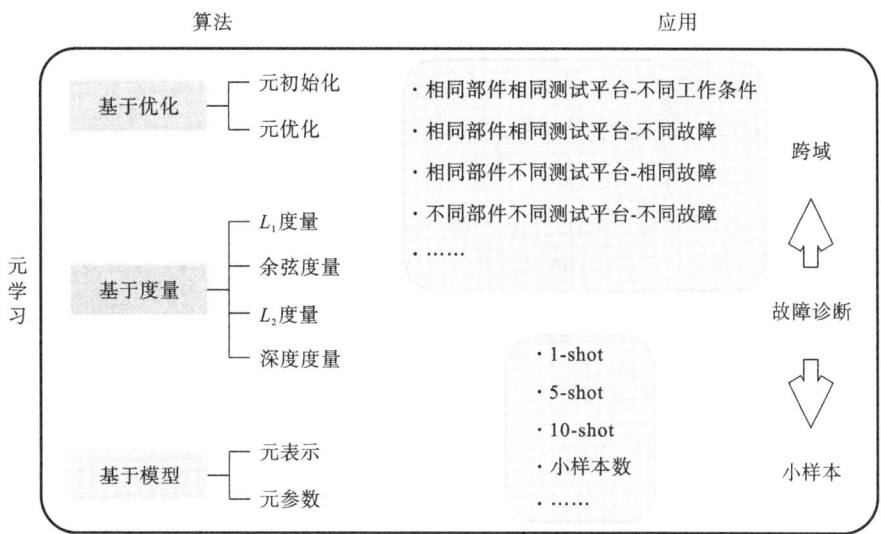

图 1.1 元学习算法概况及应用

法。Long 等[125]通过在广泛的领域特征中嵌入知识,来学习特征的方差,提高了元学习小样本故障诊断的能力。Zhang 等[126]对大量未标记样本进行监测,以辅助有限标记样本,并通过半监督动量原型网络对齿轮箱进行小样本故障诊断。Zhang 等[127]基于对比学习和原型网络,在有噪声的轴承小样本跨域诊断任务上,取得了较好的诊断精度和泛化性。

然而,目前对度量元学习模型初始参数、跨域负迁移、度量距离函数设计和大量无标签数据利用等方面缺乏深入的研究。

本章参考文献

[1] 牛乾. 机械旋转部件的性能退化及其寿命预测方法研究[D]. 杭州:浙江大学,2018.

[2] FENG K, JI J C, NI Q, et al. A review of vibration-based gear wear monitoring and prediction techniques [J]. Mechanical Systems and Signal Processing, 2023, 182:109605.

[3] ZONTA T, DA COSTA C A, DA ROSA RIGHI R, et al. Predictive maintenance in the Industry 4.0:A systematic literature review[J]. Computers & Industrial Engineering, 2020, 150:106889.

[4] 国家自然科学基金委员会工程与材料科学部. 机械工程学科发展战略报告(2021~2035)[R]. 北京:科学出版社,2021.

[5] 国务院. 国务院关于印发《中国制造 2025》的通知[EB/OL]. (2015-05-08)[2025-04-10]. https://www.ndrc.gov.cn/fggz/lywzjw/zcfg/201505/t20150520_1046976.ht-

ml.

［6］ ZIO E. Prognostics and health management of industrial equipment［J］. Diagnostics and Prognostics of Engineering Systems：Methods and Techniques，2013：333-356.

［7］ LIU C Z，CICHON A，KRÓLCZYK G，et al. Technology development and commercial applications of industrial fault diagnosis system：A review［J］. The International Journal of Advanced Manufacturing Technology，2022,118：1-33.

［8］ YAN R Q，SHANG Z G，XU H，et al. Wavelet transform for rotary machine fault diagnosis：10 years revisited［J］. Mechanical Systems and Signal Processing，2023，200：110545.

［9］ BERTOLINI M，MEZZOGORI D，NERONI M，et al. Machine learning for industrial applications：A comprehensive literature review［J］. Expert Systems with Applications，2021，175：114820.

［10］ GAWDE S，PATIL S，KUMAR S，et al. Multi-fault diagnosis of industrial rotating machines using data-driven approach：A review of two decades of research［J］. Engineering Applications of Artificial Intelligence，2023，123：106139.

［11］ SAUFI S R，AHMAD Z A B，LEONG M S，et al. Challenges and opportunities of deep learning models for machinery fault detection and diagnosis：A review［J］. IEEE Access，2019，7：122644-122662.

［12］ COLO I P，SUELDO C S，DE PAULA M，et al. Intelligent approach for the industrialization of deep learning solutions applied to fault detection［J］. Expert Systems with Applications，2023,1233：120959.

［13］ ZHANG A，LI S，CUI Y，et al. Limited data rolling bearing fault diagnosis with few-shot learning［J］. IEEE Access，2019，7：110895-110904.

［14］ HU C S,LI G L L I,ZHAO Y，et al. Summary of fault diagnosis methods for rolling bearings under variable working conditions［J］. Journal of Computer Engineering & Applications，2022，58(18):26-42.

［15］ ZHANG W，LI X，MA H，et al. Federated learning for machinery fault diagnosis with dynamic validation and self-supervision［J］. Knowledge-based Systems，2021，213：106679.

［16］ LIU S，CHEN J L，HE S L，et al. Few-shot learning under domain shift：Attentional contrastive calibrated transformer of time series for fault diagnosis under sharp speed variation［J］. Mechanical Systems and Signal Processing，2023，189：110071.

［17］ 何正嘉,陈进,王太勇,等. 机械故障诊断理论及应用［M］. 北京:高等教育出版社,2010.

［18］ 司瑾. 基于深度迁移学习的轴承故障诊断方法研究及铁路场景应用［D］. 北京:北京交通大学,2022.

[19] 陈祝云. 基于深度迁移学习的机械设备智能诊断方法研究[D]. 广州:华南理工大学,2020.

[20] 陈予恕. 机械故障诊断的非线性动力学原理[J]. 机械工程学报,2007,43(1):25-34.

[21] GUPTA P K. Advanced dynamics of rolling elements[M]. New York:Springer, 1984.

[22] YU H,RAN Y,ZHANG G B,et al. A time-varying comprehensive dynamic model for the rotor system with multiple bearing faults[J]. Journal of Sound and Vibration, 2020,488:11560.

[23] LIU Y Q,CHEN Z G,TANG L,et al. Skidding dynamic performance of rolling bearing with cage flexibility under accelerating conditions[J]. Mechanical Systems and Signal Processing, 2021, 150:107257.

[24] RANDALL R B. A history of cepstrum analysis and its application to mechanical problems[J]. Mechanical Systems and Signal Processing,2017, 97:3-19.

[25] 张西宁,李兵,雷威. 一种改进的局部倒频谱分析方法[J]. 西安交通大学学报,2016, 50(8):1-5,14.

[26] PEZZANI C M,BOSSIO J M,CASTELLINO A M,et al. A PLL-based resampling technique for vibration analysis in variable-speed wind turbines with PMSG:A bearing fault case[J]. Mechanical Systems and Signal Processing, 2017, 85:354-366.

[27] LIU Y,GUO L,WANG Q,et al. Application to induction motor faults diagnosis of the amplitude recovery method combined with FFT[J]. Mechanical Systems and Signal Processing, 2010, 24(8):2961-2971.

[28] KHODJA M E A,AIMER A F,BOUDINAR A H,et al. Bearing fault diagnosis of a PWM inverter fed-induction motor using an improved short time Fourier transform [J]. Journal of Electrical Engineering & Technology, 2019, 14:1201-1210.

[29] HUANG N E,SHEN Z,LONG S R,et al. The empirical mode decomposition and the Hilbert spectrum for nonlinear and non-stationary time series analysis[J]. Proceedings of the Royal Society of London. Series A:Mathematical, Physical and Engineering Sciences, 1998, 454(1971):903-995.

[30] DRAGOMIRETSKIY K, ZOSSO D. Variational mode decomposition[J]. IEEE Transactions on Signal Processing, 2013, 62(3):531-544.

[31] 何正嘉,訾艳阳,陈雪峰,等. 内积变换原理与机械故障诊断[J]. 振动工程学报,2007, 20(5):528-533.

[32] NIU P,ZHANG J,ZOU G. Study on application of wavelet transform technique to turbine generator fault diagnosis[J]. Chinese Journal of Scientific Instrument, 2007, 28(1):189-192.

[33] BOUZIDA A,TOUHAMI O,IBTIOUEN R,et al. Fault diagnosis in industrial induction machines through discrete wavelet transform[J]. IEEE Transactions on In-

dustrial Electronics，2010，58(9)：4385-4395.

[34] XING S，LEI Y，WANG S，et al. A label description space embedded model for zero-shot intelligent diagnosis of mechanical compound faults[J]. Mechanical Systems and Signal Processing，2022，162：108036.

[35] 徐波. 基于机器学习的旋转机械故障诊断方法的研究[D]. 武汉:武汉科技大学,2019.

[36] ASSAAD B，ELTABACH M，ANTONI J. Vibration based condition monitoring of a multistage epicyclic gearbox in lifting cranes[J]. Mechanical Systems and Signal Processing，2014，42(1-2)：351-367.

[37] JIANG W Q，HONG Y，ZHOU B T，et al. A GAN-based anomaly detection approach for imbalanced industrial time series［J］. IEEE Access，2019，7：143608-143619.

[38] BOLÓN-CANEDO V，SÁNCHEZ-MAROÑO N，ALONSO-BETANZOS A. A review of feature selection methods on synthetic data[J]. Knowledge and Information Systems，2013，34(3)：483-519.

[39] RAPUR J S，TIWAR R. Experimental fault diagnosis for known and unseen operating conditions of centrifugal pumps using MSVM and WPT based analyses[J]. Measurement，2019，147：106809.

[40] CHENG C，MA G J，ZHANG Y，et al. A deep learning-based remaining useful life prediction approach for bearings[J]. IEEE/ASME Transactions on Mechatronics，2020，25(3)：12431254.

[41] LU C，WANG Z Y，QIN W L，et al. Fault diagnosis of rotary machinery components using a stacked denoising autoencoder based health state identification[J]. Signal Processing，2017，130：377388.

[42] XIE J S，LI Z Y，ZHOU Z T，et al. A novel bearing fault classification method based on XGBoost：The fusion of deep learning-based features and empirical features[J]. IEEE Transactions on Instrumentation and Measurement，2021，70：1-9.

[43] 马贵君. 基于演化迁移的端到端健康评估方法与应用研究[D]. 武汉:华中科技大学,2023.

[44] 王栋璀,丁云飞,朱晨烜,等. 基于小波包和改进核最近邻算法的风机齿轮箱故障诊断方法[J]. 电机与控制应用,2019,46(1):108-113.

[45] WEI Y，YANG Y T，XU M Q，et al. Intelligent fault diagnosis of planetary gearbox based on refined composite hierarchical fuzzy entropy and random forest[J]. ISA Transactions，2021，109：340-351.

[46] ZHANG X，LIANG Y，ZHOU J. A novel bearing fault diagnosis model integrated permutation entropy，ensemble empirical mode decomposition and optimized SVM[J]. Measurement，2015，69：164-179.

[47] LIAO Y, ZHANG L, LI W. Regrouping particle swarm optimization based variable neural network for gearbox fault diagnosis[J]. Journal of Intelligent & Fuzzy Systems, 2018, 34(6): 3671-3680.

[48] TRIZOGLOU P, LIU X L, LIN Z. Fault detection by an ensemble framework of extreme gradient boosting (XGBoost) in the operation of offshore wind turbines[J]. Renewable Energy, 2021, 179: 945-962.

[49] BENGIO Y. Learning deep architectures for AI[J]. Foundations and Trends in Machine Learning, 2009, 2(1): 1-127.

[50] RAGAB M, CHEN Z, ZHANG W, et al. Conditional contrastive domain generalization for fault diagnosis[J]. IEEE Transactions on Instrumentation and Measurement, 2022, 71: 1-12.

[51] HINTON G E, SALAKHUTDINOV R R. Reducing the dimensionality of data with neural networks[J]. Science, 2006, 313(5786): 504-507.

[52] 刘永志. 基于深度迁移学习的滚动轴承故障诊断方法研究[D]. 成都:西南交通大学,2022.

[53] WANG H H, RAJ B. On the origin of deep learning[EB/OL]. (2017-03-03)[2025-04-10]. https://arxiv.org/abs/1702.07800.

[54] HECHT-NIELSEN R. Theory of the backpropagation neural network[M]//WECHSLER H. Neural Networks for Perception (Vol. 2):Computation,Learning,Architectures. New York: Academic Press, 1992: 65-93.

[55] BIN G F, GAO J J, LI X J, et al. Early fault diagnosis of rotating machinery based on wavelet packets—Empirical mode decomposition feature extraction and neural network[J]. Mechanical Systems and Signal Processing, 2012, 27: 696-711.

[56] UNAL M, ONAT M, DEMETGUL M, et al. Fault diagnosis of rolling bearings using a genetic algorithm optimized neural network[J]. Measurement, 2014, 58: 187-196.

[57] SUN J, STEINECKER A, GLOCKER P. Application of deep belief networks for precision mechanism quality inspection[C]//RATCHEV S. Precision Assembly Technologies and Systems. Heidelberg:Springer, 2014: 87-93.

[58] SHAO H, JIANG H, ZHANG X, et al. Rolling bearing fault diagnosis using an optimization deep belief network[J]. Measurement Science and Technology, 2015, 26(11): 115002.

[59] TANG S, SHEN C, WANG D, et al. Adaptive deep feature learning network with Nesterov momentum and its application to rotating machinery fault diagnosis[J]. Neurocomputing, 2018, 305: 1-14.

[60] JIANG H, SHAO H, CHEN X, et al. A feature fusion deep belief network method

for intelligent fault diagnosis of rotating machinery[J]. Journal of Intelligent & Fuzzy Systems, 2018, 34(6): 3513-3521.

[61] LI C, ZHANG W, PENG G, et al. Bearing fault diagnosis using fully-connected winner-take-all autoencoder[J]. IEEE Access, 2017, 6: 6103-6115.

[62] ZHOU F, GAO Y, WEN C. A novel multimode fault classification method based on deep learning[J]. Journal of Control Science and Engineering, 2017, 2017: 1-14.

[63] ZHANG W, LI C, PENG G, et al. A deep convolutional neural network with new training methods for bearing fault diagnosis under noisy environment and different working load[J]. Mechanical Systems and Signal Processing, 2018, 100: 439-453.

[64] EREN L, INCE T, KIRANYAZ S. A generic intelligent bearing fault diagnosis system using compact adaptive 1D CNN classifier[J]. Journal of Signal Processing Systems, 2019, 91(2): 179-189.

[65] ZHANG W, LI X, DING Q. Deep residual learning-based fault diagnosis method for rotating machinery[J]. ISA Transactions, 2019, 95: 295-305.

[66] ZHAO M H, ZHONG S S, FU X Y, et al. Deep residual shrinkage networks for fault diagnosis [J]. IEEE Transactions on Industrial Informatics, 2020, 16 (7): 4681-4690.

[67] PRZYSTALKA P, MOCZULSKI W. Methodology of neural modelling in fault detection with the use of chaos engineering[J]. Engineering Applications of Artificial Intelligence, 2015, 41: 25-40.

[68] LIU H, ZHOU J, ZHENG Y, et al. Fault diagnosis of rolling bearings with recurrent neural network-based auto encoders[J]. ISA Transactions, 2018, 77: 167-178.

[69] LI T F, ZHAO Z B, SUN C, et al. Domain adversarial graph convolutional network for fault diagnosis under variable working conditions[J]. IEEE Transactions on Instrumentation and Measurement, 2021, 70: 1-10.

[70] CHENG L, LI L, LI S, et al. Prediction of gas concentration evolution with evolutionary attention-based temporal graph convolutional network[J]. Expert Systems with Applications, 2022, 200: 116944.

[71] GOODFELLOW I J, POUGET-ABADIE J, MIRZA M, et al. Generative adversarial networks [EB/OL]. (2014-06-10)[2025-04-10]. https://arxiv.org/abs/1406.2661.

[72] LI W, ZHONG X, SHAO H D, et al. Multi-mode data augmentation and fault diagnosis of rotating machinery using modified ACGAN designed with new framework [J]. Advanced Engineering Informatics, 2022, 52: 101552.

[73] TAO J, LIU Y L, YANG D L. Bearing fault diagnosis based on deep belief network and multisensor information fusion[J]. Shock and Vibration, 2016:1-9. https://doi.org/10.1155/2016/9306205

[74] LI C, SÁNCHEZ R V, ZURITA G, et al. Fault diagnosis for rotating machinery using vibration measurement deep statistical feature learning[J]. Sensors, 2016, 16 (6): 895.

[75] CHEN R, CHEN S, HE M, et al. Rolling bearing fault severity identification using deep sparse auto-encoder network with noise added sample expansion[J]. Proceedings of the Institution of Mechanical Engineers, Part O: Journal of Risk and Reliability, 2017, 231(6): 666-679.

[76] SU L, MA L, QIN N, et al. Fault diagnosis of high-speed train bogie by residual squeeze net [J]. IEEE Transactions on Industrial Informatics, 2019, 15 (7): 3856-3863.

[77] YUAN Y, MA G, CHENG C, et al. A general end-to-end diagnosis framework for manufacturing systems[J]. National Science Review, 2020, 7(2): 418-429.

[78] MA L, DING Y, WANG Z, et al. An interpretable data augmentation scheme for machine fault diagnosis based on a sparsity-constrained generative adversarial network [J]. Expert Systems with Applications, 2021, 182: 115234.

[79] LI T F, ZHOU Z, LI S N, et al. The emerging graph neural networks for intelligent fault diagnostics and prognostics: A guideline and a benchmark study[J]. Mechanical Systems and Signal Processing, 2022, 168: 108653.

[80] KRIZHEVSKY A, SUTSKEVER I, HINTON G E. ImageNet classification with deep convolutional neural networks[J]. Communications of the ACM, 2017, 60(6): 84-90.

[81] XU Y, FENG K, YAN X, et al. Cross-modal fusion convolutional neural networks with online soft label training strategy for mechanical fault diagnosis [J]. IEEE Transactions on Industrial Informatics, 2023,20(1):73-84.

[82] DING A, QIN Y, WANG B, et al. Lightweight multiscale convolutional networks with adaptive pruning for intelligent fault diagnosis of train bogie bearings in edge computing scenarios[J]. IEEE Transactions on Instrumentation and Measurement, 2022, 72: 1-13.

[83] QIN N, WU B, HUANG D, et al. Stepwise adaptive convolutional network for fault diagnosis of high-speed train bogie under variant running speeds[J]. IEEE Transactions on Industrial Informatics, 2022, 18(12): 8389-8398.

[84] ZHANG D, STEWART E, ENTEZAMI M, et al. Intelligent acoustic-based fault diagnosis of roller bearings using a deep graph convolutional network[J]. Measurement, 2020, 156: 107585.

[85] YU X, TANG B, ZHANG K. Fault diagnosis of wind turbine gearbox using a novel method of fast deep graph convolutional networks[J]. IEEE Transactions on Instru-

mentation and Measurement，2021，70：1-14.

[86] YAN X，LIU Y，ZHANG C A. Multiresolution hypergraph neural network for intelligent fault diagnosis[J]. IEEE Transactions on Instrumentation and Measurement，2022，71：1-10.

[87] ZHOU K，YANG C，LIU J，et al. Dynamic graph-based feature learning with few edges considering noisy samples for rotating machinery fault diagnosis[J]. IEEE Transactions on Industrial Electronics，2021，69(10)：10595-10604.

[88] MIAO M，SUN Y，YU J. Sparse representation convolutional autoencoder for feature learning of vibration signals and its applications in machinery fault diagnosis[J]. IEEE Transactions on Industrial Electronics，2021，69(12)：13565-13575.

[89] ZHANG Z，YANG Q，ZI Y，et al. Discriminative sparse autoencoder for gearbox fault diagnosis toward complex vibration signals[J]. IEEE Transactions on Instrumentation and Measurement，2022，71：1-11.

[90] YU J，HUANG J，LIU C，et al. Fault feature of gearbox vibration signals based on morphological filter dynamic convolution autoencoder[J]. IEEE Sensors Journal，2022，22(23)：22931-22942.

[91] YANG Q，TANG B，SHEN Y，et al. Self-attention parallel fusion network for wind turbine gearboxes fault diagnosis[J]. IEEE Sensors Journal，2023，23（19）：23210-23220.

[92] CAO S X，LI H K，ZHANG K L，et al. A novel spiking graph attention network for intelligent fault diagnosis of planetary gearboxes[J]. IEEE Sensors Journal，2023，23(15)：13140-13154.

[93] SU Z Q，ZHANG X D，HAN Y，et al. Adaptive gated attention network with weighted metric enhancement for fault diagnosis of wind turbine gearbox[J]. IEEE Transactions on Instrumentation and Measurement，2023，72：3521008.

[94] WANG H，ZHOU Z，ZHANG L，et al. Multiscale deep attention Q network：A new deep reinforcement learning method for imbalanced fault diagnosis in gearboxes [J]. IEEE Transactions on Instrumentation and Measurement，2023，73：3503512.

[95] FU W，MENZIES T. Easy over hard：A case study on deep learning[C]//Proceedings of the 2017 11th Joint Meeting on Foundations of Software Engineering，2017：49-60.

[96] FENG Y，CHEN J，ZHANG T，et al. Semi-supervised meta-learning networks with squeeze-and-excitation attention for few-shot fault diagnosis[J]. ISA Transactions，2022，120：383-401.

[97] ZHANG T，CHEN J，LIU S，et al. Domain discrepancy-guided contrastive feature learning for few-shot industrial fault diagnosis under variable working conditions[J].

IEEE Transactions on Industrial Informatics, 2023, 19(10): 10277-10287.

[98] ZHANG T, CHEN J, LI F, et al. A small sample focused intelligent fault diagnosis scheme of machines via multimodules learning with gradient penalized generative adversarial networks[J]. IEEE Transactions on Industrial Electronics, 2020, 68(10): 10130-10141.

[99] DONG Y, LI Y, ZHENG H, et al. A new dynamic model and transfer learning based intelligent fault diagnosis framework for rolling element bearings race faults: Solving the small sample problem[J]. ISA Transactions, 2022, 121: 327-348.

[100] AN Z, LI S, WANG J, et al. A novel bearing intelligent fault diagnosis framework under time-varying working conditions using recurrent neural network[J]. ISA Transactions, 2020, 100: 155-170.

[101] YANG B, LEI Y, JIA F, et al. An intelligent fault diagnosis approach based on transfer learning from laboratory bearings to locomotive bearings[J]. Mechanical Systems and Signal Processing, 2019, 122: 692-706.

[102] YU K, FU Q, MA H, et al. Simulation data driven weakly supervised adversarial domain adaptation approach for intelligent cross-machine fault diagnosis[J]. Structural Health Monitoring, 2021, 20(4): 2182-2198.

[103] ZHANG T, CHEN J, LI F, et al. Intelligent fault diagnosis of machines with small & imbalanced data: A state-of-the-art review and possible extensions[J]. ISA Transactions, 2022, 119: 152-171.

[104] LEI Y, YANG B, JIANG X, et al. Applications of machine learning to machine fault diagnosis: A review and roadmap[J]. Mechanical Systems and Signal Processing, 2020, 138: 106587.

[105] GOODFELLOW I, POUGET-ABADIE J, MIRZA M, et al. Generative adversarial networks[J]. Communications of the ACM, 2020, 63(11): 139-144.

[106] LI B, ZHAO C. Federated zero-shot industrial fault diagnosis with cloud-shared semantic knowledge base[J]. IEEE Internet of Things Journal, 2023, 10(13): 11619-11630.

[107] LI J, HUANG R, CHEN Z, et al. Deep continual transfer learning with dynamic weight aggregation for fault diagnosis of industrial streaming data under varying working conditions[J]. Advanced Engineering Informatics, 2023, 55: 101883.

[108] QIAN Q, QIN Y, LUO J, et al. Deep discriminative transfer learning network for cross-machine fault diagnosis[J]. Mechanical Systems and Signal Processing, 2023, 186: 109884.

[109] LIU X, LIU S, XIANG J, et al. A transfer learning strategy based on numerical simulation driving 1D cycle-GAN for bearing fault diagnosis[J]. Information Sci-

ences，2023，642：119175.

[110] LI W，CHEN Z，HE G. A novel weighted adversarial transfer network for partial domain fault diagnosis of machinery[J]. IEEE Transactions on Industrial Informatics，2020，17(3)：1753-1762.

[111] FENG Y，CHEN J，XIE J，et al. Meta-learning as a promising approach for few-shot cross-domain fault diagnosis：Algorithms，applications，and prospects[J]. Knowledge-Based Systems，2022，235：107646.

[112] HU J，LI W，ZHENG X，et al. Prior knowledge-based residuals shrinkage prototype networks for cross-domain fault diagnosis[J]. Measurement Science and Technology，2023，34(10)：105011.

[113] THRUN S，PRATT L. Learning to learn[M]. New York：Springer，1997.

[114] WORTSMAN M，EHSANI K，RASTEGARI M，et al. Learning to learn how to learn：Self-adaptive visual navigation using meta-learning[C]//Proceedings of the IEEE/CVF Conference on Computer Vision and Pattern Recognition，2019：6750-6759.

[115] PENG H M. A comprehensive overview and survey of recent advances in meta-learning[EB/OL]. (2020-10-26)[2025-04-10]. https：//arxiv. org/abs/2004. 11149.

[116] VANSCHOREN J. Meta-learning：A survey[EB/OL]. (2018-10-08)[2025-04-10]. https：//arxiv. org/abs/1810. 03548.

[117] FINN C，ABBEEL P，LEVINE S. Model-agnostic meta-learning for fast adaptation of deep networks[C]//ICML'17：Proceedings of the 34th International Conference on Machine Learning-Volume 70. Cambridge：PMLR，2017：1126-1135.

[118] NICHOL A，ACHIAM J，SCHULMAN J. On first-order meta-learning algorithms [EB/OL]. (2018-10-22)[2025-04-10]. https：//arxiv. org/abs/1803. 02999.

[119] SUNG F，YANG Y，ZHANG L，et al. Learning to compare：Relation network for few-shot learning[C]//Proceedings of the IEEE Conference on Computer Vision and Pattern Recognition，2018：1199-1208.

[120] VINYALS O，BLUNDELL C，LILLICRAP T，et al. Matching networks for one shot learning[C]//NIPS'16：Proceedings of the 30th International Conference on Neural Information Processing Systems，2016：3637-3645.

[121] SNELL J，SWERSKY K，ZEMEL R. Prototypical networks for few-shot learning [EB/OL]. (2017-06-19)[2025-04-10]. https：//arxiv. org/abs/1703. 05175.

[122] WANG F，SONG G. A novel percussion-based method for multi-bolt looseness detection using one-dimensional memory augmented convolutional long short-term memory networks [J]. Mechanical Systems and Signal Processing，2021，161：107955.

[123] FENG Y, CHEN J, YANG Z, et al. Similarity-based meta-learning network with adversarial domain adaptation for cross-domain fault identification[J]. Knowledge-Based Systems, 2021, 217: 106829.

[124] MA R, HAN T, LEI W. Cross-domain meta learning fault diagnosis based on multi-scale dilated convolution and adaptive relation module[J]. Knowledge-Based Systems, 2023, 261: 110175.

[125] LONG J, CHEN Y, HUANG H, et al. Multidomain variance-learnable prototypical network for few-shot diagnosis of novel faults[J]. Journal of Intelligent Manufacturing, 2023, 35: 1455-1467.

[126] ZHANG X, SU Z, HU X, et al. Semisupervised momentum prototype network for gearbox fault diagnosis under limited labeled samples[J]. IEEE Transactions on Industrial Informatics, 2022, 18(9): 6203-6213.

[127] ZHANG T, JIAO J, LIN J, et al. Uncertainty-based contrastive prototype-matching network towards cross-domain fault diagnosis with small data[J]. Knowledge-Based Systems, 2022, 254: 109651.

第 2 章 旋转机械故障和小样本 智能诊断技术基础理论

本章主要对旋转机械故障和小样本智能诊断技术基础理论两方面进行介绍：一是对旋转机械故障进行介绍，以工业制造旋转机械设备的关键部件——轴承和齿轮为对象，对其结构进行机理分析，并介绍其常见故障及产生原因；二是介绍小样本智能诊断技术基础理论，包括基于数据增强的小样本故障诊断方法、基于迁移学习的小样本故障诊断方法、基于元学习和半监督学习的小样本故障诊断方法。

2.1 机械故障介绍

工业中的大多数机器都包括旋转部件，被称为旋转机器[1]。更准确地说，旋转机器促进了能量向流体和固体的传递。旋转机器中旋转的部分称为转子，静止的部分称为定子[2]。在过程工业中，一系列旋转机器被用来输送固体、液体和气体[3]。加工机械包括一组（旋转的机械）子元件，这些子元件组合起来将一种形式的能量转换成所需的可用形式的能量。子元件有不同的种类，包括驱动器、从动器、调速器、轴和联轴器。采用电能、蒸汽或流体能量驱动机械，并将其转化为可用于驱动加工机器的旋转动力。蒸汽轮机、燃气轮机、往复式发动机（使用很少）都是驱动机械的例子，驱动式加工机械以给定的流量和压力将给定的工艺流体或固体输送到工艺过程中的特定点。泵、风机、压缩机、传送带等都是广泛使用的从动机械，从动机械输出轴的速度可以通过速度调节器来调节。根据所驱动的工艺机械的要求，变速箱、轮轴和皮带是被用作速度调节器的旋转机械的例子。变频驱动（variable frequency drive，VFD）器是一种用作速度调节器的电子设备。轴是一种旋转的机械元件，用于将能量从驱动器传递到被驱动机械。驱动侧的轴通过联轴器与从动侧连接。图 2.1[3] 显示了旋转机械的工艺流程，给出了旋转机械生产中能量传递的情况。

从上面的讨论中可以看出，没有旋转机器的制造过程是不完整的。因此，通过部署适当的维护策略，保持这些机器在健康的条件下运行至关重要[4]。其中，轴承和齿轮作为旋转机械设备的关键部件，已广泛应用于航空发动机、能源电力和汽车工业等领域。然而，轴承和齿轮箱往往在各种恶劣环境中运转，传动系统容易受到损伤，内部的机械部件会出现不同类型的局部故障。当轴承和齿轮等重要接触部件出现故障时，传动系统的效率将会下降，振动和噪声明显增强。如果未能及时检测和定位出故障，设备继续运行可能会造成更为严重的

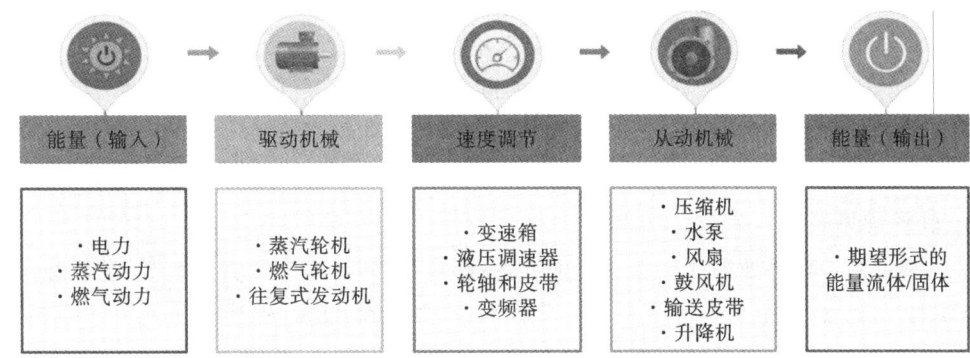

图 2.1　旋转机械的工艺流程

系统停机事故,甚至造成重大的人员伤亡和经济损失。

　　根据统计,在所有机械设备故障中,由滚动轴承损坏引发的故障占 30% 以上[5];在传动机械设备中,由齿轮损坏引起的故障约占 80%。对机械设备进行及时、准确的状态监测和故障诊断,可减少设备故障造成的经济损失和人员伤害。因此,机械设备故障的在线自动识别具有重要的工程意义[6-8]。本节以轴承和齿轮为对象来研究机械故障,典型齿轮箱及齿轮、轴承结构如图 2.2 所示。

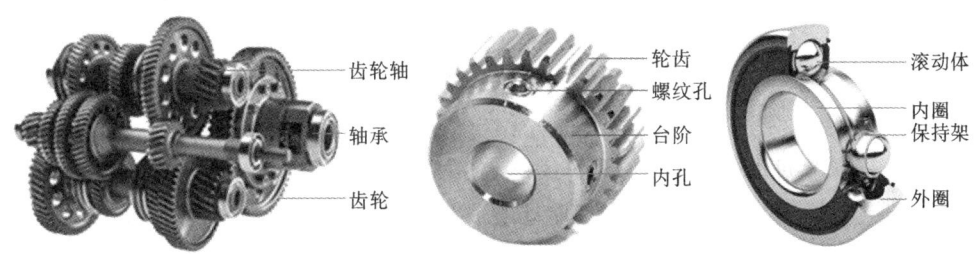

图 2.2　齿轮箱、齿轮和轴承结构

2.1.1　轴承结构及常见故障

　　机械设备常见故障包括电动机故障、传动系统故障、液压系统故障、气动系统故障、控制系统故障等。这里对机械设备中的关键设备轴承的结构和常见故障进行介绍。

1. 轴承结构

　　轴承是当代机械设备中一种重要的零部件。其主要功能是支承机械旋转体,降低其在传动过程中的摩擦系数,并保证其回转精度。轴承的种类非常多,根据运动方式,轴承可分为滑动轴承和滚动轴承;按传力介质可分为球轴承、圆柱轴承、圆锥轴承;按受力方式可分为径向轴承、轴向轴承和角轴承。其中,滚动轴承是最有代表性的一种轴承,其组件结构如图 2.3 所示。滚动轴承一般由四部分组成:内圈、外圈、滚动体和保持架。

（1）内圈：其作用是与轴相配合并与轴一起旋转。

（2）外圈：其作用是与轴承座相配合，起支承作用。

（3）滚动体：借助保持架均匀地分布在内圈和外圈之间，其形状、大小和数量直接影响着滚动轴承的使用性能和寿命。

（4）保持架：使滚动体均匀分布，防止滚动体脱落，引导滚动体旋转，起润滑作用。

2. 轴承常见故障

滚动轴承的主要失效形式包括三种类型：疲劳点蚀，塑性变形和磨料磨损、黏着磨损。

（1）疲劳点蚀，如图 2.4 所示。在载荷作用下，滚动体与内、外滚道之间将产生接触应力，轴承转动时，接触应力是循环变化的，在工作一段时间以后，滚动体或滚道的局部表层金属脱落，使轴承产生振动和噪声从而失效。

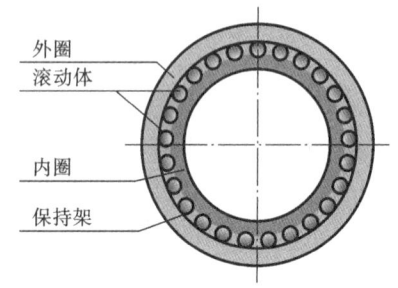

图 2.3　轴承基本结构

图 2.4　疲劳点蚀

（2）塑性变形，如图 2.5 所示。当轴承的转速很低或间歇摆动时，轴承不会发生疲劳点蚀，此时轴承因承受过大的载荷（称为静载荷）或冲击载荷，滚动体或内、外滚道上出现大的塑性变形，形成不均匀的凹坑，从而使轴承的摩擦力矩增大，振动和噪声增加，运动精度降低。

（3）磨料磨损、黏着磨损，如图 2.6 所示。在设计轴承组合时，轴承处均设有密封装置。但在多尘条件下，外界的尘土、杂质仍会侵入轴承，使滚动体与滚道表面产生磨料磨损。滚动轴承内有滑动的摩擦表面，如果润滑不良，则还会产生黏着磨损，轴承转速越高，黏着磨损越严重。磨损后，轴承游隙增大，运动精度降低，振动和噪声增加。

图 2.5　塑性变形

图 2.6　磨料磨损、黏着磨损

2.1.2　齿轮结构及常见故障

齿轮箱中部件故障百分比如图 2.7 所示,由此可见齿轮箱中齿轮是故障发生频率最高的部件,因此本章将以齿轮为主要研究对象之一。

齿轮箱的基本结构由轴承、齿轮、传动轴和箱体组成,其中传动轴还分为输入轴和输出轴。输入轴通常来自动力源(例如发动机),输出轴则连接到需要传递动力的设备。齿轮作为齿轮箱中的关键部件,能够进行啮合运动进而传递扭矩。齿轮啮合示意图如图 2.8 所示。当齿轮啮合时,齿条相互嵌入并滚动从而传递动力,齿轮的转动方向与传递动力的方向相同,不同的齿条数量可以实现不同的传动比。齿轮具有结构简单、传动比大、传动效率高、负载能力强等诸多优点,在机械设备中被广泛使用。齿轮的健康状况也将影响到其他工业设备的安全稳定运行。

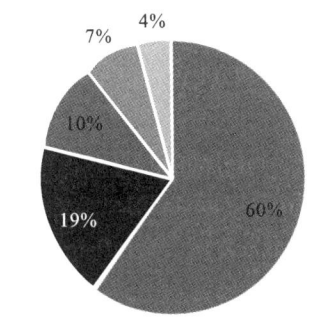

图 2.7　齿轮箱部件故障百分比

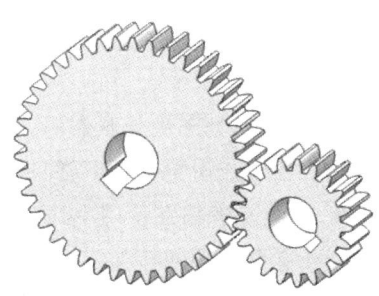

图 2.8　齿轮啮合示意图

齿轮作为齿轮箱中的主要故障来源,产生故障的原因很复杂,根据齿轮箱的安装使用阶段可以分为两种。第一种是在组装过程中没有严格按照要求组装,从而导致的装配误差。第二种是在齿轮箱完成组装开始工作后,由于运行环境和自身反复运转的影响而产生的齿轮磨损甚至损坏。第一种故障可以通过拆装配件的测试工序检测出来,避免对实际运行工作造成影响,第二种故障在设备运行过程中出现,可能直接导致设备停机。本章主要研究利用智能诊断方法识别第二种类型的齿轮故障,典型的有齿根裂纹、齿轮断齿、齿面磨损、齿轮缺齿、齿轮偏心及不对中等。

1. 齿轮结构

齿轮是一种被广泛应用在传动机械中的零件,是机械领域中不可或缺的一部分。齿轮的种类非常多,可以按照齿轮轴的性质划分为平行轴、相交轴和交错轴三种类型。其中,最广泛使用的是平行轴正齿轮,其组件及结构如图 2.9 所示。

(1)轮齿:齿轮上的凸起部分,用于与合作齿轮接触并实现同步啮合运转。通常情况下,轮齿按照辐射状排列。

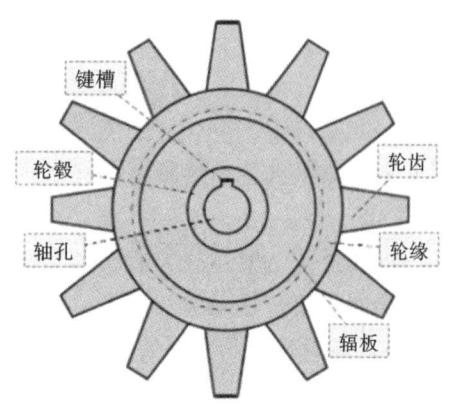

图 2.9　齿轮基本结构图

（2）轮缘：齿轮的边缘部分，主要起到传递扭矩和帮助齿轮保持位置、实现稳定运动的作用。

（3）辐板：齿轮的辅助部件之一，主要起到保护齿轮和支承齿轮的作用。

（4）键槽：齿轮轴孔处与键相匹配的凹槽，主要有两个作用，即传递扭矩，以及固定齿轮和轴。

（5）轮毂：连接齿轮和轴的部件，主要起到支承齿轮、传递扭矩，以及固定齿轮的作用。

（6）轴孔：轮毂中的一个圆形孔，主要起到传递扭矩、支承轴，以及固定齿轮的作用。

2. 齿轮常见故障

由于不同的齿轮传动有不同的应用场景，如传递扭矩等，因此齿轮传动零件具备不同的结构与类型。一旦齿轮因故障无法正常工作，就称为齿轮失效。齿轮失效会导致机器设备无法正常工作，影响生产效率，甚至引起严重的事故。在设计和选择齿轮时，需要考虑多方面因素，以确保其可靠性和稳定性。同时，定期对齿轮进行检查和维护也是非常必要的，可以有效延长齿轮的使用寿命，减少损坏和故障发生的概率。

当齿轮出现故障，处于失效状态时，齿轮结构发生改变，其振动信号也会发生变化，如出现不合理的冲击信号。齿轮有如下常见失效形式。

（1）裂纹：裂纹是齿轮在使用中经常出现的故障。裂纹主要可以分为两类，即工艺裂纹和使用裂纹。在脉冲循环的弯曲应力作用下以及周期性应力超过齿轮材料的疲劳极限时，齿轮根部会产生裂纹，导致齿轮根部出现裂纹故障。齿轮根部裂纹会导致齿轮在运转过程中受到不规则的应力集中和释放作用，产生周期性的冲击力。齿轮裂纹实物图如图 2.10 所示。

（2）断齿：在齿轮结构中，当一个或多个齿部分断裂时，称为断齿。造成这种现象的原因主要有过载折断、齿轮剪切、塑性变形后折断和疲劳折断等。断齿实物图如图 2.11 所示。

图 2.10　齿轮裂纹实物图

图 2.11　齿轮断齿实物图

（3）齿面磨损：齿面磨损是指齿轮啮合表面由于摩擦或落入磨料物质而被逐渐损耗，导致齿厚减小，齿廓形状被破坏，最终使齿轮无法继续使用。齿面磨损实物图如图 2.12 所示。

（4）齿轮缺齿：齿轮缺齿故障是指齿轮断裂达到一定程度，轮齿完全断裂。当发生缺齿故障时，与其啮合的齿轮将无法正常传递扭矩，导致齿轮箱运行异常。齿轮缺齿是齿轮生产工作过程中的一个重大缺陷，会导致齿轮齿距增大，相互错开，无法达到谐和的状态，会让动力在传递的过程中损失较大，且噪声会加大。齿轮缺齿实物图如图 2.13 所示。

图 2.12　齿轮齿面磨损实物图

图 2.13　齿轮缺齿实物图

（5）齿轮偏心：齿轮偏心可分为几何偏心和运动偏心。其中，几何偏心主要是在齿轮箱制造过程中由于操作不规范而产生的制造误差；运动偏心主要是由机床的分度蜗轮和传动齿轮等传动元件的制造和装配误差引起的。齿轮偏心原理图如图 2.14 所示。

齿轮箱密闭不外通，故障产生的杂质如细碎轮齿等无法及时排除，会导致杂质混入齿轮润滑油，继续随齿轮运转工作。这会导致齿轮润滑油无法起到正常的清洁作用，严重时会加剧齿轮箱零部件

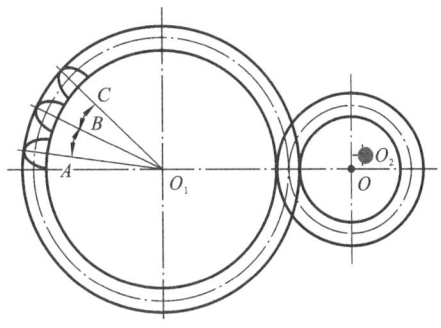

图 2.14　齿轮偏心原理图

磨损。长时间不处理维护，会导致齿轮箱失去传递扭矩的能力，并大大缩短使用寿命。

2.2　小样本智能诊断技术基础知识

在机械设备工作过程中，由于要实现不同的功能，机械设备的运行工况是不断变化的。不仅如此，在不同的机械设备中，设备内部结构也不一样，使得特定工况下的高质量机械故障数据较少。机械设备在整个服役期中，绝大多数时间都是健康的，只有极少部分时间处于故障状态，这导致故障样本难以获取。机械设备结构复杂，在工作过程中，各零件往往容易相互耦合，难以准确分辨出故障数据，且获取到的故障数据常常受到大量噪声的影响，信噪

比较低。此外,在机械设备处于远程监控状态时,在信息传递过程中可能会出现故障数据丢失的情况。综合以上原因可知,在实际工业机械故障诊断场景中,时常会出现变工况、故障样本不足的问题。

小样本学习的概念:深度学习模型可以模仿人类用很少的样本迅速识别新事物的能力,小样本学习期望模型能在学习了大量数据后,只用极少的样本就具有迅速学习新类别的能力。

目前,解决小样本问题的思路主要分为三类:一是数据增强的方法,通过生成伪数据来辅助模型训练;二是基于模型的方法,通过提高模型的特征提取能力来增强模型的分类能力;三是基于半监督学习的方法,相比监督学习方法,该方法通过无标签数据,增加训练样本数量来提高模型分类能力。

2.2.1　基于数据增强的小样本故障诊断方法

基于数据增强的方法主要通过原始样本生成大量的伪样本,这些伪样本与原始样本一样包含故障信息,通过这些伪样本辅助训练出一个泛化性能强、稳定有效的模型,从而提高模型诊断的准确率。目前,基于数据增强的方法主要有人工少数类过采样法(synthetic minority over-sampling technique,SMOTE)[9]、生成对抗网络(generative adversarial network,GAN)[10,11]、变分自动编码器(variational auto-encoder,VAE)[12,13]等。

1. 人工少数类过采样法

2002 年,SMOTE 算法被提出,是一种根据样本之间关系生成新样本来扩充数据集的算法。该算法的基本思想是从少数类样本出发,找到该样本邻近的同类少数样本,并通过在两者之间生成新的样本来使总的样本数量更加平衡。SMOTE 算法的示意图如图 2.15 所示。

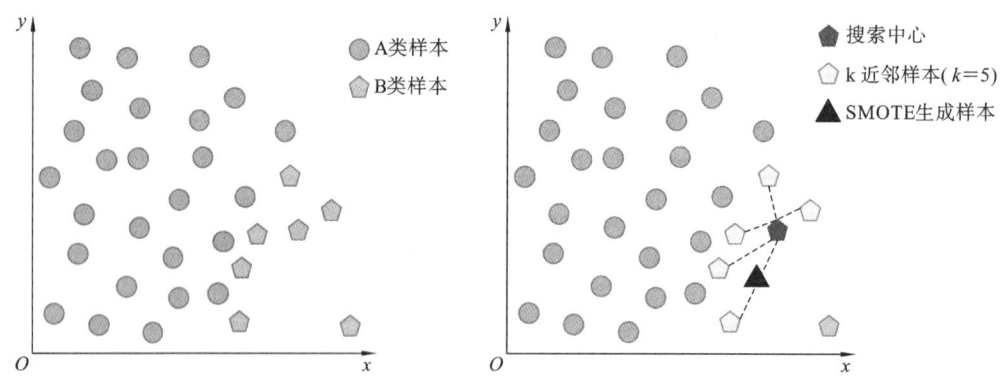

图 2.15　SMOTE 算法示意图

算法计算过程为:假设有一个少数类样本的集合 $X=\{x_1,x_2,\cdots,x_n\}$,其中 x_n 为第 n 个少数类样本。对每一个少数类样本 x_i,计算其到其他少数类样本的欧氏距离,并得到 k 个最近的样本。之后在 k 个样本中随机选择 a 个样本 $(a < k)$，a 值的大小由少数类样本和多数类样本之间的比例决定，假设 $x_j (j < k, j = 1, 2, \cdots, a)$ 为这 a 个样本中的一个，则可利用公式 (2-1) 在 x_i 和 x_j 之间生成新的少数类样本 x_{new}。

$$x_{\text{new}} = x_i + \text{rand}(0, 1) \times |x_i - x_j| \tag{2-1}$$

尽管 SMOTE 算法具有生成少数类样本的功能，但仍存在以下缺陷：k 的选择具有较强的主观性，但 k 的取值又十分重要，当 k 取值过小时，生成的样本可能出现局部重叠的现象，当 k 取值过大时，则难以生成边缘样本。此外，需要注意的是，SMOTE 算法无法解决数据分布边缘化的问题。

2. 生成对抗网络

数据增强是解决小样本问题的直接方法，它利用现有样本生成更多的故障样本，以解决故障数据不足的问题。例如，Yu 等[14] 集成了基于生成对抗网络和多尺度生成模型的算法来生成虚拟样本，并通过对旋转机械的失效机理进行改进来提高共性特征的代表性。Li 等[15] 提出了一种自监督元学习生成对抗网络算法，该算法通过对多种数据生成任务进行训练，确定了模型的最佳初始化参数，达到了仅使用少量训练数据就能生成新数据的效果。Peng 等[16] 提出了一种新的开集故障诊断方法，通过监督对比学习方法学习故障样本的特性和嵌入表示，然后通过软布朗运动偏移采样方法生成负向分布外数据，以模拟未知故障。Hu 等[17] 提出了一种新的故障诊断方法，使用一种时间幅度信号增强技术增加标注样本的数量，并为对比学习生成相关输入样本。这些方法的目标是通过数据增强来增加故障样本的数量，从而改善故障诊断的性能。

随着机器学习技术的不断发展，深度学习在机械故障预测方面取得了令人瞩目的成果。其中，生成对抗网络就是较常见的深度生成模型。生成对抗网络模型由生成器 G 和判别器 D 两部分组成。根据零和博弈思想，生成器的主要目标是不断提高模型的生成能力，使得生成的数据无法被判别器正确判断；判别器的主要目标则是不断提升判别能力，以正确分辨出原始数据和生成器生成数据。生成器和判别器不断博弈直至形成纳什均衡。此时生成器具备足够强大的生成能力，生成的数据具备一定的真实样本的特征，可以用于辅助训练。生成对抗网络模型如图 2.16 所示，生成对抗网络的目标函数如下：

$$\min_G \max_D V(D, G) = E_{x \sim P_{\text{data}(x)}}[\lg D(x)] + E_{x \sim P_{z(z)}}[\lg(1 - D(G(z)))] \tag{2-2}$$

式中：$P_{\text{data}(x)}$ 是真实数据的分布，x 为真实数据样本；$P_{z(z)}$ 是生成器的潜在空间分布，z 为从潜在空间采样的噪声；$D(x)$ 是判别器输出的概率，表示样本 x 是真实数据的概率；$G(z)$ 是生成器根据噪声 z 生成的样本。这个损失函数的含义是，生成器通过最小化 $\lg(1 - D(G(z)))$ 来"欺骗"判别模型，使得判别器误认为生成的数据是真实的。而判别器则通过最小化 $\lg D(x)$、最大化 $\lg(1 - D(G(z)))$ 来尽力区分真实数据和生成数据。

尽管生成对抗网络具备较强的生成能力，能够生成一定程度上具备真实样本特征的数据，但是生成对抗网络依旧存在较多问题：一方面，如果判别器拥有过强的性能，则生成器无法获取有效反馈，容易导致生成器无法正常迭代更新，出现梯度消失；而另一方面，当生成器生成小样本数据时，由于数据种类较少，生成器容易生成难以判别的数据，这会使

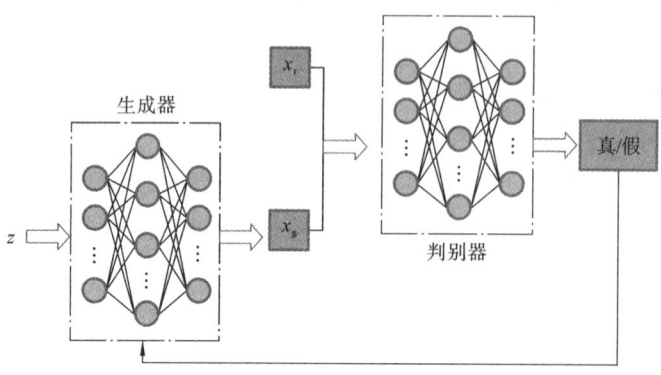

图 2.16   GAN 模型结构

得生成器生成的数据具有局限性,导致生成的数据单一化,从而使模型崩溃,无法学习样本信息。

综上所述,尽管可以通过生成对抗网络生成伪样本来辅助模型训练,一定程度上可用于解决小样本问题,但仍需要相当多的初始样本来进行训练。由于训练数据集规模有限,生成对抗网络往往难以训练出良好的生成器。当生成器效果较差时,生成的伪样本可能会对模型的分类精度产生负面影响。另外,当生成对抗网络模型判别器网络判别能力差时,生成器生成的数据包含的故障信息会十分有限,这种伪样本难以有效提升模型分类精度。

3. 变分自动编码器

变分自动编码器是另一种被广泛应用的深度生成模型,其结构如图 2.17 所示,主要用于训练推断网络和生成网络,推断网络通过将输入数据表示为低维隐变量来学习输入数据的隐藏特征,生成网络利用低维隐变量生成数据。

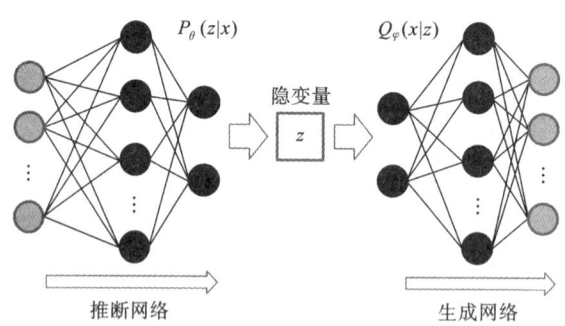

图 2.17   VAE 网络结构

VAE 的基本原理是:通过隐变量 z 表征原始数据 x 的分布,并通过对参数 θ 的优化,运用隐变量 z 生成数据 $\bar{x}$,并使得 x 与 $\bar{x}$ 尽可能相似,边缘分布 $P_\theta(x)$ 最大,有

$$P_\theta(x) = \int P_\theta(x|z) P_\theta(z) \mathrm{d}z \qquad (2\text{-}3)$$

式中：$P_\theta(x|z)$为由隐变量 z 生成的数据 $\overline{x}$ 的分布；$P_\theta(z)$为对应隐变量的先验分布。由于隐变量难以直接观测，因此引用后验分布 $P_\theta(z|x)$ 对隐变量进行度量。又由于 $P_\theta(z|x)$ 难以直接计算，故引用近似分布 $Q_\varphi(x|z)$ 代替后验分布 $P_\theta(z|x)$。之后利用库尔贝克-莱布勒（Kullback-Leibler，KL）散度衡量两者之间的相似距离，并优化相关参数 θ 和 φ，使得 KL 散度最小。基于上述原理，VAE 的损失函数如下：

$$L(\theta,\varphi;x^{(i)}) = E_{Q_\varphi(x|z)}\big[-\ln Q_\varphi(x^{(i)}|z) + \ln P_\theta(z|x^{(i)}) + \ln P_\theta(z)\big] \tag{2-4}$$

式中：$x^{(i)}$ 表示第 i 个数据。

VAE 网络的推断网络和生成网络的优化目标均为使变分下界函数 $L(\theta,\varphi;x)$ 最大化。假设 $P_\theta(z)$ 服从 $N(0,1)$ 分布，Q_φ 服从 $N(\mu,\sigma^2)$ 分布，则可进行如下计算：

$$L(\theta,\varphi;x^{(i)}) = \frac{1}{2}\sum_{j=1}^{d}\big[(1+\ln(\sigma_j^{(i)})^2)-(\mu_j^{(i)})^2\big] + \frac{1}{L}\sum_{l=1}^{L}\ln P_\theta(x^{(i)}|z^{(i,l)}) \tag{2-5}$$

尽管 VAE 可以提取原始数据中的隐变量，但这同样也意味着通过 VAE 生成的数据与原始数据具有较多的相似之处。然而，在小样本故障诊断领域中，由于可用样本数量较少，原始数据所包含的故障信息有限。因此，使用 VAE 生成的相似样本只包含有限的故障信息。

2.2.2　基于模型的小样本故障诊断方法

基于数据的方法主要是通过生成伪数据来辅助模型训练的，从数据源头解决小样本问题。基于模型的方法则采用了另一种解决思路：设计一个更加高效的模型，通过这个模型获取更多的小样本信息，来提高故障诊断精度。

1. 正则化

尽管深度学习模型具备强大的拟合能力，但若数据集数量不足，则很容易出现过拟合现象。所谓过拟合即指模型在训练集上表现优异，但在测试集上效果不佳。为了应对过拟合问题，研究者尝试采用正则化方法：L_1 和 L_2 正则化的核心思想是向损失函数添加一个惩罚项来限制权重输出，降低模型的复杂度[18]。Dropout 是另一种被广泛采用的正则化方法，其主要思想在于在模型训练过程中随机丢弃一部分神经元，以减少神经元间的依赖性，从而降低出现过拟合现象的可能性，其示意图如图 2.18 所示。相比其他正则化方法，Dropout 计算更简单，且具有较强的正则化能力[19]。

尽管正则化方法可以有效降低过拟合出现的概率，但是也有一些不足之处。例如，当数据量较大，处于非稀疏情况时，L_1 正则化计算效率低；虽然 L_2 正则化计算效率相对 L_1 正则化有了较大的提升，但是 L_2 正则化的输出具有非稀疏性，且 L_2 正则化无法实现特征选择；Dropout 是一种强大的正则化方法，但也需要较多的训练数据才能实现最佳效果。相比之下，添加惩罚项的正则化方法则需要手动设计惩罚项，这可能增加模型的不稳定性并需要大量的专业知识。

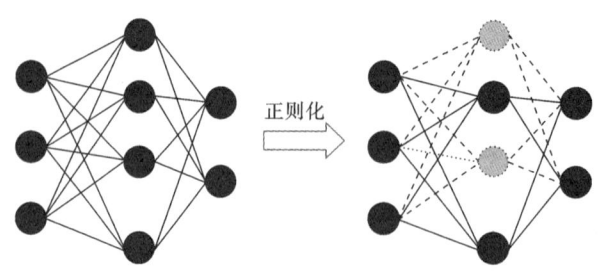

图 2.18　正则化网络结构

2. 迁移学习

迁移学习是用于解决小样本问题的另一种流行方法,其重点在于使模型学习数据空间知识,并致力于将先前学到的知识转移至新领域,其示意图如图 2.19 所示。

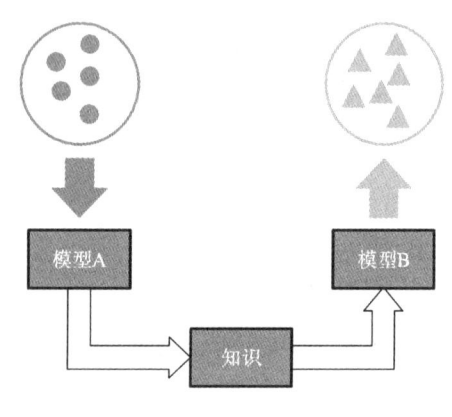

图 2.19　迁移学习示意图

迁移学习旨在将从源域中学到的知识应用于目标域,从而实现知识从源域到目标域的迁移,增加模型在目标域的分类精度。迁移学习方法可以根据知识形式的不同分为基于实例、特征、模型和关系的迁移学习方法。

基于实例的迁移学习方法是通过在源域中找到与目标域相似的数据来迁移知识,可调整这些数据的权重,以适配目标域的数据。接着,使用这些数据训练模型,从而得到适用于目标域的模型。这种方法的优点在于实现简单。其缺点在于需要根据经验进行权重选择和相似性度量,且由于源域和目标域通常具有不同的数据分布,模型性能可能会下降。

基于特征的迁移学习方法的主要思路是通过将源域和目标域的数据映射到同一特征空间,使得两个域之间的距离尽可能小。这样做的目的是实现知识的迁移,即将从源域中学习到的知识应用于目标域。该方法使得源域数据与目标域数据在同一空间中具备相似的分布,从而实现迁移学习。与其他迁移学习方法相比,基于特征的迁移学习方法具有更加强大的适用性,且容易取得更好的效果。但是,该方法求解难度较大,容易出现过拟合现象。迁移成分分析[20]（transfer component analysis,TCA）是一种常见的基于特征的迁移学习方法。TCA 的核心思想在于:假定存在一个特征空间 ϕ,源域和目标域数据在映射到空间 ϕ 之后的分布大致相同,即 $P(\phi(X_s)) \approx P(\phi(X_t))$,同时 TCA 假设源域和目标域的条件分布距离也会相应地缩小。因此,TCA 的目标就是找到这个合适的特征空间 ϕ 以进行特征映射。

基于模型的迁移学习方法主要是利用源域和目标域之间的相似性,在源域中使用大量数据进行模型训练,获取在源域中效果较佳的模型参数。随后,再利用目标域中少量数据微调已经训练好的源域模型,从而提高源域模型在目标域上的分类精度。与传统的迁移学习方法相比,这种方法更加直接,能有效利用模型之间的相似性。然而,基于模型的迁移学习方法仍然存在如下缺点:模型参数收敛较为困难。为了克服这个缺点,研究者提出了深度迁移学习方法。与传统迁移学习方法相比,深度迁移学习方法能更有效地提取特征。在此基础上,基于对抗性的深度迁移学习方法也被提出,与传统迁移学习方法不同的地方在于,该方法能更有效地处理源域和目标域特征不可区分的问题。

基于关系的迁移学习方法是基于相似关系的思想,当源域与目标域之间存在某些相似关系时,可以将从源域中学习到的关系迁移应用到目标域上。

虽然迁移学习可以通过对数据分布的研究,最大限度地利用源域中存在的知识和信息,帮助目标域进行学习,但是仍然面临许多挑战:当源域的数据过少时,不足以在源域训练出效果较好的模型,这使得迁移学习难以取得较好的分类效果;源域和目标域之间的差距较大时,可能导致迁移学习效果较差,且迁移学习无法保护数据隐私,易使源域数据信息泄露。另外,迁移学习也存在可解释性差、训练时需要消耗大量算力等问题。

3. 元学习

传统的机器学习和深度学习在训练过程中旨在不断优化模型相关参数,使得模型即使面对未知样本也能进行正确的类别判定。但是在未知样本较少的时候这种策略难以提取数据有效特征,分类效果较差。不同于传统学习策略,元学习的学习策略如图 2.20 所示。元学习的目的是使模型学会如何学习[21]。元学习通过辅助数据集训练得到一个好的先验知识,也就是图 2.20 中的中间模型。在面对新类别样本时,如果模型能够拥有足够优秀的先验知识就可以只靠极少数样本快速收敛,并获得较好的分类精度。需要注意的是,在元学习中,不能直接将中间模型用于判断新的样本类型,而需要将模型利用已有样本数据更新迭代后再用于样本判断。

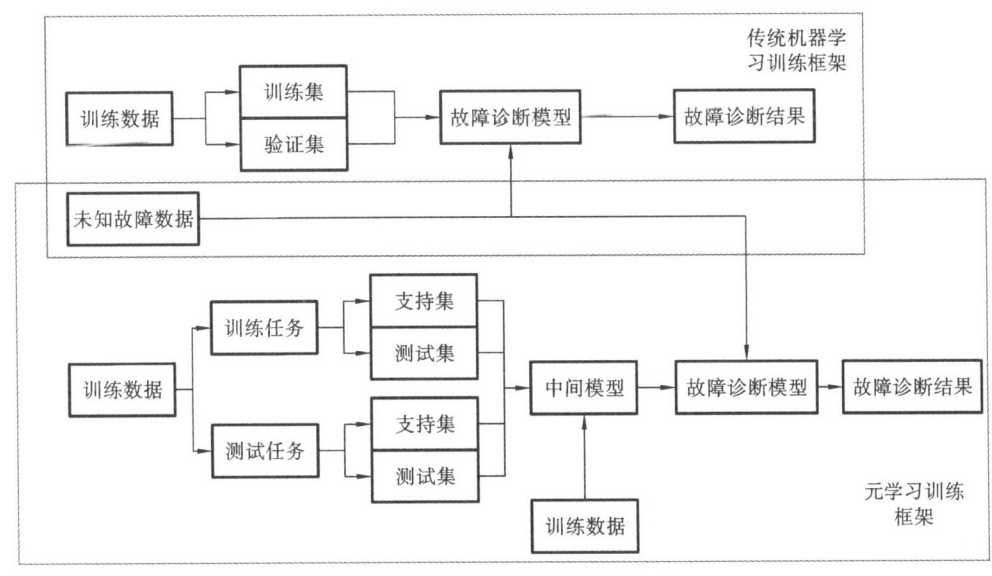

图 2.20 传统机器学习训练过程与元学习训练过程对比

　　基于度量的元学习(metric-based meta-learning,MBML)作为典型的元学习方法,由于具有优异的性能而被广泛使用。度量元学习的核心思想是学习一个嵌入函数,将输入空间(例如图片)映射到一个新的嵌入空间,在嵌入空间中用相似性度量来区分不同类。模型的先验知识就是这个嵌入函数,在遇到新的任务时,将需要分类的样本点用这个嵌入函数映射到嵌入空间里面,利用相似性度量函数进行分类。下面将介绍经典的相似性度量函数,然后介绍经典的深度度量学习方法和它们之间的区别。

　　基于度量学习的方法期望模型可以学习输入数据的低维嵌入特征,然后利用低维度的特征向量进行相似性度量,通过样本间的相似度来计算样本所属的故障类别。度量学习方法可以分为低维嵌入特征学习和相似性度量两部分[22]。低维嵌入特征学习部分希望相同类别的样本在嵌入空间中的相似度更高,不同类别的样本相似度更低,相似性度量模块用来计算特征之间的相似度。

　　相似性度量函数是度量元学习中用于分类的关键模块,传统的距离度量函数有欧氏距离、余弦距离、曼哈顿距离。欧氏距离,是一种用于衡量两个点之间直线距离的距离度量方法。余弦距离,通常用于衡量两个向量之间的夹角余弦值。曼哈顿距离,是一种用于衡量两个点之间距离的度量方法。曼哈顿距离基于点在坐标轴上的距离之和来计算。在 n 维空间中的两个向量 $\boldsymbol{P}$ 和 $\boldsymbol{Q}$ 分别表示为 $\boldsymbol{P}=(p_1,p_2,\cdots,p_n)$ 和 $\boldsymbol{Q}=(q_1,q_2,\cdots,q_n)$,$\|\boldsymbol{P}\|$、$\|\boldsymbol{Q}\|$ 分别是向量 $\boldsymbol{P}$ 和 $\boldsymbol{Q}$ 的范数,三种距离度量函数计算公式如表 2.1 所示。

表 2.1　三种距离度量函数

度 量 方 法	计 算 公 式
欧氏距离	$d(\boldsymbol{P},\boldsymbol{Q})=\sqrt{(p_1-q_1)^2+(p_2-q_2)^2+\cdots+(p_n-q_n)^2}$
余弦距离	$d(\boldsymbol{P},\boldsymbol{Q})=\dfrac{\sum\limits_{i=1}^{n}p_iq_i}{\|\boldsymbol{P}\|\cdot\|\boldsymbol{Q}\|}$
曼哈顿距离	$d(\boldsymbol{P},\boldsymbol{Q})=\|p_1-q_1\|+\|p_2-q_2\|+\cdots+\|p_n-q_n\|$

　　在进行特征度量之前,度量学习方法一般需要利用特征提取器来提取原始样本的嵌入特征,以更好地区分样本的类别。下面将简单介绍经典的度量元学习网络框架,包括孪生网络、匹配网络、关系网络和原型网络。

　　(1)孪生网络:孪生网络[23]是一种深度神经网络,共享相同的网络结构和相同的参数(权重),使用两个相同或不同的输入数据,对每个输出向量执行比较操作。孪生网络是一种学习思路或框架,中间的特征提取网络 $f_\theta(x)$ 可以由多种方式实现,其网络结构如图 2.21 所示。

　　孪生网络的输入是一对样本,输出是它们之间的相似度。当两个样本属于同一类别时,相似度接近 1;当两个样本属于不同的类别时,相似度接近 0。孪生网络使用对比度损失函数来优化模型的训练目标。

　　(2)匹配网络:匹配网络[24]是一种用于学习任务的神经网络结构,这种网络结构主要用

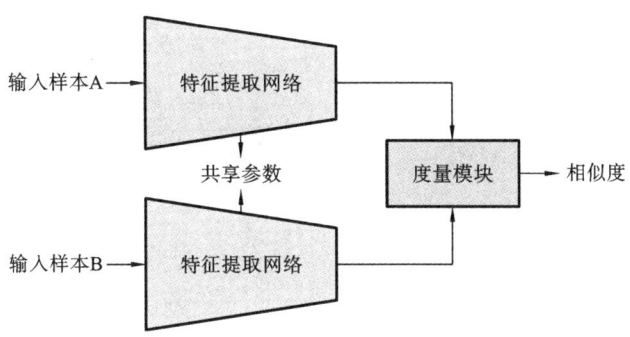

图 2.21 孪生网络示意图

于处理一些需要在不同输入之间建立关联或匹配关系的任务,其网络结构如图 2.22 所示。匹配网络在相似性度量的基础上加入了注意力机制,通过余弦距离计算训练实例与测试实例之间的相似度,然后通过 Softmax 对相似度进行归一化处理得到测试实例在训练实例上的注意力分布,通过学习这种注意力分布,匹配网络能够在查询样本上更好地进行泛化。基于学到的注意力权重,匹配网络计算支持集中每个样本与查询样本的相似度。

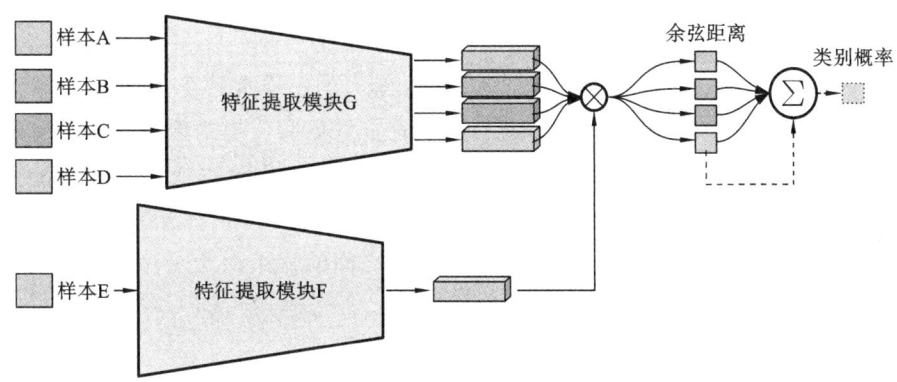

图 2.22 匹配网络示意图

给定一个测试样本 x',测试总样本量为 X,样本标签为 y,匹配网络将输出一个表征 $f(x')$,然后利用注意力机制模块计算记忆表征 $g(x_i)$ 与测试表征 $f(x')$ 的相似度权重,最终分类器预测的类别概率为 P,有

$$w_i = \frac{e^{d(f(x');g(x_i))}}{\sum\limits_{i=1}^{k} e^{d(f(x');g(x_i))}} \tag{2-6}$$

$$P(y' \mid x', X) = \sum_{i=1}^{k} w_i y_i \tag{2-7}$$

式中:$d(\cdot)$ 是距离度量函数;x_i 代表 k 个记忆样本中的第 i 个样本。

(3)关系网络:关系网络[25]也是基于嵌入特征提取和度量学习的框架,网络结构可以分为两个部分,分别是编码器和相似性度量模块。其中,模型的编码器由双支路共享权重的卷积神经网络组成。关系网络结构如图 2.23 所示。

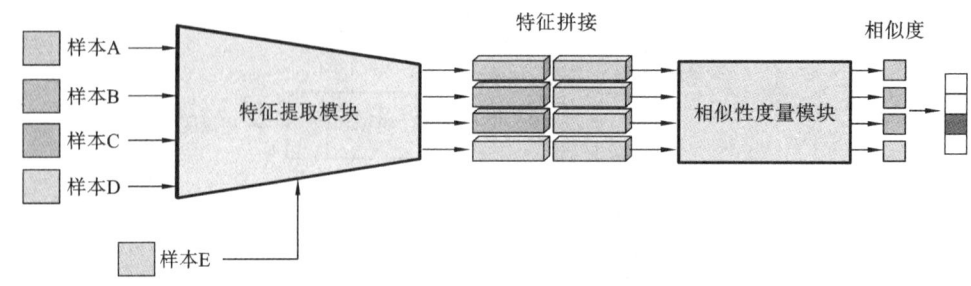

图 2.23　关系网络示意图

关系网络中的相似性度量模块将对输入的样本和待分类样本的嵌入特征计算关系得分,计算公式如下:

$$r(x',x_i)=g_\phi(C(f_\theta(x'),f_\theta(x_i))) \tag{2-8}$$

式中:$f_\theta(\cdot)$ 是特征提取模块;$g_\phi(\cdot)$ 是相似性度量模块;$C(\cdot)$ 代表拼接函数。

关系网络将支持集和待分类样本分别输入特征提取模块 $f_\theta(\cdot)$ 得到特征信息。然后将待分类样本的特征信息与支持集中各样本对应的特征信息关联起来,并利用 $g_\phi(\cdot)$ 计算得到相似性得分,最后输出相似度向量。

(4) 原型网络:原型网络[26]作为最经典的度量学习的小样本分类模型,它的目标是在包含大量已知类别的训练集上训练出一个优秀的特征提取器。传统的原型网络没有额外的分类器,它通过最近邻搜索来对样本进行分类。给定一个训练任务,对支持集中同一类别的样本进行特征提取后,原型网络计算其特征的均值,即原型。在得到所有类别的原型后,原型网络通过比较待分类样本的特征与所有类别的原型之间的欧氏距离来计算相似度。原型网络结构如图 2.24 所示。

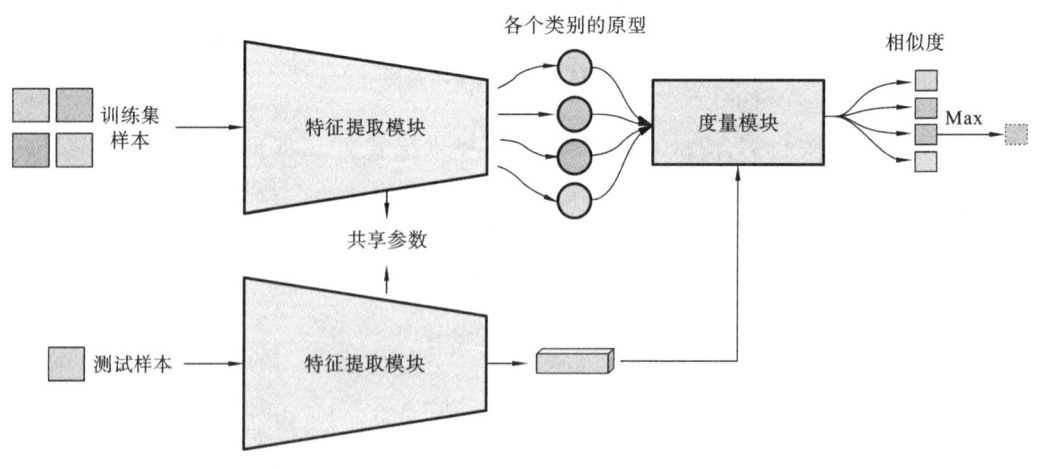

图 2.24　原型网络示意图

2.2.3　基于半监督学习的小样本故障诊断方法

在实际情况中,相比有标签样本,无标签的数据通常非常丰富,并且可以以更低的成本获得。因此,半监督学习(semi-supervised learning)[27]也是解决小样本问题的一个有效方法。半监督学习是在模型的训练过程中联合使用标签数据和无标签数据,相比监督学习方法,大量的无标签数据可以提高模型的泛化性能,并有效缓解模型的过拟合问题,同时也减轻小样本场景中对大量有标签样本的依赖。

目前,研究者已提出了大量基于半监督学习的方法用于小样本分类问题,其中根据损失函数设计、模型方法设计和训练方式等特点,可以将半监督学习方法大致分为四类,即半监督生成方法、一致性正则化方法、伪标签方法和混合方法。

(1)半监督生成方法[28]:生成模型可以学习已知数据的隐式特征,以更好地对训练数据集中的真实数据分布进行建模,然后通过数据分布生成新数据。生成对抗网络[29]框架和变分自动编码器[30]框架在半监督学习方法中被广泛应用,均属于基于数据增强的小样本故障诊断方法,这里就不再赘述。

(2)一致性正则化方法:在半监督学习方法中,一致性正则化的基本思路就是尽管输入数据样本中携带部分噪声和干扰,但是这种干扰不应该影响模型的输出结果,一致性代表的就是模型输出结果一致。ladder network[31]是经典一致性正则化的基础框架,该网络由两个编码器和一个解码器组成,如图 2.25 所示。在每次训练迭代中,输入 x 都会经过两个编码器。在带干扰编码器中,将输入数据样本批量归一化后在每层中加入噪声,最终得到无干扰的标准输出向量 y 和加入噪声干扰的向量 y'。然后将输出 y' 输入解码器,来重构原始的输入和每个解码层的隐藏向量。无监督训练损耗 L_u 用于计算从输入层到最

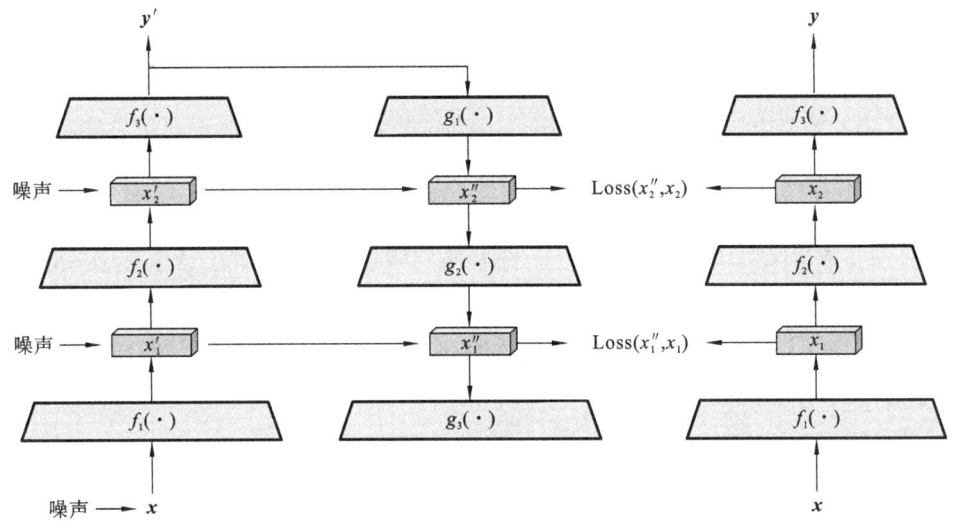

图 2.25　ladder network 示意图

后一层的 z 和 z' 之间的均方误差(mean square error,MSE),每层对总损耗的贡献加权为 λ_l,计算公式如下。

$$L_u = \frac{1}{|\boldsymbol{D}_u|} \sum_{x \in \boldsymbol{D}_u} \sum_{l=1}^{N} \lambda_l d_{MSE}(z_l, z'_l) \tag{2-9}$$

如果输入是一个有标记的数据 $x \in \boldsymbol{D}_l$,带有标签 y,则可以将监督交叉熵损失项 $H(y', t)$ 与无监督训练损耗 L_u 联合起来,得到最终损失。

(3) 伪标签方法[32]:伪标签方法与一致性正则化方法的不同之处在于,一致性正则化方法通常依赖增强数据转换的一致性约束,而伪标签方法则依赖伪标签的高置信度,可以将高置信度的标签数据添加到训练数据集中,从而实现数据集增强。最简单的伪标签学习方法就是先利用有标签训练数据集训练,然后对无标签数据进行预测并标注标签,最后再联合所有的数据来训练模型。其方法流程如图2.26所示,核心思路就是利用现有的标签数据来预测无标签数据的标签,以增加更多的训练数据。但是在伪标签方法学习过程中错误的伪标签将会阻碍模型的学习。过于相信伪标签,相当于没有带来新的样本信息,模型一直学习训练相似或者已知的知识,会导致模型过拟合。

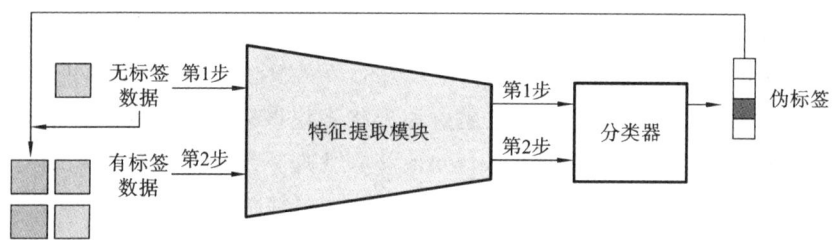

图 2.26　伪标签方法流程示意图

(4) 混合方法:混合方法结合了上述诸如伪标签、一致性正则化等方法的思想来提高模型性能。此外,在这些混合方法中还引入了一种简单的数据未知的数据增强方法、样本及其标签的组合。例如:FixMatch网络[33]就结合了一致性正则化和伪标签两种半监督学习思路,同时简化了整体方法流程。该网络结合了两种思路,并在一致性正则化方法中分别使用弱增强和强增强方法,提升了伪标签的有效性,对于输入的无标签样本,只有当模型预测出高置信度的标签时,其伪标签才被认为是真实的。如图2.27所示,给定一个样本,网络分别利用弱增强和强增强生成伪标签 y 和 y'。然后将弱增强对应的预测值通过Argmax函数获得伪标签,最后将强增强对应的预测值与弱增强对应的伪标签进行交叉熵损失(cross-entropy loss)计算,无标签数据的损失为 L_u。在算法中,弱增强采用一种标准的翻转移位增强策略,即以一定概率随机水平翻转图像。对于强增强,有两种方法,即Randaugment[34]和CTaugment[35]。

根据以上半监督学习方法的介绍,可以发现混合方法在半监督学习方法中被有效使用,如伪标签、熵最小化和一致性正则化等,并可进行调整以实现最优的性能。

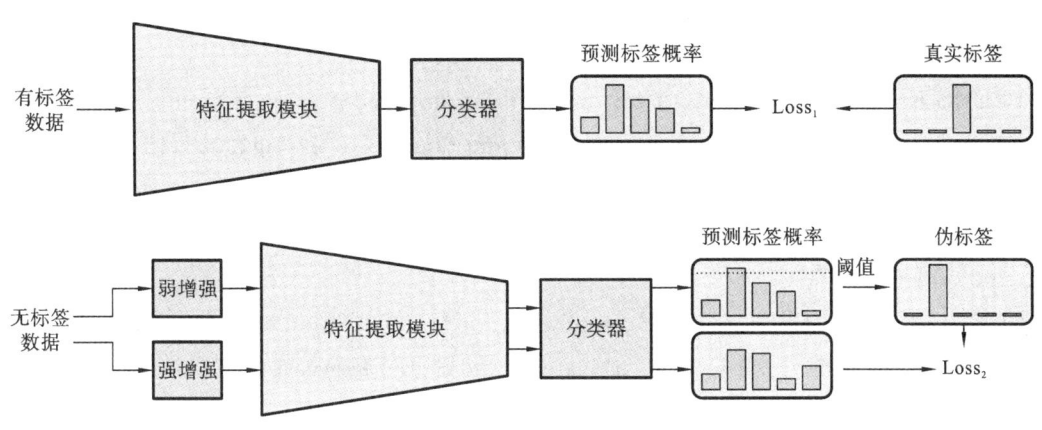

图 2.27　FixMatch 网络示意图

2.3　本 章 小 结

　　本章主要对机械故障小样本智能诊断技术基础理论进行了阐述,首先概述了本书的研究对象——轴承和齿轮箱的结构以及常见故障,再从数据增强、基于模型和半监督学习这三大类小样本诊断方法入手,对旋转设备小样本跨工况故障诊断技术进行了基础知识介绍,为后文研究奠定理论基础。

本章参考文献

[1] MOHANTY A R. Machinery condition monitoring：Principles and practices[M]. Boca Raton：CRC Press，2014.

[2] BIGRET R. Rotating machinery essential features[M]//BRAUN S. Encyclopedia of Vibration. New York：Academic Press，2001.

[3] AFFONSO L O A. Machinery failure analysis handbook：Sustain your operations and maximize uptime[M]. New York：Elsevier，2013.

[4] GAWDE S S, BORKAR S. Condition monitoring using image processing[C]//2017 International Conference on Computing Methodologies and Communication (ICCMC). New York：IEEE，2017：1083-1086.

[5] 韩捷,张瑞林. 旋转机械故障机理及诊断技术[M]. 北京：机械工业出版社,1997.

[6] ZHANG L，FAN Q，LIN J，et al. A nearly end-to-end deep learning approach to fault

diagnosis of wind turbine gearboxes under nonstationary conditions[J]. Engineering Applications of Artificial Intelligence, 2023, 119: 105735.

[7] FENG K, JI J, NI Q, et al, A review of vibration-based gear wear monitoring and prediction techniques[J]. Mechanical Systems and Signal Processing, 2023, 182: 109605.

[8] HU J, ZHANG Y, LI W, et al. Trustworthy artificial intelligence based on an explicable temporal feature network for industrial fault diagnosis[J]. Cognitive Computation, 2023, 16: 534-545.

[9] LIU J, LI Y F, ZIO E. A SVM framework for fault detection of the braking system in a high speed train[J]. Mechanical Systems and Signal Processing, 2017, 87: 401-409.

[10] WANG Z, WANG J, WANG Y. An intelligent diagnosis scheme based on generative adversarial learning deep neural networks and its application to planetary gearbox fault pattern recognition[J]. Neurocomputing, 2018, 310: 213-222.

[11] ZHANG W, LI X, JIA X D, et al. Machinery fault diagnosis with imbalanced data using deep generative adversarial networks[J]. Measurement, 2020, 152: 107377.

[12] AN J, CHO S. Variational autoencoder based anomaly detection using reconstruction probability[J]. Special Lecture on IE, 2015, 2(1): 1-18.

[13] HE Z, SHAO H, WANG P, et al. Deep transfer multi-wavelet auto-encoder for intelligent fault diagnosis of gearbox with few target training samples[J]. Knowledge-Based Systems, 2020, 191: 105313.

[14] YU G, WU P, LV Z, et al. Few-shot fault diagnosis method of rotating machinery using novel MCGM based CNN[J]. IEEE Transactions on Industrial Informatics, 2023, 19(11): 10944-10955.

[15] LI Y, XU F, LEE C G. Self-supervised metalearning generative adversarial network for few-shot fault diagnosis of hoisting system with limited data[J]. IEEE Transactions on Industrial Informatics, 2022, 19(3): 2474-2484.

[16] PENG P, LU J, XIE T, et al. Open-set fault diagnosis via supervised contrastive learning with negative out-of-distribution data augmentation[J]. IEEE Transactions on Industrial Informatics, 2022, 19(3): 2463-2473.

[17] HU C, WU J, SUN C, et al. Inter-instance and intra-temporal self-supervised learning with few labeled data for fault diagnosis[J]. IEEE Transactions on Industrial Informatics, 2022, 19(5): 6502-6512.

[18] 陈仁祥, 朱玉清, 胡小林, 等. 自适应正则化迁移学习的不同工况下滚动轴承故障诊断[J]. 仪器仪表学报, 2021, 41(8): 95-103.

[19] DONG H, WANG Z, LAM J, et al. Fuzzy-model-based robust fault detection with stochastic mixed time delays and successive packet dropouts[J]. IEEE Transactions on Systems, Man, and Cybernetics, Part B (Cybernetics), 2011, 42(2): 365-376.

[20] LEE J M, YOO C K, LEE I B. Fault detection of batch processes using multiway kernel principal component analysis[J]. Computers & Chemical Engineering, 2004, 28(9): 1837-1847.

[21] AZEEM M I, PALOMBA F, SHI L, et al. Machine learning techniques for code smell detection: A systematic literature review and meta-analysis[J]. Information and Software Technology, 2019, 108: 115-138.

[22] LI X, ZHANG W, DING Q. A robust intelligent fault diagnosis method for rolling element bearings based on deep distance metric learning[J]. Neurocomputing, 2018, 310: 77-95.

[23] BROMLEY J, GUYON I, LECUN Y, et al. Signature verification using a "siamese" time delay neural network[C]//NIPS'93: Proceedings of the 7th International Conference on Neural Information Processing Systems, 1993:737-744.

[24] VINYALS O, BLUNDELL C, LILLICRAP T, et al. Matching networks for one shot learning[C]//NIPS'16: Proceedings of the 30th International Conference on Neural Information Processing Systems,2016:3637-3645.

[25] SUNG F, YANG Y, ZHANG L, et al. Learning to compare: Relation network for few-shot learning[C]//Proceedings of the IEEE Conference on Computer Vision and Pattern Recognition, 2018: 1199-1208.

[26] SNELL J, SWERSKY K, ZEMEL R. Prototypical networks for few-shot learning [C]// NIPS'17: Proceedings of the 31st International Conference on Neural Information Processing Systems, 2017:4080-4090.

[27] YANG X L, SONG Z X, KING I, et al. A survey on deep semi-supervised learning [J]. IEEE Transactions on Knowledge and Data Engineering, 2022, 35 (19): 8934-8954.

[28] SAJUN A R, ZUALKERNAN I. Survey on implementations of generative adversarial networks for semi-supervised learning[J]. Applied Sciences, 2022, 12(3): 1718.

[29] GOODFELLOW I, POUGET-ABADIE J, MIRZA M, et al. Generative adversarial networks[J]. Communications of the ACM, 2020, 63(11): 139-144.

[30] KINGMA D P, WELLING M. Auto-encoding variational Bayes[EB/OL]. (2022-12-10)[2025-04-10]. https://arxiv.org/abs/1312.6114.

[31] RASMUS A, BERGLUND M, HONKALA M, et al. Semi-supervised learning with ladder networks[C]//NIPS'15: Proceedings of the 29th International Conference on Neural Information Processing Systems-Volume 2, 2015:3546-3554.

[32] LI Y, GUO L, GE Y. Pseudo labels for unsupervised domain adaptation: A review [J]. Electronics, 2023, 12(15): 3325.

[33] SOHN K, BERTHELOT D, CARLINI N, et al. FixMatch: Simplifying semi-super-

vised learning with consistency and confidence[J]. Advances in Neural Information Processing Systems, 2020, 33: 596-608.

[34] CUBUK E D, ZOPH B, SHLENS J, et al. Randaugment: Practical automated data augmentation with a reduced search space[C]//Proceedings of the IEEE/CVF Conference on Computer Vision and Pattern Recognition Workshops, 2020: 702-703.

[35] BERTHELOT D, CARLINI N, CUBUK E D, et al. Remixmatch: Semi-supervised learning with distribution alignment and augmentation anchoring[EB/OL]. (2020-02-13)[2025-04-10]. https://arxiv. org/abs/1911. 09785.

第3章 基于数据增强的单工况齿轮箱小样本故障诊断

3.1 引　言

　　齿轮箱结构复杂,在正常运行过程中齿轮箱的振动信号容易受到其他零件耦合的影响,并且齿轮箱的运行环境较为恶劣,振动信号也容易受噪声干扰。经验模态分解(empirical mode decomposition,EMD)由 Huang 等[1]于 1998 年提出,是一种数据自适应多分辨率技术,用于将信号分解为物理上有意义的分量(component)。EMD 算法存在的一个问题是模态混叠(mode mixing/modal aliasing),模态混叠问题是指:① 具有不同时间尺度的振荡(oscillation)被分在一个本征模态函数中;② 具有相同时间尺度的振荡被筛选成不同的本征模态函数。为解决此问题,Wu 和 Huang[2]提出了一种噪声辅助的 EMD 算法,即集成经验模态分解(ensemble empirical mode decomposition,EEMD)。独立成分分析(independent component analysis,ICA)是一种利用统计原理进行计算的方法,它本质上是一个线性变换,这个变换把数据或信号分离成统计独立的非高斯的信号源的线性组合[3]。本章采用集成经验模态分解和独立成分分析相结合的方法来处理含噪声的故障数据,先通过集成经验模态分解将故障数据分解为若干个内在模态函数(intrinsic mode function,IMF)分量,再通过独立成分分析对分解获得的 IMF 分量进行降噪解混,再将得到的信号进行重构,实现降噪。

　　工业场景中,齿轮箱的工况时常发生变化,齿轮箱的运行速度也各不相同;不同的需求使得机械设备类型不同,齿轮箱的构造也会有所不同,这导致了特定工况下高质量故障数据的收集变得困难。此外,由于齿轮箱的内部结构多种多样,因此某些特定工况下可用的故障数据非常有限;再加上齿轮箱故障时间较短,这也增加了获取特定工况故障样本的难度。为了解决上述问题,本章利用条件变分自动编码器(conditional variational auto-encoder,CVAE)[4]对降噪后的数据进行增强,有效增加了故障样本数量,流程如图 3.1 所示。与常见数据增强方法进行对比,该方法具有明显优势。

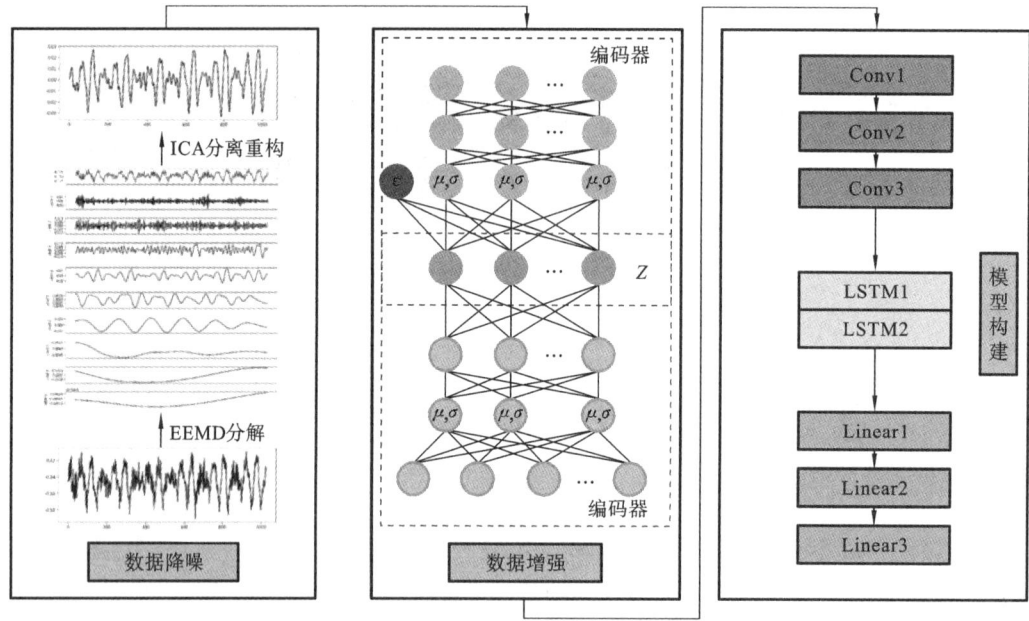

图 3.1　基于 EEMD-ICA 和 CVAE 的故障诊断流程

3.2　EEMD-ICA 降噪

齿轮箱故障信号微弱,易受噪声干扰,其故障特征提取难度大,本章采用 EEMD 和 ICA 相结合的方法(EEMD-ICA)对齿轮箱振动数据进行处理。具体而言,首先通过 EEMD 将故障齿轮箱的振动信号分解,并根据分解结果去除故障特征含量较少的分量,然后再对处理后的信号进行 ICA 降噪处理。

3.2.1　经验模态分解介绍

目前,短时傅里叶变换、小波变换和经验模态分解是几种较为常用的信号处理、降噪滤波的方法。短时傅里叶变换是在标准傅里叶函数中加入一段时间较短的固定窗函数,用来改善傅里叶变换后的频域信号在时间变化时的不同频率信息无法准确判断的问题。通过改变固定窗函数大小,可以得出信号随时间变化的不同频率以及时间分辨率。以选取方形窗函数为例,当选取一个宽度较大的窗函数时,频率分辨率就会变好,但时间分辨率会减小;反之则具有完全相反的结果。

小波变换是由小波基取代标准傅里叶函数中的三角函数,是一种受小波基影响严重的时频分析方法,通过小波分析得出的小波分量及频谱图只对所选的小波基适用,不具备随信号改变而变化的自适应性。因此,选取不同基函数,会得到不同的结果,并且每次改变输入信号时均要重新计算小波基。现如今已有一些最优基的选取方法,但是由于不存在一种小波基可以适用于大多数情况,因此缺乏一套系统的方案来指导如何针对不同的信号选择最优的基函数,达到最好的应用效果。

经验模态分解是一种基于原始信号分解的时频信号处理方法,具有较强的自适应性[5]。经验模态分解可以将平稳化处理后的信号由高频到低频依次分解出若干个 IMF 分量及一个不能再分的余量。其中,每一个分量均包含一部分原始信号信息。各分量和余量相叠加,能够复原得到原始信号。

上述这些方法都有一定的局限性,例如:小波变换效果好坏取决于预先给定的小波基函数是否适合,需要先验知识并且具有不确定性。本章采用集成经验模态分解对齿轮箱故障振动信号进行分解,并采取有效措施去除包含过多噪声干扰信号的 IMF 分量,实现了可靠的降噪处理。集成经验模态分解示意图如图 3.2 所示。

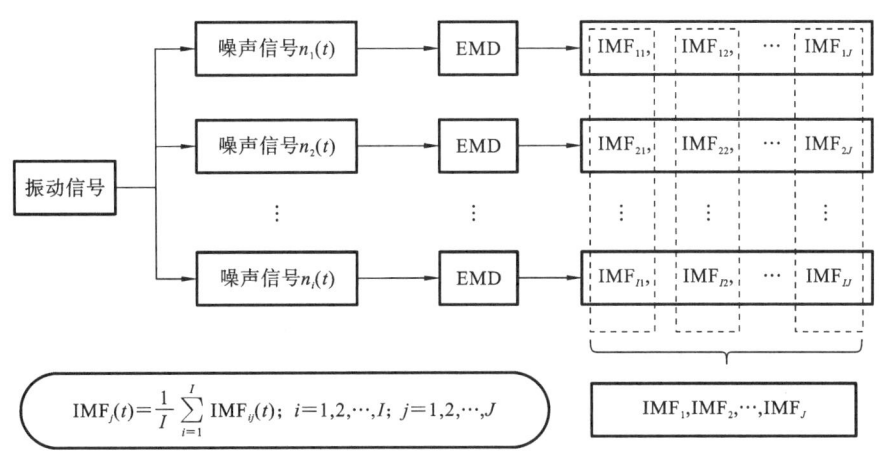

图 3.2　EEMD 示意图

多次在原始信号 $x(t)$ 中加入等长度的高斯白噪声 $n_i(t)$,得到新的信号,即

$$x_i(t) = x(t) + n_i(t) \tag{3-1}$$

式中:$x_i(t)$ 为在原始信号 $x(t)$ 中第 i 次加入噪声后得到的信号。

之后,对信号的上下包络线进行拟合,得到均值序列 $m(t)$。接着,通过去除均值序列 $m(t)$ 获取新的信号,然后判断该信号是否满足 IMF 条件。如果满足 IMF 条件就继续进行下一步,如果不满足就重复上述步骤,直至获得的信号满足 IMF 条件为止。最后,利用固有模态函数计算剩余信号,具体方法如下:

$$R_{ij}(t) = x_i(t) - \text{IMF}_{ij}(t) \tag{3-2}$$

式中:$R_{ij}(t)$ 为剩余信号。需多次重复上述步骤,以提取 IMF 分量,每次重复均添加白噪声。

为避免加入的白噪声对特征提取结果造成影响,对同阶的 IMF 分量进行集总平均处理,以得到集成经验模态分解的最终结果:

$$\mathrm{IMF}_j(t) = \frac{1}{I}\sum_{i=1}^{I}\mathrm{IMF}_{ij}(t) \tag{3-3}$$

式中：$\mathrm{IMF}_{ij}(t)$ 为第 i 次加入的第 j 个固有模态函数。

3.2.2 独立成分分析介绍

曾经鸡尾酒会问题备受关注，引起了盲源分离的讨论，问题示意如图 3.3 所示。舞台上三位表演者用不同的乐器演奏，分别为小号、小提琴和中号。有三个采集器分别放置在舞台下不同的位置，以收集这三种乐器的声音信号。如何将这些混杂在一起的信号分离出来，使得每种乐器的声音能被还原出？

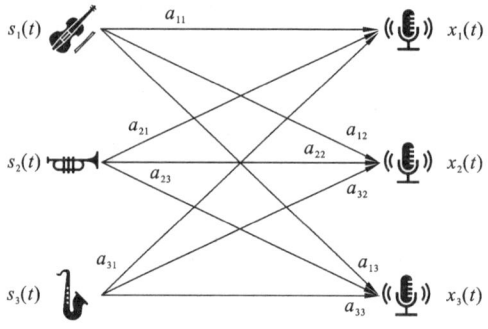

图 3.3　鸡尾酒会问题示意图

若 s 为信号源，x 为观测信号，则观测信号和信号源之间的关系可以用公式（3-4）表示：

$$\begin{cases} x_1(t) = a_{11}s_1(t) + a_{12}s_2(t) + a_{13}s_3(t) \\ x_2(t) = a_{21}s_1(t) + a_{22}s_2(t) + a_{23}s_3(t) \\ x_3(t) = a_{31}s_1(t) + a_{32}s_2(t) + a_{33}s_3(t) \end{cases} \tag{3-4}$$

机器学习方法逐渐应用于盲源分离，使该问题得到了更好的解决。在处理这类混叠较为复杂的盲源分离问题时，需要集中注意力来辨别不同乐器类型的声调或音色特征。但当信息量较大或乐器种类较多时，仅靠人脑可以识别的部分特征无法有效分离信号，需要使用更有效的分析方法。

在检测过程中，每个检测指标都需要使用不同的传感器来采集数据。这些传感器采集的数据混合在一起，包含大量的杂质，如因环境复杂而产生的噪声等。可以通过图表来描述传感器采集信号的问题，独立成分分析的思想如图 3.4 所示。

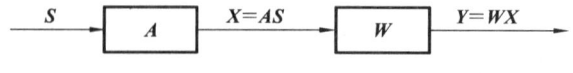

图 3.4　独立成分分析

独立成分可被分解为

$$Y = WX \tag{3-5}$$

假设 $S = [s_1, s_2, \cdots, s_n]^{\mathrm{T}}$ 是一组 n 维相互独立的源信号，$X = [x_1, x_2, \cdots, x_m]^{\mathrm{T}}$ 是 m 维实测观测信号，$X(t)$ 由各分量 $S(t)$ 组合而成，矩阵表达式为

$$X = AS \tag{3-6}$$

式中：$A = [a_1, a_2, \cdots, a_m]$ 为未知的 $m \times n$ 混合矩阵，观测点个数 m 大于或等于源信号点个数 n。独立成分分析的目的就是按照一定的优化准则，在没有先验知识的基础上估计系数矩阵 A 的逆矩阵 A^{-1}，通过求解 A 的逆矩阵求得独立的源信号 S，即 $S \approx A^{-1}X$。其中逆矩阵 A^{-1} 可以用分离矩阵 W 表示，上述过程可表示为

$$Y = W \cdot X = W \cdot AS \approx A^{-1}AS \tag{3-7}$$

式中：$Y = [y_1(t), y_2(t), \cdots, y_n(t)]^{\mathrm{T}}$ 是通过分离得到的源信号 S 的近似估计。由此可见，寻找最优的分离矩阵 W 是提取独立成分 Y 的关键步骤。

独立成分分析方法可用于解决优化问题，其应用广泛，其中一种常用的算法是基于牛顿迭代法的快速成分分析(fast-ICA)算法。算法采用定点递推算法实现，可以处理各种类型的数据，并且具有快速搜索极值的特性。与普通的独立成分分析方法相比，可批处理的运算方式是该算法的主要特点，在每一步迭代中可以包含更多的样本数据。这种算法弥补了传统独立成分分析算法的不足，收敛速度更快。快速成分分析算法步骤如下：

(1) 将原始数据按列组成 m 行 n 列的矩阵 X，将矩阵 X 的每一列进行零均值化处理；

(2) 对数据进行预处理，即对数据进行白化处理；

(3) 设置相关参数，如学习率等；

(4) 在第 i 时刻求解随机矩阵 W，其中，要求 W 的每行之和为 1；

(5) 求解第 i 时刻的源信号 $S_{n \times 1}(i) = W_{n \times m} \cdot x_{n \times 1}(i)$；

(6) 重复上述步骤，直至所有时刻源信号 $S_{n \times 1}(i)$ 求解完成；

(7) 在完成上述步骤后，将得到的信号进行组合处理即可得到 $S_{n \times m} = [s^{(1)}, s^{(2)}, \cdots, s^{(n)}]$。

3.2.3　EEMD-ICA 降噪模型构建

为了更好地提取旋转机械故障特征，首先需要对振动信号进行降噪处理。本小节结合 EEMD 和 ICA 的优点，建立了 EEMD-ICA 模型，以达到更好的降噪效果。EEMD-ICA 模型的降噪流程如图 3.5 所示，具体步骤如下。

(1) 为了对采集到的旋转机械早期振动信号进行分析，使用合适的集总参数进行EEMD分解。这种方法可以有效地获取一系列 IMF 分量，从而更好地提取早期振动信号的特征 IMF_1、IMF_2、$\cdots$、IMF_n，通过这种方式将原始振动信号升维。

(2) 通过相关系数(correlation coefficient，CC)和均方根(root mean square，RMS)来选择有效的 IMF 分量。其中，相关系数和均方根计算公式为

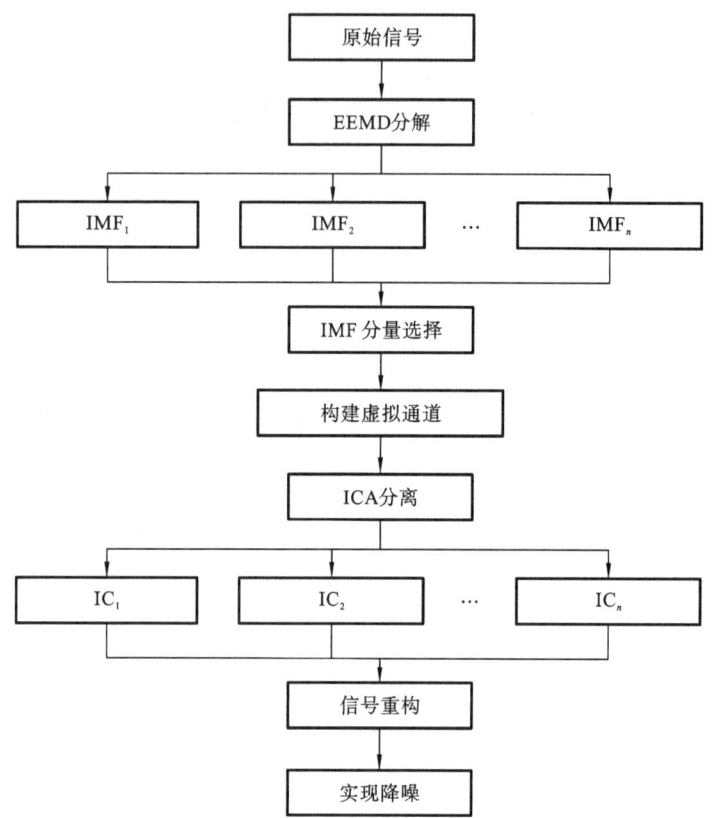

图 3.5　EEMD-ICA 降噪流程

$$
\begin{cases}
CC = \dfrac{\displaystyle\sum_{i=1}^{N}(y_i - \bar{y})(x_i - \bar{x})}{\sqrt{\displaystyle\sum_{i=1}^{N}(y_i - \bar{y})^2}\sqrt{\displaystyle\sum_{i=1}^{N}(x_i - \bar{x})^2}} \\[6mm]
RMS_x = \sqrt{\dfrac{\displaystyle\sum_{i=1}^{N}(x_i)^2}{N}}
\end{cases}
\tag{3-8}
$$

式中：$\bar{x}$ 和 $\bar{y}$ 分别为输入信号 x_i 和输出信号 y_i 的均值；N 为采样点的个数。

（3）将有效的 IMF 分量作为观测信号，将剩余分量重构为虚拟通道信号。

（4）通过快速成分分析算法将获取的观测信号和虚拟噪声信号进行降噪解混处理，从而获取最佳估计信号。

（5）对步骤（4）中得到的信号进行信号重构，从而达到降噪效果。

信号经过 EEMD-ICA 降噪前后的对比如图 3.6 所示。

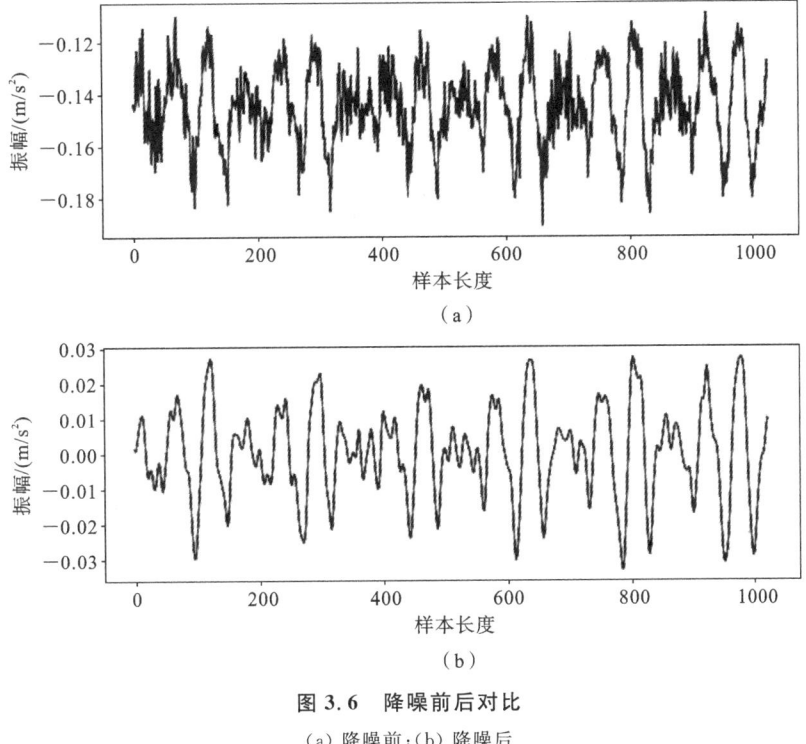

图 3.6   降噪前后对比

（a）降噪前；（b）降噪后

3.3   CVAE 数据增强

针对单工况下齿轮箱故障样本少的问题,本章利用条件变分自动编码器(CVAE)进行数据增强,以增加故障样本数量。

3.3.1   CVAE 网络介绍

CVAE 是一种基于自编码网络[6,7]的数据生成技术,相比于自动编码器,CVAE 生成的数据分布更加均匀且训练过程更加稳定。单次 CVAE 的训练流程如图 3.7 所示。

CVAE 模型的输入并不是原始数据 x,而是 x 的任务相关数据 y,这使得网络能够生成某一特定类别的样本。

3.3.2   CVAE 网络设计

条件变分自动编码器的设计包括两个方面:编码器网络结构设计和解码器网络结构设

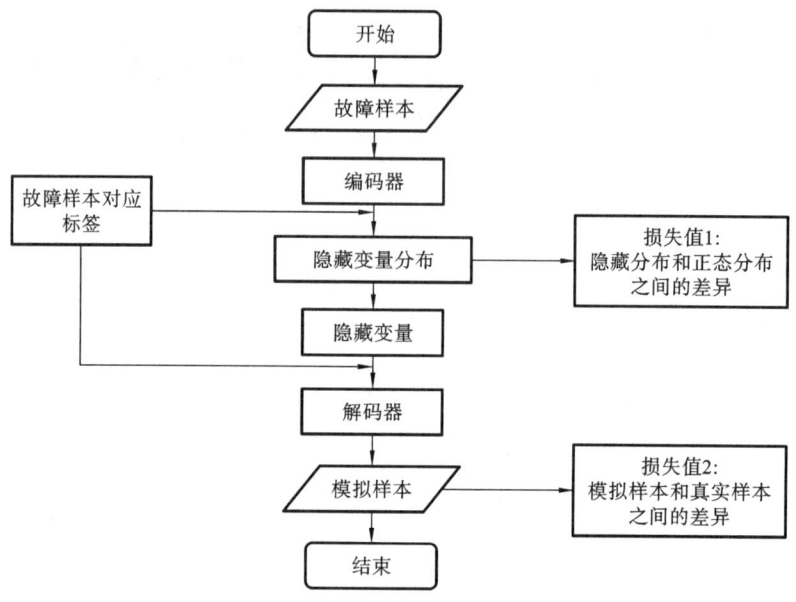

图 3.7　CVAE 网络流程

计。为了提高模型的收敛速度并减少梯度爆炸现象的出现,在设计网络结构时,在每个非线性层后都添加了归一化层和 ReLU 激活函数。这种设计可以有效地改善模型性能,保证训练过程的稳定性。

在 CVAE 网络中,编码器可以学习到原始数据的隐藏分布,通过采样操作可以生成隐藏变量,进而将这些隐藏变量输入解码器用于生成模拟样本。在此之后,将原始故障样本和编码器生成的模拟故障样本进行比较,并将这些数据作为训练数据进行训练,以判断所生成的模拟样本是否包含原始样本的特征信息。在训练过程中,通过最小化损失函数中 KL 散度的值,隐藏变量的分布被逐渐调整为标准正态分布。在样本生成阶段,可以直接从标准正态分布中进行采样,并将所得结果与故障样本的标签一同输入解码器并进行分析,以生成指定类型的故障样本。编码器和解码器具体参数如表 3.1 和表 3.2 所示。

表 3.1　CVAE 编码器网络结构参数

编　　号	网　络　层	卷积核大小	卷积核数目	输出大小
1	卷积层 1	8×8	16	512×16
2	卷积层 2	4×4	32	128×32
3	卷积层 3	4×4	32	32×32
4	全连接层 1	256	1	256×1
5	全连接层 2	32	1	32
6	全连接层 3	32	1	32

表 3.2　CVAE 解码器网络结构参数

编　号	网　络　层	卷积核大小	卷积核数目	输 出 大 小
1	全连接层 1	32	1	256
2	全连接层 2	256	1	32×32
3	转置卷积层 1	4×4	32	128×32
4	转置卷积层 2	4×4	16	1024×16
6	转置卷积层 3	8×8	3	4096×3

　　提出的故障诊断网络包括两个部分:第一,采用一维卷积神经网络学习齿轮箱故障样本的浅层故障特征,将一维卷积神经网络学习到的浅层故障特征送入长短期记忆网络中;第二,将这些故障特征输入故障判定网络。该网络模型由三个一维卷积层、一个全连接层和一个 Softmax 层组成,并且在每个网络层之后都添加了一个非线性层。该网络模型使用 Re-LU 激活函数作为非线性层的激活函数,并增加了一个归一化层以加速模型训练,诊断网络结构如图 3.8 所示。

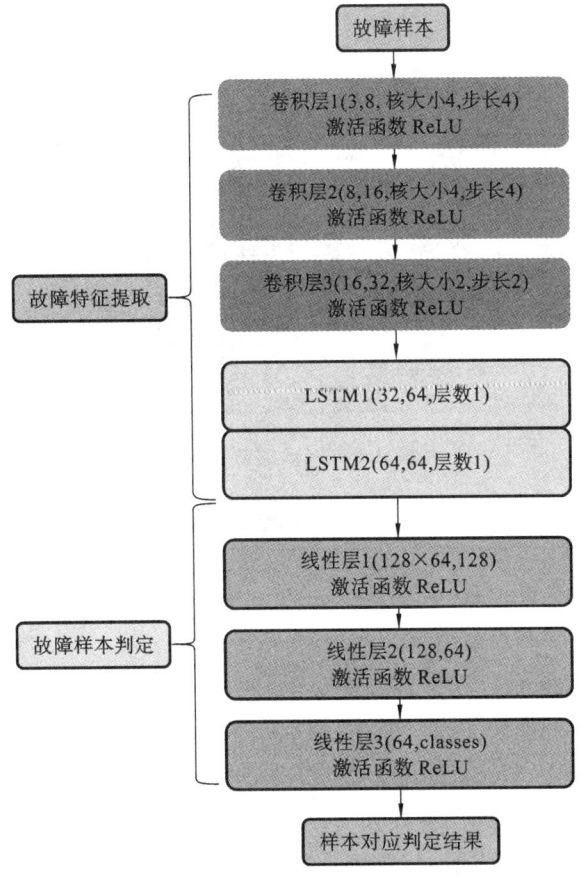

图 3.8　诊断网络结构

3.4　实验结果和分析

3.4.1　齿轮箱数据集介绍

仿真验证采用我国东南大学齿轮箱数据集[8]（SEU 数据集）。该数据集的实验平台为由美国 Spectra Quest 公司研发制造的动力传动故障诊断综合实验台（drivetrain diagnostics simulator，DDS），如图 3.9 所示。实验平台包含以下几个部分：一个可编程的磁力制动器、轴承负载、由滚动轴承或套筒轴承支承的二级平行轴齿轮箱和二级行星齿轮箱。该实验平台可模拟分析各种齿轮箱振动特性、噪声特性并可进行健康监测。该实验平台既可模拟齿轮箱的各种单一故障，也可以同时引入多种故障来研究多种故障之间的相互耦合效应。表 3.3 所示为 DDS 实验台相关参数信息。

图 3.9　DDS 实验台实物

表 3.3　DDS 实验台工况信息

设备名称	参数说明	图示
加速度传感器	灵敏度：±15%（100 mV/g） 频率范围：±3 dB（0.5～10000 Hz） 测量范围：±50g（±490 m/s²）	
信号采集仪	20 通道模拟输入同步采样 24 位模数转换器，动态参数为 110 dB 采样频率为 102.4 kHz，频宽为 40 kHz 所有通道可同步采样	

设 备 名 称	参 数 说 明	图　　示
驱动电动机	三相异步驱动电动机 额定转矩:70 N·m 恒转矩调频范围:5～50 Hz 恒功率调频范围:50～100 Hz	

在 DDS 实验台中,通过搭配不同类型的故障齿轮,能采集到相应的故障振动信号,并能通过负载调节器实现负载调节,模拟实际应用中不同负载对故障振动信号带来的影响。

该数据集包含了两种工况下的 5 种齿轮运行状态,表 3.4 给出了数据集的详细描述。

表 3.4　东南大学齿轮箱数据集描述

项　　目	工况 1	工况 2
负载/(N·m)	0	7.32
转速/(r/min)	1200	1800
故障类型描述	正常 缺损 断齿 齿根磨损 齿面磨损	健康运行状态 齿轮出现缺损 轮齿上出现断齿 齿根处出现裂纹 齿轮表面有磨损

3.4.2　实验验证

为了验证所提出方法的优越性,在工况 1 下分别对原信号和降噪处理后的信号进行如下处理。

首先对降噪后的数据进行归一化处理,归一化处理公式如下:

$$\tilde{x} = \frac{x - \mu}{\sigma} \tag{3-9}$$

式中:μ 为数据的均值;σ 为数据的方差。

传统的上采样数据扩增方法如图 3.10 所示。这里对原始数据进行上采样数据扩增。

进行上采样数据扩增后,将每 2048 个采样点定义为一个样本。为避免测试集信息泄露对模型故障诊断的影响,本小节采用分段采样的方法。具体而言,从前 600000 个样本中抽取验证集和训练集,并以每 1024 个采样点为一个故障样本的起点。对于其余的故障样本点,则随机抽取样本作为测试集。在保证故障类型多样性的前提下,对每种故障类型均采集

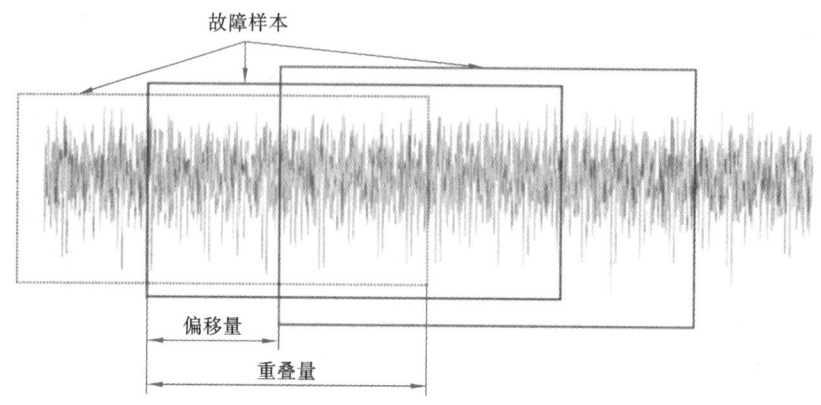

图 3.10　上采样数据扩增示意图

300 个训练样本、100 个验证样本以及 150 个测试样本。值得注意的是,在故障诊断领域的时序信号中,每个样本所包含的信息量比其他深度学习领域中的要少。因此本方案的数据可以视为小样本。扩增后的数据集如表 3.5 所示。

表 3.5　扩增后数据集

类　　别		故　障　类　型				
		正常	缺损	断齿	齿面磨损	齿根磨损
工况 1	训练	300	300	300	300	300
	验证	100	100	100	100	100
	测试	150	150	150	150	150
工况 2	训练	300	300	300	300	300
	验证	100	100	100	100	100
	测试	150	150	150	150	150

　　构建好新的数据集后,采用 CVAE 进一步对数据进行增强:将样本输入 CVAE 网络,通过编码器网络和解码器网络进行训练,训练好网络后,使用解码器来模拟数据生成;接着,将生成的故障样本与原始故障样本按照数量 1∶1 的比例混合,构造新的训练集;最后,使用这个训练集来训练单一工况下的故障诊断模型。

　　为了进一步验证本章所提方法的有效性,进行消融实验:将降噪前的数据也进行 CVAE 数据增强,并将新构造的数据集输入与上文结构相同的诊断网络进行训练;再将原始数据和只经过降噪处理的数据输入相同结构的诊断网络,然后对单一工况的上述数据集进行故障诊断模型训练,并进行 10 次重复实验。诊断准确率平均值如表 3.6 所示,其中在 50 个故障样本和 70 个故障样本的情况下,本章所提出方法的诊断混淆矩阵如图 3.11 所示。

　　由表 3.6 可以明显看出:本章所提出的降噪和数据增强方法在各种样本数量下都取得了最好的效果,当故障样本较少,不满足模型要求时,诊断效果不佳。随着训练样本数量逐渐增加,模型精度有了大幅上升;样本数量达到 50 时,诊断精度达到 90% 以上;随着样本数

表 3.6　不同数量故障样本下不同模型的诊断准确率

样本数量	诊断准确率/(%)			
	无处理	仅降噪	仅 CVAE	降噪＋CVAE
5	66.52	68.53	70.12	72.13
10	71.98	74.32	76.53	77.52
20	76.38	79.53	80.92	81.4
30	81.56	83.46	85.23	85.73
50	84.62	85.52	90.52	92.82
70	86.53	88.12	92.31	94.32

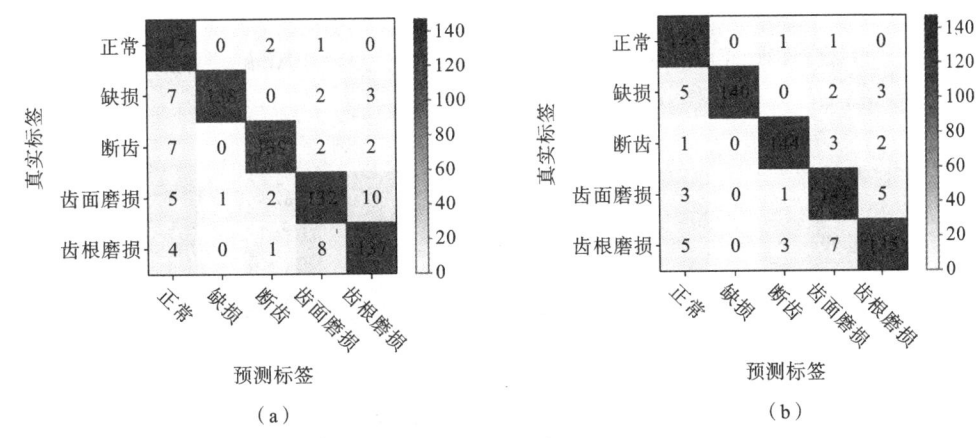

图 3.11　不同数量故障样本下模型在测试集上的混淆矩阵

(a) 50 个样本;(b) 70 个样本

量增加,模型精度提升速度减缓。由此可见,本章所提出的降噪方法和数据增强方法均对模型诊断精度有较好的提升作用。

　　为了进一步验证本章所提出的数据增强方法的优越性,将其与现在流行的数据增强方法进行对比,结果如表 3.7 所示。具体操作如下:将降噪处理后的数据通过不同的数据增强方法进行数据增强,生成的故障样本和原始故障样本按照数量 1∶1 的比例混合,构造新的训练集并将新的数据集输入上文设计好的诊断网络进行故障诊断,进行 20 次实验并求平均值,结果如表 3.7 所示,可视图如图 3.12 所示。

　　由图 3.12 可以看出,整体上 CVAE 增强的模型诊断效果最好,这是由于 CVAE 生成的样本稳定,而虽然 GAN 生成的样本多样性较好,但生成过程过于随机,可能对模型造成负面影响。可以看出,基于数据增强的方法的效果整体上都比未经增强的好,虽然 CVAE 生成的样本质量较高,但还是不如原始样本。例如,将 5 个真实样本进行 CVAE 增强后,样本数量为 10 个,但模型诊断精度比不上 10 个真实样本的精度。

表 3.7　不同数量故障样本下不同数据增强方法诊断准确率

样本数量	诊断准确率/(%)				
	无增强	SMOTE[9] 增强	GAN[10,11] 增强	VAE[12,13] 增强	CVAE 增强
5	68.53	69.72	70.12	71.22	72.40
10	74.32	75.63	74.32	75.56	77.52
20	79.53	79.85	78.54	80.75	81.40
30	83.46	84.51	85.52	84.96	85.73
50	85.52	87.63	86.94	90.52	92.82
70	88.12	90.14	89.34	92.56	94.32

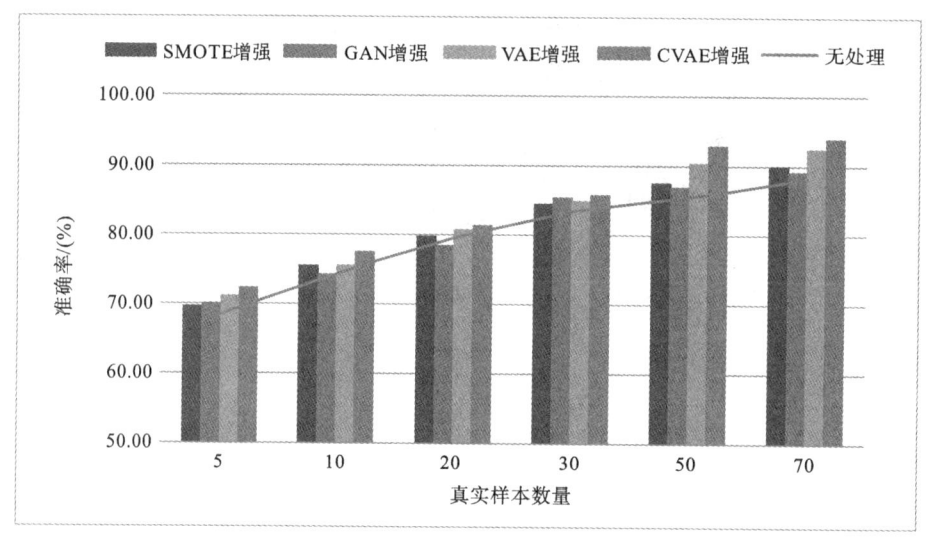

图 3.12　不同数量故障样本下不同数据增强方法的效果

3.5　本 章 小 结

本章针对在实际含噪声信号的单一运行工况下,齿轮箱故障诊断可用样本数量不足的问题,首先对齿轮箱数据进行了降噪处理,通过设计的改进 CVAE 进行数据增强,该方法可以生成伪数据以提高单一工况下模型的诊断精度;通过消融实验证明了本章所采用的降噪处理和数据增强方法的有效性;并与其他现有的数据增强算法进行对比,证明了 CVAE 网络在解决单一运行工况下小样本故障诊断问题方面的优越性。

本章参考文献

[1] HUANG N E, SHEN Z, LONG S R, et al. The empirical mode decomposition and the Hilbert spectrum for nonlinear and non-stationary time series analysis[J]. Proceedings of the Royal Society of London. Series A: Mathematical, Physical and Engineering Sciences, 1998, 454(1971): 903-995.

[2] WU Z, HUANG N E. Ensemble empirical mode decomposition: A noise-assisted data analysis method[J]. Advances in Adaptive Data Analysis, 2009, 1(01): 1-41.

[3] SHLENS J. A tutorial on independent component analysis[EB/OL]. (2014-04-11) [2025-04-10]. https://arxiv.org/abs/1404.2986.

[4] FAN Y, WEN G, LI D, et al. Video anomaly detection and localization via Gaussian mixture fully convolutional variational autoencoder[J]. Computer Vision and Image Understanding, 2020, 195: 102920.

[5] DU W, ZENG Q, SHAO Y, et al. Multi-scale demodulation for fault diagnosis based on a weighted-EMD de-noising technique and time-frequency envelope analysis[J]. Applied Sciences, 2020, 10(21): 7796.

[6] 徐先峰, 黄坤, 邹浩泉, 等. 基于 SSAE-SVM 的滚动轴承故障诊断方法研究[J]. 自动化仪表, 2022, 43(1): 9-14

[7] TSCHANNEN M, BACHEM O, LUCIC M. Recent advances in autoencoder-based representation learning[EB/OL]. (2018-12-12)[2025-04-10]. https://arxiv.org/abs/1812.05069.

[8] SHAO S, MCALEER S, YAN R, et al. Highly accurate machine fault diagnosis using deep transfer learning[J]. IEEE Transactions on Industrial Informatics, 2018, 15(4): 2446-2455.

[9] LIU J, LI Y F, ZIO E. A SVM framework for fault detection of the braking system in a high speed train[J]. Mechanical Systems and Signal Processing, 2017, 87: 401-409.

[10] WANG Z, WANG J, WANG Y. An intelligent diagnosis scheme based on generative adversarial learning deep neural networks and its application to planetary gearbox fault pattern recognition[J]. Neurocomputing, 2018, 310: 213-222.

[11] ZHANG W, LI X, JIA X D, et al. Machinery fault diagnosis with imbalanced data using deep generative adversarial networks[J]. Measurement, 2020, 152: 107377.

[12] AN J, CHO S. Variational autoencoder based anomaly detection using reconstruction probability[J]. Special Lecture on IE, 2015, 2(1): 1-18.

[13] HE Z, SHAO H, WANG P, et al. Deep transfer multi-wavelet auto-encoder for intelligent fault diagnosis of gearbox with few target training samples[J]. Knowledge-Based Systems, 2020, 191: 105313.

第4章 基于优化元学习变工况齿轮箱小样本故障诊断

4.1 引　言

第3章基于数据增强的方法利用条件变分自动编码器,一定程度上解决了单工况下小样本问题,在实际场景中旋转机械设备工作状态会根据需要发生变化[1-3]。在实际应用中存在两个现实问题:一方面,条件变分自动编码器只能增加单一工况下的故障数量,在变工况运行条件下故障诊断精度会有所下降;另一方面,当某种故障数据极少,例如只有几十个故障样本时,很难通过数据增强的方法提高诊断精度。深度网络快速自适应的模型不可知元学习(model-agnostic meta-learning,MAML)[4]方法的设想是训练一组初始化参数,通过初始化参数,模型仅用少量数据就能实现快速收敛的效果。为了达到这一目的,模型需要大量的先验知识来不停修正初始化参数,使其能够适应不同种类的数据。

本章首先引入了基于优化的MAML方法,该方法的学习策略是利用多个任务来训练学习先验知识,通过梯度迭代来找到对任务敏感的参数,可以在仅一次或多次的梯度迭代中获得最符合新任务的参数,从而达到较高的诊断精度。结合时间卷积网络可以使模型具有更深的感知视野、更快的反馈速度,增加齿轮箱变工况小样本故障诊断精度。本章将详细介绍MAML原理、时间卷积网络结构和算法网络的整体构架,并在数据集上验证元学习MAML算法和时间卷积网络的有效性。

4.2　MAML算法介绍

本章节主要采用基于优化的元学习方法,该方法借鉴了人类快速学习的能力,基于元学习的方法主要是通过对大量辅助样本进行学习,以获取某一特定机械零件的先验知识,并提取不同故障数据的特征。这种方法能够实现通过有限故障样本对未知故障进行诊断分类。

与传统的机器学习和深度学习方法不同,元学习将数据划分为训练任务和测试任务,并基于这些任务进行训练学习。在网络训练过程中,训练数据会先被划分为支持集(support set)和查询集(query set),同时每个测试任务也会被划分为支持集和查询集。训练时,模型会在支持集上进行参数训练优化,并在查询集上对其诊断能力进行评估。每个任务都包含 N 个不同种类的故障样本,每类故障样本又包含 K 个样本,这种数据集划分通常被称为"N-way K-shot"。需要注意的是,在元学习的训练过程中,训练任务和测试任务应当包括完全不同的故障特征,但是每个任务的支持集和查询集的故障类别必须完全一致。只有当每个任务下的训练样本和测试样本服从相同的数据分布时才能更好地进行故障判别,否则故障诊断网络的诊断精度将会下降。元学习的本质就是通过训练多个任务来学习先验知识,这符合人类的学习过程。MAML 是元学习中具有代表性的方法,MAML 算法思想如图 4.1 所示。MAML 的思想是学习一个初始化参数(initialization parameter),利用这个初始化参数,在遇到新的问题时,模型只需要使用少量的样本(few-shot learning)进行几步梯度下降就可以取得很好的效果。MAML 算法与模型无关,适用于多个不同类型的模型,也可运用在多个不同的领域中,如:小样本场景下的回归、分类和强化学习[5]。

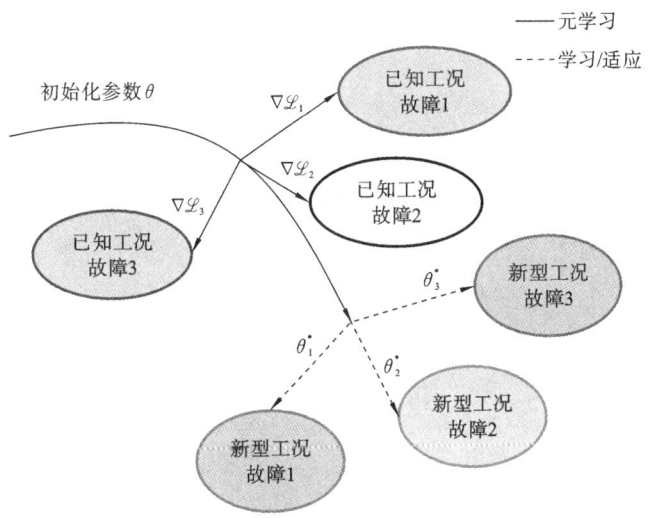

图 4.1　MAML 算法思想

传统深度学习都是在固定数据集上,采用一种针对该数据集特别设计的算法。例如:监督学习的目的就是根据给定的数据集 $D_{train} = \{x_i^{tr}, y_i^{tr}\}$ 来建立一个模型 $f_\theta(\cdot)$,θ 为模型参数。然后通过训练迭代来找到使预测值和真实值之间差距最小的最优参数 θ',并通过查询集 $D_{test} = \{x_i^{te}, y_i^{te}\}$ 来评估该模型的性能 P_f。传统深度学习模型的参数 ω 都是预先设定好的,并且在新任务上也只能从头开始训练优化,这使得模型不具有自学习能力和泛化能力。θ' 和 P_f 计算公式如下。

$$\theta' = \arg \min_\theta \mathrm{err}(D_{train}; \theta; \omega) \tag{4-1}$$

$$P_f = f_{\theta'}(D_{test}) \tag{4-2}$$

式中:err 为模型学习到的知识。

与传统深度学习方法不同,元学习具有灵活的框架:模型不需要从头开始训练,可以利用模型学习到的经验知识来指导新任务的学习。元学习的输入也是数据,但是输出的是元知识,即学习到的知识 err 和经验 f^* 是基于损失函数得到的各层参数梯度,并由优化器更新得到。

$$\mathrm{err}_i = \left| \frac{n_{i,\mathrm{err}}}{m_i} \right| \tag{4-3}$$

式中:m_i 是类别 i 中所有样本的数量;$n_{i,\mathrm{err}}$ 是指在类别 i 下被错误判断的样本数量。

模型学习到的元知识 $f'_\circ$ 表示为

$$f'_\circ(\theta') = \arg \min_{\theta}(\mathrm{err}_i(\theta)) \tag{4-4}$$

$$\theta^{k+1} = g_1(\theta^k) = \theta^k - \eta_1 \frac{\partial(\mathrm{err}_i(\theta_k))}{\partial \theta^k} \tag{4-5}$$

式中:η_1 表示更新参数;$g_1(\cdot)$ 表示关于参数 θ 的函数。元学习通过迭代获取一个能代表模型学习能力的函数,用 F 表示:

$$F(f^{*\prime}) = \arg \min_{f^*} \mathrm{err}_i(\|f^* - f^*_\circ\|) \tag{4-6}$$

$$f^{*t+1} = g_2(f^{*t}) = f^{*t} - \eta_2 \frac{\partial(\mathrm{err}_i(\|f^{*t} - f^*_\circ\|))}{\partial f^{*t}} \tag{4-7}$$

式中:η_2 为模型的迭代参数;$f^*_\circ$ 为模型初始经验;f^* 为学习到的经验。模型的损失函数为交叉熵损失函数,如(4-8)所示:

$$\mathrm{loss}(x,\mathrm{class}) = -x[\mathrm{class}] + \lg\left(\sum_j \exp(x[j])\right) \tag{4-8}$$

4.3　时间卷积网络介绍

时间卷积网络(temporal convolutional network,TCN)[6]是以卷积神经网络模型为基础,进行因果卷积、膨胀卷积、残差连接后的网络结构。TCN 可以并行地计算所有时间步中的数据,并且具有强大的长期依赖性建模能力和更少的参数量,已被广泛应用于语音识别、动作检测、时间序列分类等领域。TCN 具有感受野大小灵活,能有效避免梯度爆炸和梯度消失,可以更好地挖掘齿轮箱故障信息等优点。本章采用 TCN 来构建模型。

4.3.1　因果卷积

为了处理时间序列数据,研究学者提出了因果卷积算法。在时间序列问题中,考虑存在一个长度为 T 的时间序列数据 x_T,将这个数据作为输入样本来训练网络,并预测每个时刻 y_T 的值,这个问题可以用方程(4-9)表示:

$$y_0, y_1, \cdots, y_T = f(x_0, x_1, \cdots, x_T) \tag{4-9}$$

如果 y_t 的值仅依赖于当前时刻的数据 $x_0, x_1, \cdots, x_t$，而不依赖未来时刻的数据 x_{t+1}，$x_{t+2}, \cdots, x_T$，那么训练的目标就是找到一个网络，使其能够最小化实际输出和预测输出之间的误差。因果卷积操作如图 4.2 所示。

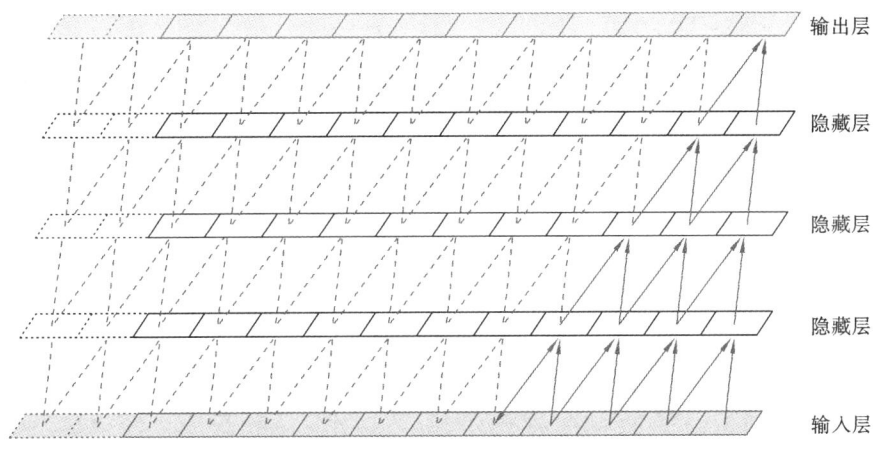

图 4.2　因果卷积操作

输入数据按照时间顺序从最底层进入，并依次通过 3 个隐藏层。可以观察到，下一层 t 时刻的输出仅与上一层中 t 时刻和 $t-1$ 时刻的输入做卷积操作，输出 $F(t)$，有

$$F(t) = (x * w)(t) = \sum_{k=0}^{K-1} x(t-k) \cdot w(k) \tag{4-10}$$

式中：$x(t)$ 是输入时间序列在时刻 t 的值，$w(k)$ 是卷积核的权重，K 是卷积核的大小。

4.3.2　膨胀卷积

在膨胀卷积中，卷积核的尺寸始终保持不变，因此需要更新的参数数量也不会发生变化。相比之下，扩张卷积引入了一个扩张率参数，该参数可以控制感受野的增长程度。膨胀卷积结构示意如图 4.3 所示。通过增加扩张率参数的大小，而不改变卷积核的尺寸，可以使每层卷积输出结果所包含的信息范围指数级增加。这样一来，网络能够捕捉到更广泛的信息，从而实现更好的特征提取。

扩大感受野可以通过增加卷积核大小 k 和调整扩张率参数 d 来实现，第 n 层的感受野大小可以用式（4-11）计算：

$$r_n = r_{n-1} + d(k_n - 1) \prod_{i=1}^{n-1} s_i \tag{4-11}$$

式中：k_n 为第 n 层卷积核；$\prod\limits_{i=1}^{n-1} s_i$ 为每一个卷积核向外扩张的累积偏移量。

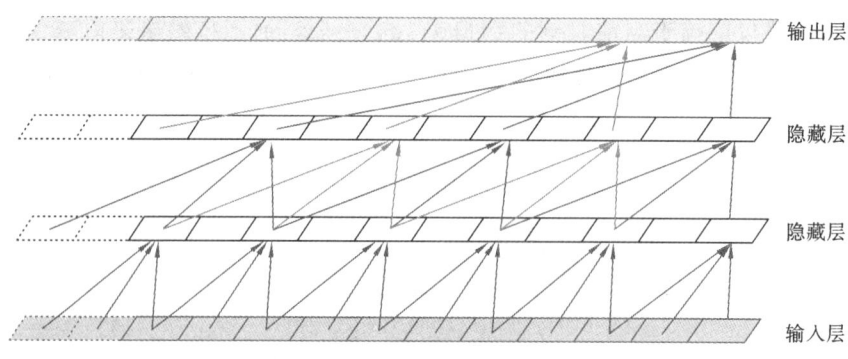

图 4.3　膨胀卷积结构

4.3.3　残差连接

膨胀卷积虽然可以利用膨胀因子获得较大的感受野,但如果需要足够大的感受野,则需建立比较深的卷积层数。当神经网络的层数过多时,会发生梯度消失的问题,即在传递过程中梯度数值逐渐变小甚至趋近于零。为了解决这一难题,研究者们提出了残差网络,残差块表示为

$$x_{l+1} = r_l + F(x_l, W_l) \tag{4-12}$$

其中,$F(x_l, W_l)$为残差部分,一般由两个或三个卷积构成。残差块的结构如图 4.4 所示。

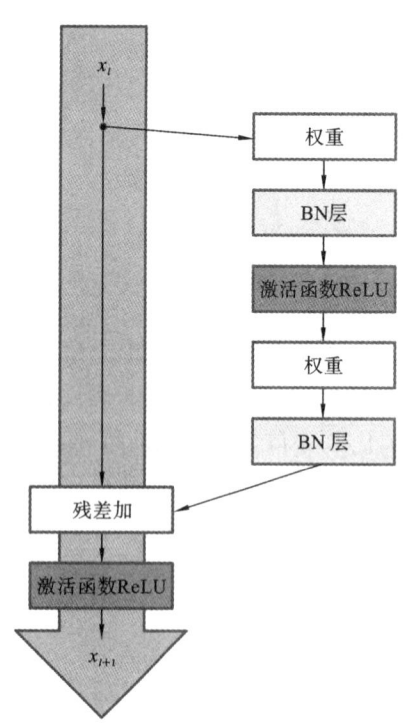

借用 ResNet 的思想,TCN 将两个具有相同膨胀因子的膨胀卷积层放入一个残差块,并加入一个经过 1×1 卷积的恒等映射。将两个膨胀卷积层的输出作为一个残差块的输入,则每个残差块得到的感受野是一个膨胀卷积层的两倍。1×1 卷积的目的是确保残差块的输入与经过残差块的输出通道个数相同。残差块加入了 Weight 模块,用于规范膨胀卷积的权重,避免梯度爆发的问题;加入了 ReLU 模块,用于实现非线性映射。

由于残差块和膨胀卷积的设计,使用同样大小的卷积核,TCN 相对于传统 CNN 能够得到更大的感受野。并且,TCN 在学习时不会出现梯度消失或梯度爆炸的问题,本章将 TCN 应用于齿轮箱故障诊断。

图 4.4　残差块结构

4.3.4　基于时间卷积网络与优化元学习的算法构架

根据优化元学习以及时间卷积网络原理,搭建的网络架构的算法具体流程如图 4.5 所示,算法步骤如下。

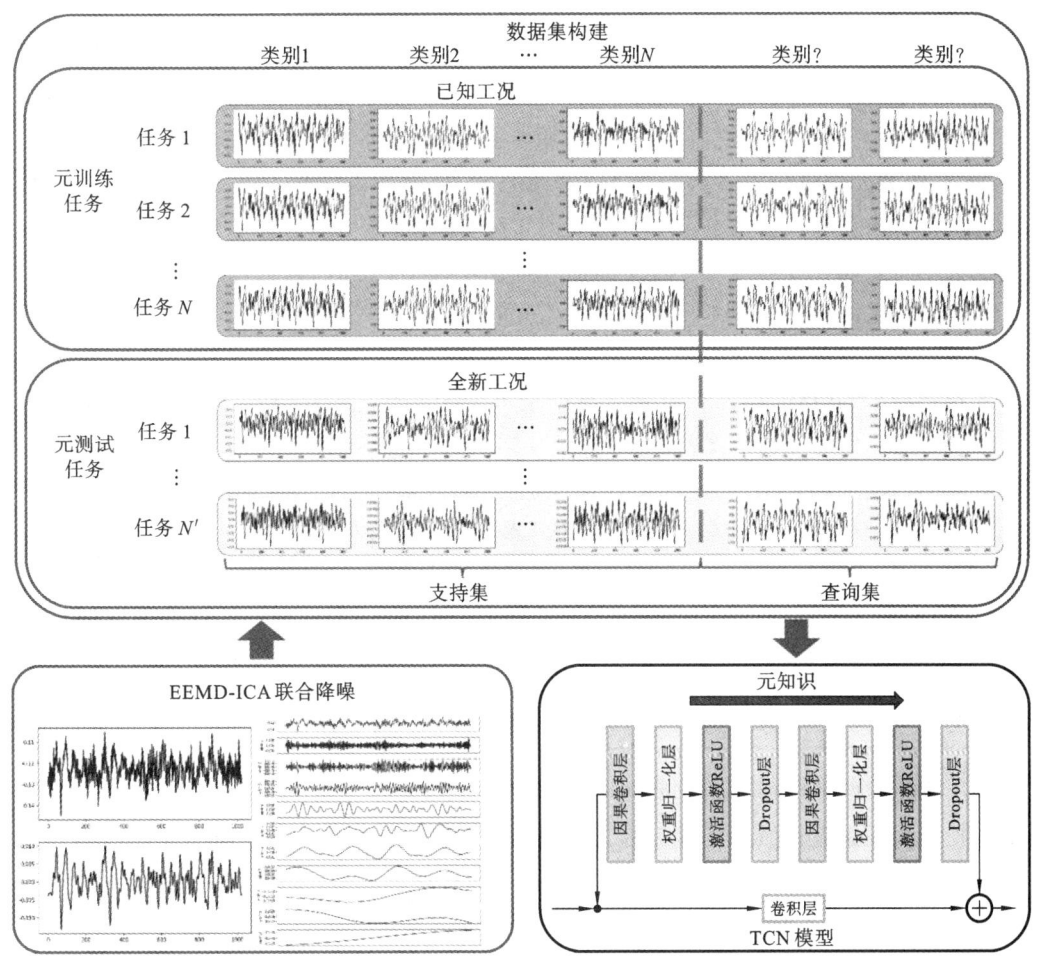

图 4.5　整体算法流程

（1）根据元学习 MAML 框架将经降噪处理后的齿轮箱数据划分为训练集和测试集。

（2）在由步骤（1）划分的训练集中建立若干个支持集和查询集。

（3）设计时间卷积网络,并初始化元学习网络参数,其中元学习网络保存的先验知识将被应用到新的测试任务中;时间卷积网络则由因果卷积、膨胀卷积和残差连接构建而成。因果卷积是单向的结构,是一种严格的时间约束模型。

（4）进行迭代预训练,在训练过程中使用支持集来更新元学习网络参数,并通过查询集来评估网络的训练效果;通过损失函数得到各层参数梯度,用优化器更新来获取过去学习到

的知识和经验 f^*。

（5）将新工况下故障样本输入模型，进行模型更新，利用更新后的模型进行故障诊断。

4.4　实验结果和分析

为了验证本章所提出算法的有效性，在第 3 章实验数据设置下进行实验。在工况 1 下，根据不同数量级故障进行模型训练，分别在工况 1 和工况 2 测试集上进行模型测试，每个工况下都进行 20 次实验取平均值，模型诊断准确率如表 4.1 所示，可视化结果如图 4.6 所示。其中，元训练和元测试的任务数分别为 400 和 100，模型训练的学习率为 0.01，迭代次数为 200，每次训练任务样本数为 5-shot。由图 4.6 可明显看出，随着样本数逐渐增加，无论训练与测试数据集是同工况还是变工况，诊断准确率均得到了提升，并且随着样本个数的增加，上升速度也随之减小。当样本个数增加到 150 时，由于样本数量已满足模型要求，故在变工况的情况下也可以取得较好的效果。与第 3 章实验相比较，由于未经过数据增强，因此在故障样本数量较少的时候，在训练与测试数据是单工况的情况下本章所提出模型效果并没有第 3 章模型好。但是在变工况情况下，在较少样本下，例如 70 个样本时，本章所提出模型可实现较好的诊断准确率。

表 4.1　不同样本下同工况和变工况的诊断准确率

工　　况	不同样本个数诊断准确率/（%）									
	5	10	20	30	50	70	90	120	150	200
同工况	65.32	72.38	78.12	81.96	85.17	88.52	91.15	95.36	96.75	98.51
变工况	35.31	45.12	60.32	62.09	65.13	67.82	72.68	75.32	90.38	95.71

为了进一步验证所提出的模型在变工况下小样本故障诊断的有效性，在复杂工作条件下对齿轮箱数据集进行故障诊断实验。分别在真实样本为 200，每次训练样本数为 1-shot 和 5-shot 的条件下，进行工况 1 到工况 2 的变工况实验。其中，元训练和元测试的任务数分别为 400 和 100，模型训练学习率设定为 0.01，迭代次数为 200，模型训练损失和准确率变化如图 4.7 所示。

由图 4.7（a）可以看出，1-shot 时在前 50 次迭代中元训练和元测试的诊断准确率明显增大，随后准确率的提高速度逐渐放缓并最终稳定在 100% 左右。由图 4.7（b）可以看出，经过前 50 次训练，模型趋于收敛，取得了良好的诊断效果。图 4.7（c）和图 4.7（d）表示的是 5-shot 时模型准确率和损失值随着迭代次数的变化情况。可以看出变化过程与 1-shot 相似，但样本数为 5-shot 时模型拟合速度更快，准确率更高。这是因为每个任务具有更多的样本，可以提供更多的故障信息。

接下来，为进一步说明本章所提出方法的优越性，将该方法与现在流行的故障诊断方法进行比较。分别对工况 1 到工况 2、工况 2 到工况 1 的变工况场景进行测试，总共进行了 20

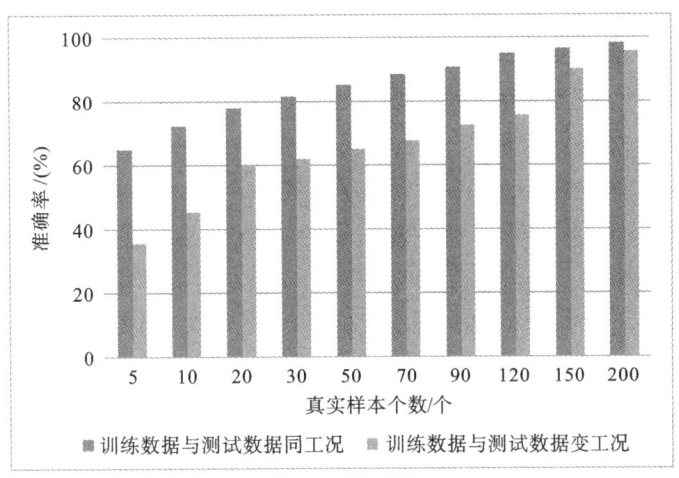

图 4.6　不同样本下同工况和变工况的诊断准确率可视化结果

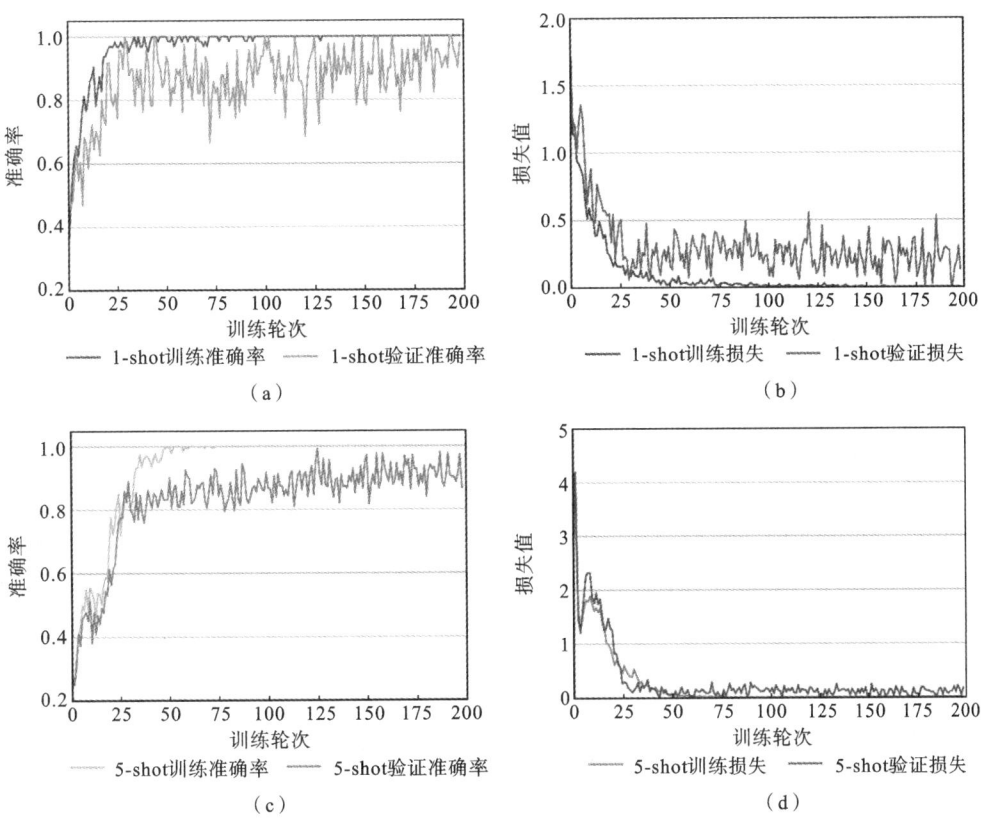

图 4.7　模型在不同参数变工况下表现

（a）1-shot 模型迭代诊断精度；（b）1-shot 模型迭代诊断损失；

（c）5-shot 模型迭代诊断精度；（d）5-shot 模型迭代诊断损失

次实验,诊断结果取实验结果平均值,并对模型在每个故障类型下的准确率进行计算,结果如表 4.2 和表 4.3 所示。

表 4.2　不同方法在工况 1 到工况 2 变工况下诊断准确率

方　　法	诊断准确率/(%)					
	正常	缺损	断齿	齿面磨损	齿根磨损	平均诊断准确率
KNN	87.96	87.00	87.09	87.39	86.76	87.24
CNN	92.46	89.92	91.37	91.86	91.92	91.51
TCN	93.00	91.56	90.72	92.73	91.62	91.93
MAML-CNN 1-shot	96.12	94.86	95.52	94.77	96.66	95.59
MAML-CNN 5-shot	98.73	94.74	95.25	97.05	95.85	96.32
MAML-TCN 1-shot	98.55	96.36	96.30	98.16	96.12	97.10
MAML-TCN 5-shot	98.76	96.12	96.45	98.10	97.05	97.30

表 4.3　不同方法在工况 2 到工况 1 变工况下诊断准确率

方　　法	诊断准确率/(%)					
	正常	缺损	断齿	齿面磨损	齿根磨损	平均诊断准确率
KNN	81.03	81.57	82.32	80.07	83.40	81.68
CNN	91.38	90.06	89.10	91.62	89.73	90.38
TCN	91.62	89.76	89.37	89.64	90.81	90.24
MAML-CNN 1-shot	95.40	93.12	93.21	92.16	93.45	93.47
MAML-CNN 5-shot	93.24	91.98	92.91	93.63	93.54	93.06
MAML-TCN 1-shot	95.40	92.61	94.11	93.84	94.86	94.16
MAML-TCN 5-shot	97.38	95.52	95.31	95.13	95.22	95.71

可以发现,本章所提出方法诊断精度整体上最高。TCN 整体也具有较高的诊断精度,因为 TCN 有更大的感受野,可以提取更有效的故障信息。MAML-CNN 的准确率也高于 CNN,这说明传统的机器学习方法在一个特定的任务下进行训练可以获取相应的知识,但是当工作环境发生改变时,不能很好地学习新的故障信息,元学习方法可以解决这个问题。

4.5　本 章 小 结

本章针对变工况下小样本的故障诊断问题,结合元学习和时间卷积网络,利用时间卷积网络更深的感受野来提取故障特征,再通过元学习学习先验知识,并利用先验知识对未知类型故障样本进行模型训练,用训练获得的模型进行故障类别的判定。在东南大学齿轮箱数据集上验证了本章所提出的算法不仅能在单一工况故障样本较少时达到较高的故障诊断精度,也能在不同工况条件下实现新类故障知识的迁移学习。

本章参考文献

[1] FAN H, REN Z, ZHANG X, et al. A gray texture image data-driven intelligent fault diagnosis method of induction motor rotor-bearing system under variable load conditions[J]. Measurement, 2024, 233: 114742.

[2] XU X, YANG X, QIAO Z, et al. Intelligent fault diagnosis for variable working conditions based on the SAAFN and the BICP[J]. IEEE Sensors Journal, 2024, 24(7): 10841-10852.

[3] FAN H, REN Z, CAO X, et al. A GTI& Ada-act LMCNN method for intelligent fault diagnosis of motor rotor-bearing unit under variable conditions[J]. IEEE Transactions on Instrumentation and Measurement, 2024, 73: 3508314.

[4] FINN C, ABBEEL P, LEVINE S. Model-agnostic meta-learning for fast adaptation of deep networks[C]//ICML'17: Proceedings of the 34th International Conference on Machine Learning-Volume 70. Cambridge: PMLR, 2017: 1126-1135.

[5] LI C, LI S, ZHANG A, et al. Meta-learning for few-shot bearing fault diagnosis under complex working conditions[J]. Neurocomputing, 2021, 439: 197-211.

[6] YU B, YIN H, ZHU Z. Spatio-temporal graph convolutional networks: A deep learning framework for traffic forecasting[C]// IJCAI'18: Proceedings of the 27th International Joint Conference on Artificial Intelligence, 2018: 3634-3640.

第 5 章　先验知识残差收缩原型网络小样本故障诊断

5.1　引　　言

由国内外研究现状可知,许多经典机器学习算法被应用于监测机械设备关键部件的健康状态。然而,这些算法存在一个共性的问题:需要大量标记样本数据,且假设训练数据与测试数据之间独立且同分布(independent and identically distributed,IID)[1]。因此,经典机器学习算法在历史数据上训练完后,在小样本、变工况的故障诊断任务上往往表现欠佳。面对小样本故障诊断场景,传统有监督的深度学习模型的诊断精度有待进一步提升。因此,有必要开发新的智能诊断算法来减小小样本变工况数据分布差异带来的影响。

国内外学者在小样本故障诊断问题上取得了一些进展。现有的研究大多采用数据增强或模型优化策略来提高小样本下的算法诊断性能[2,3]。基于数据增强的方法通过 GAN[4] 和VAE[5] 等数据生成模型来扩展故障数据集。基于模型优化的方法利用正则化或集成网络[6,7],降低了小样本条件下的过拟合风险。然而,基于数据增强的模型通常难以训练,会消耗大量的计算资源。由于训练样本数量有限,基于模型优化的方法难以从较大的假设空间中寻找最优解来建立泛化性能强的诊断模型。

在变工况条件下的故障诊断问题中,研究者大多使用基于迁移学习的方法,从不同领域中学习跨域知识[7]。通常,源域和目标域的训练数据都是在不同的工作条件下收集的,诊断模型通过特征迁移或参数迁移,将学习到的知识从单一工况推广到多个工况,实现跨域故障诊断[8]。然而,基于迁移学习的模型依赖于大量且完整的源域数据集,否则模型将容易发生负迁移(即源域任务对目标域任务有负面影响)[2,3,9,10]。

近年来,为了同时解决上述两个问题,一些学者尝试应用基于元学习的方法来构建新的诊断模型[11]。元学习可以看作迁移学习的一种特殊情况,它通过完成多个元任务来积累诊断知识,从而实现小样本的跨域故障诊断。然而,现有的基于度量元学习理论的诊断模型需要不断更新元任务,模型难以获得所有小样本的全局信息。因此,深度元学习中基于度量的元学习算法,需要考虑训练策略不能获得样本全局先验知识的问题并进行改进,以提升小样本变工况下的诊断精度。

针对上述存在的问题和现有基于度量元学习训练策略的不足,本章提出了基于先验知识的残差收缩原型网络(priori knowledge-based residual shrinkage prototype network,PK-RSPN),以应对有限标记样本下的故障诊断挑战。结合监督学习和度量元学习,利用去噪的残差收缩网络(residual shrinkage network,RSN)从标记的源数据中提取先验知识。接着,将从监督学习中提取的先验知识用于原型度量训练,以获得更好的故障诊断特征表示。最后,本章分别采用齿轮和轴承数据集来验证不同的小样本跨域智能诊断场景,对比了一些基本方法,验证了所提算法的优越性。

5.2　基础知识及问题描述

5.2.1　元学习

基于度量元学习的模型[12]试图学习样本的类内和类间距离的特征空间,根据查询样本与特征空间中每个支持样本之间的距离,对查询样本进行分类。基于度量元学习的模型,依靠训练数据的可转移知识来指导新类小样本任务的学习。

元学习是一种情景学习机制,通过多个独立的训练任务[11],学习训练任务的经验知识来指导新任务的学习。

当标记数据有限时,元学习被用来提高神经网络的性能。每个任务 T 由支持集 S 和查询集 Q 组成。支持集表示为 $S=\{(x_{k,i}^S,y_{k,i}^S);k=1,2,\cdots,K;i=1,2,\cdots,N^S\}$,其中 $x_{k,i}^S$ 和 $y_{k,i}^S$ 分别表示支持集第 k 个第 i 类样本的数据和标签。查询集表示为 $Q=\{(x_{k,j}^Q,y_{k,j}^Q);k=1,2,\cdots,K;j=1,2,\cdots,N^Q\}$,其中 $x_{k,j}^Q$ 和 $y_{k,j}^Q$ 分别表示查询集第 k 个第 j 类样本的数据和标签。N^S 表示支持集 S 中的类别数,K 表示每个类的样本数。N^Q 表示查询集 Q 中的类别数。每个元任务的训练样本总数为 N^S+N^Q(一般不超过 20 个[11]),这种情景学习机制称为"N-way K-shot"元学习。

小样本学习的概念:小样本学习模仿人类用很少的样本迅速识别新事物的能力,期望模型能在学习了大量数据后,只用极少的样本就能够具有迅速学习新类别的能力。

小样本故障诊断任务定义为:在机械故障领域,首先元训练策略对大量的训练数据随机抽样构建元任务,建立具有诊断分类能力的模型。在测试阶段,提供少量的不同样本的数据集(也称为支持集),其中包含模型从未见过的样本类别。随后,该模型被要求判断给定的故障样本集(也称为查询集)中的每个样本属于支持集的哪个类别。如图 5.1 右侧所示,小样本任务主要通过随机抽样的方式将训练数据构建为一个小样本学习任务(包括支持集 T_S 和查询集 T_Q),使用模型 2 从训练数据中提取信息,来辅助测试目标域查询集 Q 属于支持集 S 中的哪一类别。图 5.1 左侧部分表示常规监督任务,模型 1 通常通过带标签信息的训练集 T_{training} 训练,使用不带标签的测试集 T_{testing} 来评估模型的性能。

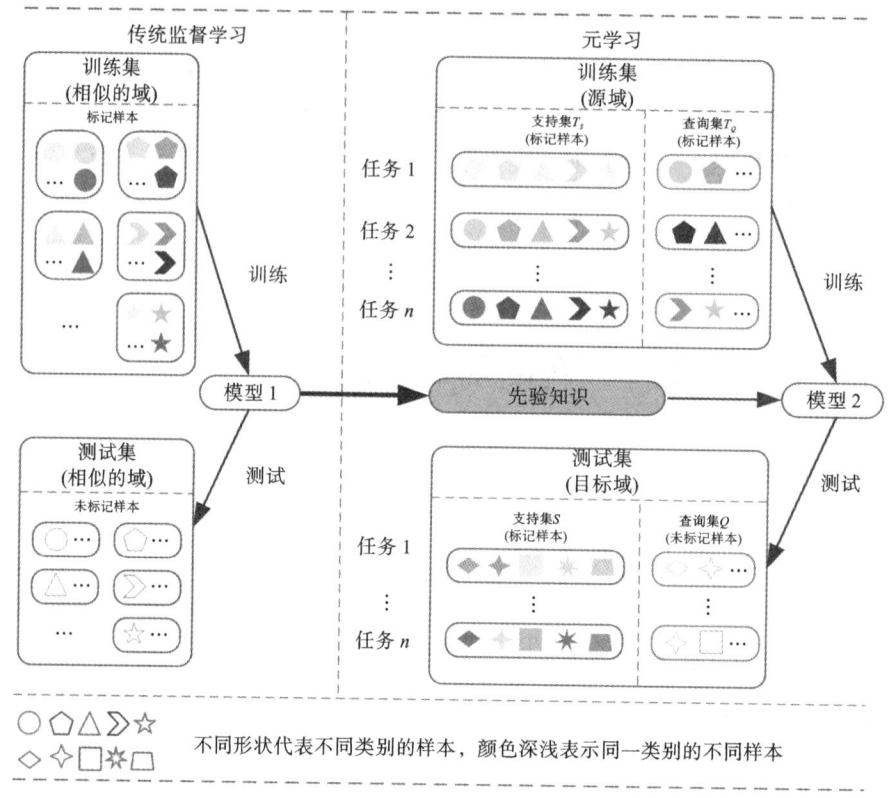

图 5.1　所提出的 PK-RSPN 算法说明

需要注意,在元训练阶段,使用了大量来自训练集的标记数据来辅助度量模型的训练。在元测试阶段,测试集支持集仅提供有限数量的标记样本用于查询集 Q 中新类故障的分类。

根据文献[13],设 T 表示一个来自测试集的“N-way K-shot”的小样本故障诊断任务,由有标记的支持集 S 和无标记的查询集 Q 组成。支持集 S 包含 N 种有标记的类别,每种类别包含 K 个样本。在查询集 Q 中,每种故障类别包含 M 个样本。测试集 D^T 包含 K 个样本,有 N^T 种类别,则测试集可以表示为

$$D^T = \{(x_{k,n}^T, y_{k,n}^T); k=1,2,\cdots,K; n=1,2,\cdots,N^T\} \tag{5-1}$$

式中:$x_{k,n}^T$ 和 $y_{k,n}^T$ 分别表示第 k 类的第 n 个样本的数据和标签。其中包含两个不相交的部分:$D^T = D^S \bigcup D^Q$。随机从测试集 D^T 中选取 N^S 种类别作为支持集 D^S,其余为查询集 D^Q,可以表示为

$$D^S = \{(x_{k,i}^S, y_{k,i}^S); k=1,2,\cdots,K; i=1,2,\cdots,N^S\} \tag{5-2}$$

$$D^Q = \{(x_{k,j}^Q); k=1,2,\cdots,K; j=1,2,\cdots,N^Q\} \tag{5-3}$$

式中:K 是一个较小的值(小样本的数量一般小于 20);N^Q 不受限制。

5.2.2　问题描述

图 5.1 给出了所提出 PK-RSPN 算法的说明。本节将传统的监督学习从所有训练样本

中得到的知识,用于度量元学习策略,依靠训练数据的可转移知识,提出了基于度量元学习的 PK-RSPN 算法。

对于本章节的故障诊断问题,x 表示长度为 L 的机械设备的振动信号,y 表示故障类型。对于包含多个任务 T^T 的训练集,训练集数量是足够多的。支持集的数量由 N^{Ts} 表示,查询集的数量由 N^{TQ} 表示。每个任务分为支持集和查询集,分别表示如下:

$$D^{Ts} = \{(x_{k,i}^{Ts}, y_{k,i}^{Ts}); k=1,2,\cdots,K; i=1,2,\cdots,N^{Ts}\} \tag{5-4}$$

$$D^{TQ} = \{(x_{k,j}^{TQ}, y_{k,j}^{TQ}); k=1,2,\cdots,K; j=1,2,\cdots,N^{TQ}\} \tag{5-5}$$

在本章中,将 K 设置为 1 或 5。5 代表正常的小样本场景,1 代表极端情况,每种类别只有一个支持样本。在故障诊断场景中,将样本作为一维信号输入,一维信号比二维图像占用更少的内存。

5.3　先验知识残差收缩原型网络小样本故障诊断算法

如图 5.2 所示,提出的 PK-RSPN 包括三个模块:先验知识提取器(prior knowledge extractor,PE)、特征嵌入(feature embedding,FE)和原型度量(prototype metric,PM)模块。

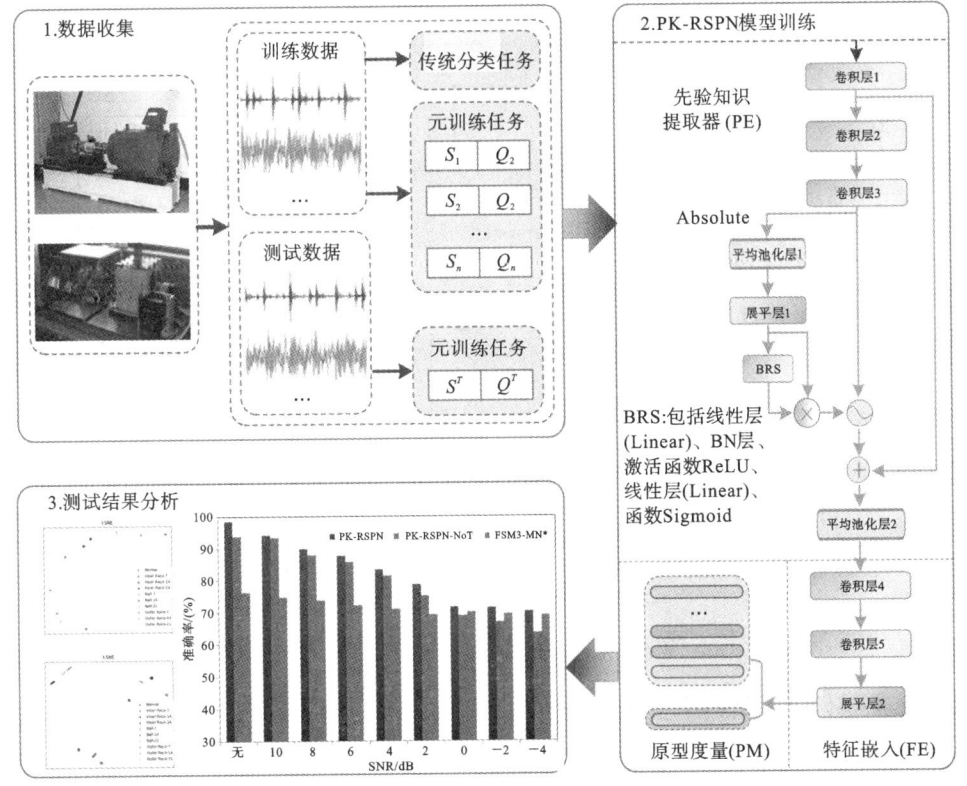

图 5.2　PK-RSPN 模型的训练及测试过程

5.3.1　算法的诊断过程

具体的训练和测试过程如下：首先,创建数据集(步骤1),然后在训练集上使用监督学习对模型进行训练(步骤2),得到所有训练数据的全局特征信息。接着,固定先验知识提取器,使用一系列小样本任务来训练特征嵌入模块,以获得来自相似类别样本的共同特征知识。最后,在测试任务上对 PK-RSPN 模型进行测试(步骤3),并对结果进行分析。先验知识提取器采用了 RSN 模型,通过软阈值去除不重要的噪声信息,以提高模型对含噪声信号的学习能力。

PK-RSPN 模型结构细节如表5.1所示,在原型度量模块中,使用 Bregman 散度欧氏距离计算查询集到相应类别原型的距离,其中原型为各支持集特征的均值。

表 5.1　PK-RSPN 模型结构

组成部分	层类型	核大小	步幅	通道数	填充
先验知识提取器 （PE）	Convolution 1	64×1	1×1	64	是
	BatchNorm,ReLU				
	Convolution 2	3×1	1×1	64	是
	BatchNorm,ReLU				
	Convolution 3	3×1	1×1	64	是
	BatchNorm				
	AvgPool 1	3×1	2×1	64	否
	Flatten 1：Fully Connected 1				
	BRS：Linear, BatchNorm, ReLU, Linear, Sigmoid				
	AvgPool 2	3×1	2×1	64	否
全局分类器(GC)	Flatten 2：Fully Connected 2				
特征嵌入 （FE）	Convolution 4	3×1	1×1	64	是
	ReLU				
	Convolution 5	3×1	1×1	64	是
	ReLU				
	Flatten 3：Fully Connected 3				100	

注:Convolution 指卷积层;BatchNorm 指批量归一化层;AvgPool 指平均池化层;Flatten 指展平层;Fully Connected 指全连接层。

5.3.2　残差收缩网络

在 PK-RSPN 算法中,先验知识提取器通过全局监督学习训练提取先验知识。先验知

识提取器用参数为 θ_{PE} 的函数 $f_{PE}(\cdot)$ 表示,将故障数据 $x_{k,s}^{Ts} \in D^{Ts}$ 输入 RSN 网络。

近年来,信号去噪方法通常采用平均池化和软阈值[14]。深度学习采用梯度下降算法进行自动学习,类似于信号处理中的滤波器,从而生成有效的分类特征。采用的先验知识提取器可以使用软阈值进行非线性变换,将噪声信号降至接近于零,以去除噪声相关信息,构造有效特征。

步骤 2 中先验知识提取器包括 BRS 层:Linear 层、batch normalization(BN)层、ReLU 激活函数、Linear 层和 Sigmoid 函数。在这里,BN 层将特征归一化为固定分布形式(均值为 0,标准差为 1),然后将其调整为训练过程中学习到的理想分布形式。在这里,ReLU 激活函数充当了一个软阈值,它的作用是将绝对值低于某个阈值的特征置为零,将其他的特征也朝着零进行调整,也就是"收缩"。Sigmoid 函数将特征缩放参数 ∂ 扩展到 $(0,1)$ 的范围。阈值实际上是特征的绝对值乘以 ∂ 的平均值。模型通过反向传播学习,去除与噪声相关的信息。设 x 为输入信号,y 为输出特征,ε 为阈值,则软阈值函数可表示为

$$y = \begin{cases} x - \varepsilon & x > \varepsilon > 0 \\ 0 & -\varepsilon \leqslant x \leqslant \varepsilon \\ x + \varepsilon & x < -\varepsilon \end{cases} \tag{5-6}$$

软阈值计算过程如图 5.3(a)所示,可以观察到输出的软阈值导数为 1 或 0,这可以有效地防止梯度消失和爆发,如图 5.3(b)所示,软阈值导数可表示为

$$\frac{\partial y}{\partial x} = \begin{cases} 1 & x > \varepsilon > 0 \\ 0 & -\varepsilon \leqslant x \leqslant \varepsilon \\ 1 & x < -\varepsilon \end{cases} \tag{5-7}$$

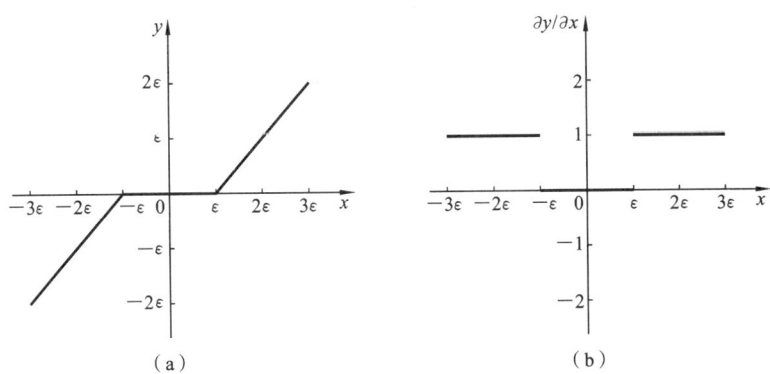

图 5.3　软阈值及其导数

(a) 软阈值；(b) 导数

在训练集中提取先验知识,使用的监督训练目标函数交叉熵损失 L_G 可以表示为

$$L_G(X^S; \theta_{PE}, \theta_{GC}) = -\frac{1}{N^S} \sum_{a=1}^{N^S} \sum_{i=1}^{C^S} [y_a^S = i] \lg \frac{e^{P_a(i)}}{\sum_j e^{P_a(j)}} \tag{5-8}$$

式中:X^S 为标记数据集;θ_{PE} 为先验知识提取器的参数;θ_{GC} 为全局分类器的参数;$P_a(i)$ 为输

入数据的第 i 个元素, $\boldsymbol{P}_a \in \mathbb{R}^{C^S}$ 为输入数据属于每种故障类型的可能性向量; y_a^S 为输入数据的故障类型标签; C^S 和 N^S 分别为训练集中的类别数和样本数。

5.3.3　原型网络

在本章中,使用先验知识和具有 Bregman 散度欧氏距离的原型网络进行小样本训练。其中,先验知识提取器的参数 θ_{PE} 是固定的,可实现参数为 θ_{M} 的特征嵌入模块 $f_{\text{M}}(\cdot)$ 的元训练。然后,使用预训练好的先验知识提取器从所有原始故障数据中提取先验知识(记为 P),并通过特征嵌入模块,将提取的特征进一步处理为度量特征(记为 F)。此外,将查询样本的度量特征 F^Q 与支持特征 F^S 进行匹配,对其进行分类,如图 5.2 中的步骤 2 所示。ProtoNet 计算使用欧氏距离。支持集将类别特征的均值记录为原型,表示为

$$P_k = \frac{1}{N^S} \sum_{i=1}^{N^S} f_{k,i}^S, k \in \{1,2,\cdots,K\} \tag{5-9}$$

式中: P_k 为第 k 个类别的原型; $f_{k,i}^S$ 为第 i 个支持集 F^S 中第 k 个类别的特征。

ProtoNet 度量包括散度计算和 Softmax 函数。特征度量计算查询集的特征 $f_{k,i}^Q$ 和每个原型 P_k 之间的 Bregman 散度。定义 $D(\cdot;\cdot)$ 为查询集的样本特征 $f_{k,i}^Q$ 与每个原型 P_k 之间的欧氏距离。这里,Bregman 散度随后被转换成概率向量,作为 Softmax 函数的预测输出,表达式如下:

$$p_k^j = \frac{\mathrm{e}^{-D(f_{k,j}^Q, P_k)}}{\sum\limits_i^K \mathrm{e}^{-D(f_{i,j}^Q, P_i)}} \tag{5-10}$$

式中: p_k^j 表示样本属于第 k 类的概率。模型嵌入度量的损失函数表示为

$$L_{\text{M}}(D^T; \theta_{\text{M}}) = \sum_{T^T} \left[-\frac{1}{N^{T_Q}} \sum_{j=1}^{N^{T_Q}} \sum_{i=1}^{C^S} [y_{k,j}^{T_Q} = j] \lg(p_k^j) \right] \tag{5-11}$$

式中: D^T 为源域的数据集; θ_{M} 为特征嵌入模块的参数; T^T 为源域的任务; $y_{k,j}^{T_Q}$ 为输入数据的故障类型标签; C^S 和 N^{T_Q} 分别为源域的类别数和样本数。

提出的 PK-RSPN 算法使用残差收缩网络进行全局监督预训练,来获得先验知识,然后进行元学习策略的原型度量训练。学习过程详见算法 5.1。

算法 5.1:PK-RSPN 算法小样本故障诊断过程

输入:源域数据 x^S,用于全局训练的最小批次 m,全局训练迭代次数 n_G,学习率 η_G,特征嵌入模块训练迭代次数 n_{ME},特征嵌入模块学习率 η_{ME}。

1　　初始化参数 θ_{PE} 和 θ_{GC};

2　　**for** $t=1,\cdots,n_G$ **do**

3　　　　从训练数据 $X_m^S = (x_a^S, y_a^S)_a^m$ 中随机采样,得到 X^S 并进行训练;

4　　　　利用 RSN 提取预训练知识,更新参数 $\theta_{\text{PE}}, \theta_{\text{GC}} \leftarrow \theta_{\text{FE}}$, $\theta_{\text{GC}} - \eta_G \nabla_\theta L_G(X_m^S)$;

5	**end for**
6	固定参数 θ_{PE}，对参数 θ_{ME} 进行初始化；
7	**for** $i=1,\cdots,n_{ME}$ **do**
8	从训练数据 X^S 中随机进行小样本任务 T^T 抽取；
9	通过目标任务 T^T 模型将参数 θ_{PE} 先验知识转化为新的特征信息；
10	利用度量函数 $d_{Euclidean}$，更新参数 $\theta_{ME}\leftarrow\theta_{ME}-\eta_{ME}\nabla_{\theta_{ME}}L_{ME}(T^T)$；
11	**end for**

输出：诊断精度 Acc。

5.4　实　例　验　证

5.4.1　实验设置

在本章中，假设训练集包含足够多的标记数据，用于测试集中少量支持集标记样本的查询样本故障诊断分类。与文献[15]任务设置一致，本章考虑了两种类型的小样本跨域任务：① 1-shot 任务，提取不同工况（不同负载和速度）和相似工况下不同故障类型的 1-shot 故障诊断的训练集和测试集；② 5-shot 任务，针对 1-shot 任务难以分类的任务，进行 5-shot 故障诊断。

为了评估所提出的 PK-RSPN 算法在上述小样本任务中的有效性，将提出的 PK-RSPN 与不同的基础的小样本诊断方法进行比较，详细描述见表 5.2。本节从辅助任务中提取知识的不同形式来比较诊断性能。其中，方法 1、2 属于基于优化算法的方法，方法 3~7 属于基于度量的元学习方法的匹配网络（match network），方法 8~12 属于基于度量的元学习方法的关系网络（relation network），方法 13、14 属于消融对比方法。所有的实验都在 Intel(R) Xeon (R) Gold 5218R CPU @ 2.10 GHz、NVIDIA GeForce RTX 2080 Ti 的计算机上完成，详细实验设置如表 5.3 所示。

表 5.2　对比方法的介绍

序号	方　　法	详　　述
1	finetune last（最后微调）	通过 RSN-FE 利用训练数据进行监督学习预训练，然后在 RSN-FE 后附加一个新的分类器，利用测试集的小样本支持集数据对最后一层（分类器）进行微调
2	finetune whole（整体微调）	通过 RSN-FE 利用训练数据进行监督学习预训练，然后在 RSN-FE 后附加一个新的分类器，利用测试集的小样本支持集数据对整个模型进行微调

序号	方　　法	详　　述
3	feature matching （特征匹配）	通过 RSN-FE 利用训练数据进行监督学习预训练，直接将 RSN-FE 模块提取的先验知识与支持样本进行余弦相似度的匹配，再对测试集进行分类
4	meta-task matNet （MTMN，元任务匹配网络）[16]	不进行预训练，将 RSN-FE 模块提取的先验知识与支持样本的原型进行余弦相似度的匹配，再对测试集进行分类
5	meta-task matNet with pre-train（MTMN-Pre， 预训练元任务匹配网络）	通过 RSN-FE 利用训练数据进行监督学习预训练，以 RSN-FE 为模型结构，进行余弦相似度的匹配，在测试集中进行元任务训练
6	FSM3-MN[15] （基于特征空间度量的 元学习模型-匹配网络）	通过 CNN 利用训练数据进行监督学习预训练，然后固定特征提取器 CNN，以 FE 为模型结构，进行余弦相似度的匹配，在测试集中进行元任务训练
7	feature space RSN matNet （FS-RSM，特征空间 残差收缩匹配网络）	通过 RSN 利用训练数据进行监督学习预训练，然后固定特征提取器 RSN，以 FE 为模型结构，进行余弦相似度的匹配，在源域数据中进行元任务训练
8	prototype matching （原型网络）	通过 RSN-FE 利用训练数据进行监督学习预训练，直接将 RSN-FE 模块提取的先验知识与支持类进行余弦相似度原型匹配，对目标数据进行分类
9	meta-task prototype matching （MTPM，元任务原型匹配）[17]	不进行预训练，将以 RSN-FE 为模块提取的先验知识与支持样本原型进行欧氏距离的相似度匹配，再对测试集进行分类
10	meta-task prototype matching with pre-train（MTPM-Pre， 预训练元任务原型匹配）	通过 RSN-FE 利用训练数据进行监督学习预训练，以 RSN-FE 为模型结构，进行欧氏距离匹配度量，在测试数据中进行元任务训练
11	FSM3-PN[15]（基于特征空间 度量的元学习模型-原型网络）	通过特征提取器 CNN 利用训练数据进行监督学习预训练，然后固定特征提取器 CNN，以 FE 为模型结构，进行欧氏距离原型度量，在测试数据中进行元任务训练
12	feature space RSN prototype matching（FS-RSP， 特征空间残差收缩原型匹配）	通过特征提取器 RSN 利用训练数据进行监督学习预训练，然后固定特征提取器 RSN，以 FE 为模型结构，进行欧氏距离原型度量，在测试数据中进行元任务训练
13	pre-knowledge PK-RSPN without thresholding ProtoNet （PK-RSPN-NoT，无阈值的 基于先验知识的残差收缩原型网络） （消融）	通过特征提取器 RSN（没有软阈值）利用训练数据进行监督学习预训练，固定先验知识提取器 RSN，以 FE 为模型结构，进行欧氏距离原型度量，在源域数据中进行元任务训练

续表

序号	方　法	详　述
14	pre-knowledge PK-RSPN ProtoNet（PK-RSPN，基于先验知识的残差收缩原型网络）	通过特征提取器 RSN（有软阈值）利用训练数据进行监督学习预训练，固定预训练知识提取器 RSN，以 FE 为模型结构，进行欧氏距离原型度量，在源域数据中进行元任务训练

表 5.3　详细的实验设置

描　述		值
所有的训练方法	优化器	Adam
	学习率	0.001
	批次大小	16
预训练方法	最大迭代次数	30
微调方法	微调次数	100
所有的元学习方法（包括 PK-RSPN）	学习率	0.001
	最大迭代次数	100
	每次迭代的任务数	100
	支持集每类的样本数（K）	1/5
	查询集每类的样本数（M）	25
	测试任务数	600

5.4.2　案例 1:齿轮箱数据故障诊断

1. 数据集和诊断任务介绍

用于收集数据的齿轮箱试验台和齿轮故障示例如图 5.4 所示[16]。有 3 种类型的齿轮状态:切屑齿、缺齿和正常。根据不同的负载（30、40 和 50 Hz）和转速（低速（low,L）和高速（high,H））进行划分。采样频率为 200 kHz /3，采样长度为 6600，每个工况有 500 个样本。

图 5.4　齿轮箱试验台及故障示例

　　齿轮箱数据集的小样本故障诊断场景如表 5.4 所示,其中包含了不同的运行工况(负载和转速)和故障类别。在不同的负载和速度条件下,齿轮箱有 3 种类型的健康状态:缺齿、切屑齿和正常。针对不同的故障类型,有 2 种小样本诊断场景:① NCT,训练集包括正常(normal)和缺齿(missing tooth)数据,测试集包括正常(normal)和切屑齿(chip tooth)数据;② NMT,训练集包括正常和切屑齿数据,测试集包括正常和缺齿数据。

表 5.4　齿轮箱数据集的小样本故障诊断场景

不同的负载和速度		不同类别	
训练集(3 分类)	测试集(3 分类)	训练集(2 分类)	测试集(2 分类)
30 L	30 H	30 H/ NMT	30 H/ NCT
40 L	40 H	40 H/ NMT	40 H/ NCT
50 L	50 H	50 H/ NMT	50 H/ NCT
30 H	50 H	—	—

2. 实验结果分析

　　在本章中,评估了所提出的 PK-RSPN 算法在齿轮箱数据集上的性能。首先,测试 PK-RSPN 方法在不同负载和速度条件下的 1-shot 和 5-shot 诊断任务。如表 5.5 所示,与系列基础方法相比,所提出的 PK-RSPN 算法在大多数任务中表现最佳,诊断准确率可以达到 90% 以上。受原型网络元训练机制的限制[15],只能在 5-shot 的情况下实现余弦相似度(cosine similarity)度量的原型匹配。特别是,所提出的 PK-RSPN 算法明显优于 FSM3-MN[15]。对比 FSM3-MN 与 FS-RSM、FSM3-PM 与 FS-RSP,可以明显看出,所提出的 RSN 比 CNN 具有更好的特征提取能力。通过比较 PK-RSPN-NoT 与 PK-RSPN,可看出所提出的 PK-RSPN 算法在大多数情况下取得了更好的性能。通过比较 FS-RSM 和 PK-RSPN,可以发现使用欧氏距离度量的原型网络比用余弦相似度度量的原型匹配网络具有更高的诊断精度。

表 5.5　不同工况下齿轮箱 1-shot 和 5-shot 任务的故障诊断准确率

方　　法	准确率/(%)							
	30 L→30 H		40 L→40 H		50 L→50 H		30 L→50 H	
	1-shot	5-shot	1-shot	5-shot	1-shot	5-shot	1-shot	5-shot
finetune last	66.53	66.82	79.38	83.13	66.59	66.84	66.11	66.94
finetune whole	75.30	82.79	87.89	93.44	83.43	88.78	83.50	94.66
feature matching	67.03	67.04	85.20	87.36	72.57	74.92	85.27	87.76
MTMN[16]	73.09	73.26	77.16	83.16	72.20	73.73	93.87	96.66
MTMN-Pre	67.13	67.46	85.40	87.20	72.16	74.24	89.78	91.77
FSM3-MN[15]	76.54	88.56	78.42	86.38	75.32	77.18	93.86	95.80
FS-RSM	72.22	83.56	83.85	87.66	95.94	97.59	98.66	99.70

方　　法	准确率/(%)							
	30 L→30 H		40 L→40 H		50 L→50 H		30 L→50 H	
	1-shot	5-shot	1-shot	5-shot	1-shot	5-shot	1-shot	5-shot
prototype matching	—	67.04	—	87.93	—	76.65	—	91.06
MTPM[17]	—	80.45	—	82.25	—	73.00	—	97.34
MTPM-Pre	—	67.15	—	88.05	—	73.10	—	94.16
FSM3-PN[15]	—	83.66	—	82.48	—	76.92	—	98.60
FS-RSP	—	76.65	—	88.98	—	97.81	—	99.74
PK-RSPN-NoT（消融）	92.24	96.68	94.59	99.04	98.01	98.79	99.46	99.81
PK-RSPN	**93.89**	**97.54**	**97.91**	**99.50**	**99.45**	**100.00**	**99.39**	**99.89**

此外,与传统的深度学习方法不同,所提出的 PK-RSPN 算法通过传统的监督学习方法学习所有小样本训练数据全局信息,并固定先验知识提取器。再通过特征嵌入模块,利用多个随机抽样元任务进行训练,可以实现对有限样本的新诊断任务的领域泛化。因此,该方法优于传统的监督学习和基础元学习方法。

根据上述实验设置,在相似条件、不同故障类型的齿轮数据集上进行小样本 NCT 诊断任务验证,表 5.6 展示了 1-shot 和 5-shot 任务的结果。与其他方法相比,所提出的 PK-RSPN 算法在所有情况下都表现出色,实现了 98% 以上的诊断准确率,再次证明了所提算法的有效性。

表 5.6　相似条件下 NCT 1-shot 和 5-shot 任务的故障诊断准确率

方　　法	准确率/(%)					
	30 H		40 H		50 H	
	1-shot	5-shot	1-shot	5-shot	1-shot	5-shot
finetune last	50.00	50.00	49.99	50.00	50.00	50.00
finetune whole	91.70	95.67	96.31	98.58	97.86	98.95
feature matching	89.83	90.34	94.66	97.68	85.24	99.99
MTMN[16]	79.64	85.12	95.02	97.03	97.48	99.82
MTMN-Pre	78.78	84.10	86.24	89.91	98.32	99.43
FSM3-MN[15]	62.28	62.76	64.54	74.04	66.71	76.48
FS-RSM	94.65	95.63	96.52	98.23	99.98	100.00
prototype matching	—	93.31	—	98.27	—	99.99
MTPM[17]	—	86.11	—	97.91	—	100.00

方　　法	准确率/(%)					
	30 H		40 H		50 H	
	1-shot	5-shot	1-shot	5-shot	1-shot	5-shot
MTPM-Pre	—	84.90	—	92.63	—	99.65
FSM3-PN[15]	—	63.73	—	70.99	—	75.17
FS-RSP	—	96.63	—	98.26	—	100.00
PK-RSPN-NoT（消融）	93.83	97.71	99.26	99.65	100.00	100.00
PK-RSPN	**98.42**	**98.78**	**99.90**	**100.00**	**100.00**	**100.00**

5.4.3　案例 2:轴承数据故障诊断

1. 数据集和诊断任务介绍

选择凯斯西储大学(Case Western Reserve University,CWRU)轴承数据集[17-21]作为第 2 个实验案例数据集,该数据集通常用于故障诊断实验验证。轴承实验台如图 5.5 所示,数据集由固定在轴承座上方的加速度传感器收集。轴承数据集中有 10 个类别,包括 3 种失效类型,即内圈(inner race)故障、外圈(outer race)故障和滚动体(ball)故障,以及正常状态(normal)。故障包含 3 种不同程度:7 mil(1 mil＝2.54×10^{-5} m)、14 mil 和 21 mil。所有这些类别都在 4 种不同的负载(0 hp、1 hp、2 hp 和 3 hp,1 hp＝745.7 W)下收集。采样频率为 12 kHz,每种类型有 500 个样本,样本长度为 2048。表 5.7 给出了轴承数据集的小样本诊断场景设置。

图 5.5　轴承实验台

表 5.7　轴承数据集的小样本故障诊断场景设置

不同负载		不同类别	
训练集 （10 分类）	测试集 （10 分类）	训练集 （7 分类）	测试集 （3 分类）
Load 0	Load 3		
Load 1	Load 3	normal, inner race, ball	outer race
Load 2	Load 3		
Load 0	Load 2		

2. 实验结果分析

首先分析不同负载下的 1-shot 任务。如表 5.8 所示，除了 finetune last 算法外，所有方法在这些任务中的准确率都达到 90% 以上，所提出的 PK-RSPN 算法达到了 100% 的诊断准确率。可以看出，1-shot 任务在不同条件下都不难实现，5-shot 任务就更容易实现了。

表 5.8　不同工况下轴承数据集 1-shot 任务的准确率

方　法	准确率/（%）			
	Load 0→3	Load 1→3	Load 2→3	Load 0→2
finetune last	54.70	63.69	64.04	59.67
finetune whole	90.40	94.83	95.88	91.27
feature matching	98.18	99.86	99.98	99.32
MTMN[16]	99.47	99.64	99.99	99.87
MTMN-Pre	99.67	99.99	100.00	99.20
FSM3-MN[15]	99.42	99.48	99.96	99.86
FS-RSM	99.26	100.00	100.00	99.97
PK-RSPN-NoT	99.66	100.00	100.00	99.98
PK-RSPN	**100.00**	**100.00**	**100.00**	**100.00**

外圈故障场景的诊断准确率整体较低，分别在 1-shot 和 5-shot 任务中进行测试，结果如表 5.9 所示。结果表明，与其他基础方法相比，所提出的 PK-RSPN 算法的准确率并不是最高的，基于 RSN 网络的 FS-RSM 方法的准确率更高，说明选择的度量函数不适合本场景中实验数据的嵌入式度量。此外，可以看到 5-shot 比 1-shot 表现得更好，表明增加支持集样本数量可以大大提高模型性能。

表 5.9　相似工况下外圈故障 1-shot 和 5-shot 任务的准确率

方　法	准确率/（%）							
	Load 0		Load 1		Load 2		Load 3	
	1-shot	5-shot	1-shot	5-shot	1-shot	5-shot	1-shot	5-shot
finetune last	50.80	58.49	54.38	58.84	72.88	75.21	66.38	67.80

续表

方 法	准确率/(%)							
	Load 0		Load 1		Load 2		Load 3	
	1-shot	5-shot	1-shot	5-shot	1-shot	5-shot	1-shot	5-shot
finetune whole	76.81	**93.49**	87.73	96.47	95.94	99.26	94.98	99.49
feature matching	63.27	76.74	81.68	83.56	97.48	99.57	99.10	99.54
MTMN[16]	66.91	84.01	77.64	88.41	78.22	90.70	82.91	97.15
MTMN-Pre	63.99	77.80	77.64	81.27	97.49	99.27	98.58	99.23
FSM3-MN[15]	76.54	90.74	88.07	91.22	**97.78**	99.10	97.65	97.93
FS-RSM	**84.30**	91.55	**97.30**	**99.74**	92.66	95.94	99.33	99.97
prototype matching	—	65.21	—	85.54	—	99.68	—	99.57
MTPM[17]	—	69.62	—	72.95	—	79.50	—	92.92
MTPM-Pre	—	66.13	—	80.39	—	99.49	—	99.25
FSM3-PN[15]	—	83.69	—	92.73	—	98.80	—	94.52
FS-RSP	—	88.88	—	99.69	—	96.34	—	99.95
PK-RSPN-NoT	81.57	91.57	90.38	98.96	89.42	93.60	99.89	100.00
PK-RSPN	81.67	91.79	90.10	92.11	93.60	96.11	99.94	100.00

5.4.4 鲁棒性分析

在实际诊断任务中,收集的数据存在大量的噪声。因此,模型在有噪声的环境中的性能是极其重要的。在本章中,采用了与文献[22,23]类似的方法来验证模型的抗噪性,在具有不同信噪比的原始振动信号中加入高斯白噪声,信噪比公式如下:

$$SNR_{dB} = 10 lg \left(\frac{P_{signal}}{P_{noise}} \right) \tag{5-12}$$

式中:P_{signal} 为原始信号的功率;P_{noise} 是噪声的功率。噪声信噪比为 $-4 \sim 10$ dB。

在齿轮箱数据集上,考虑了 30 H(NCT)1-shot 和 5-shot 故障诊断任务。值得注意的是,5.4.2 小节中 FSM3-MN 的精度来源于文献[15]。本小节中 FSM3-MN 的准确率是在作者的计算机上复现的,并用"*"标记进行区分(*表示结果是由作者提供的,或者是根据他们发表的代码得到的)。

图 5.6 显示了 FSM3-MN*、PK-RSPN-NoT 和 PK-RSPN 在不同噪声下的诊断准确率,具体数据如表 5.10 所示。可见,FSM3-MN* 的诊断准确率较低。与 PK-RSPN-NoT 相比,所提出的 PK-RSPN 在大多数噪声强度下具有更高的诊断准确率。原因是在浅层架构中,软阈值为收缩函数,可以减少与噪声相关的特征,从而在最终输出中获得更有效的特征。因

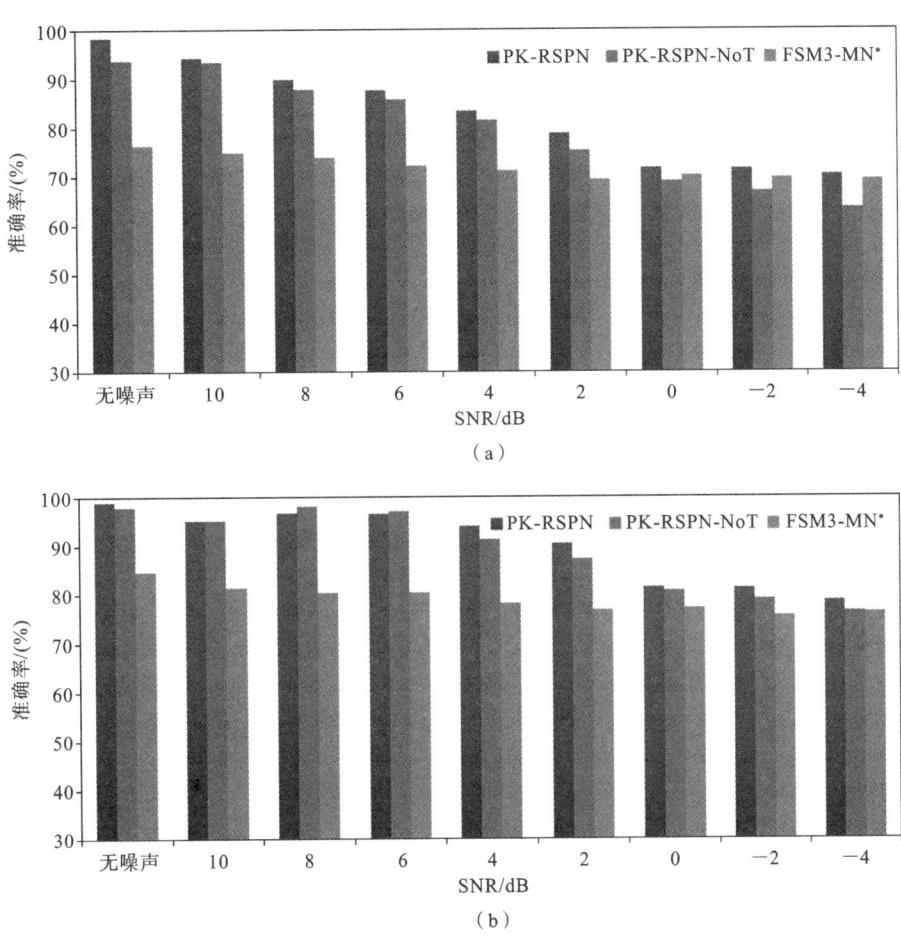

图 5.6　齿轮箱数据集在不同噪声工况下的算法性能(30 H NCT)

（a) 1-shot 任务；(b) 5-shot 任务

此，所提出的 PK-RSPN 算法可以有效地消除噪声相关信息，从而提高诊断精度。

表 5.10　齿轮箱数据集在不同噪声工况下的准确率(30 H NCT)（％）

方　　法		SNR/dB								
		无噪声	10	8	6	4	2	0	−2	−4
1-shot	FSM3-MN*	76.41	74.91	73.84	72.20	71.16	69.93	70.18	69.61	69.25
	PK-RSPN-NoT	93.83	93.37	87.74	85.82	81.52	75.26	68.98	66.98	63.58
	PK-RSPN	**98.42**	**94.24**	**89.96**	**87.69**	**83.40**	**78.74**	**71.69**	**71.46**	**70.26**
5-shot	FSM3-MN*	84.49	81.34	80.28	80.28	78.05	76.72	77.09	75.53	76.21
	PK-RSPN-NoT	97.71	95.01	**97.97**	**96.97**	91.20	87.01	80.64	78.98	76.36
	PK-RSPN	**98.78**	**95.13**	96.60	96.46	**93.85**	**90.23**	**81.28**	**81.12**	**78.56**

5.4.5　可视化分析

本小节使用 Grad-CAM[22] 来可视化 PK-RSPN 模型通过监督学习从齿轮箱数据集中学习到的先验知识,即模型学习到的权重。图 5.7 所示为模型对振动信号关注度的变化,颜色越浅模型关注度越高。

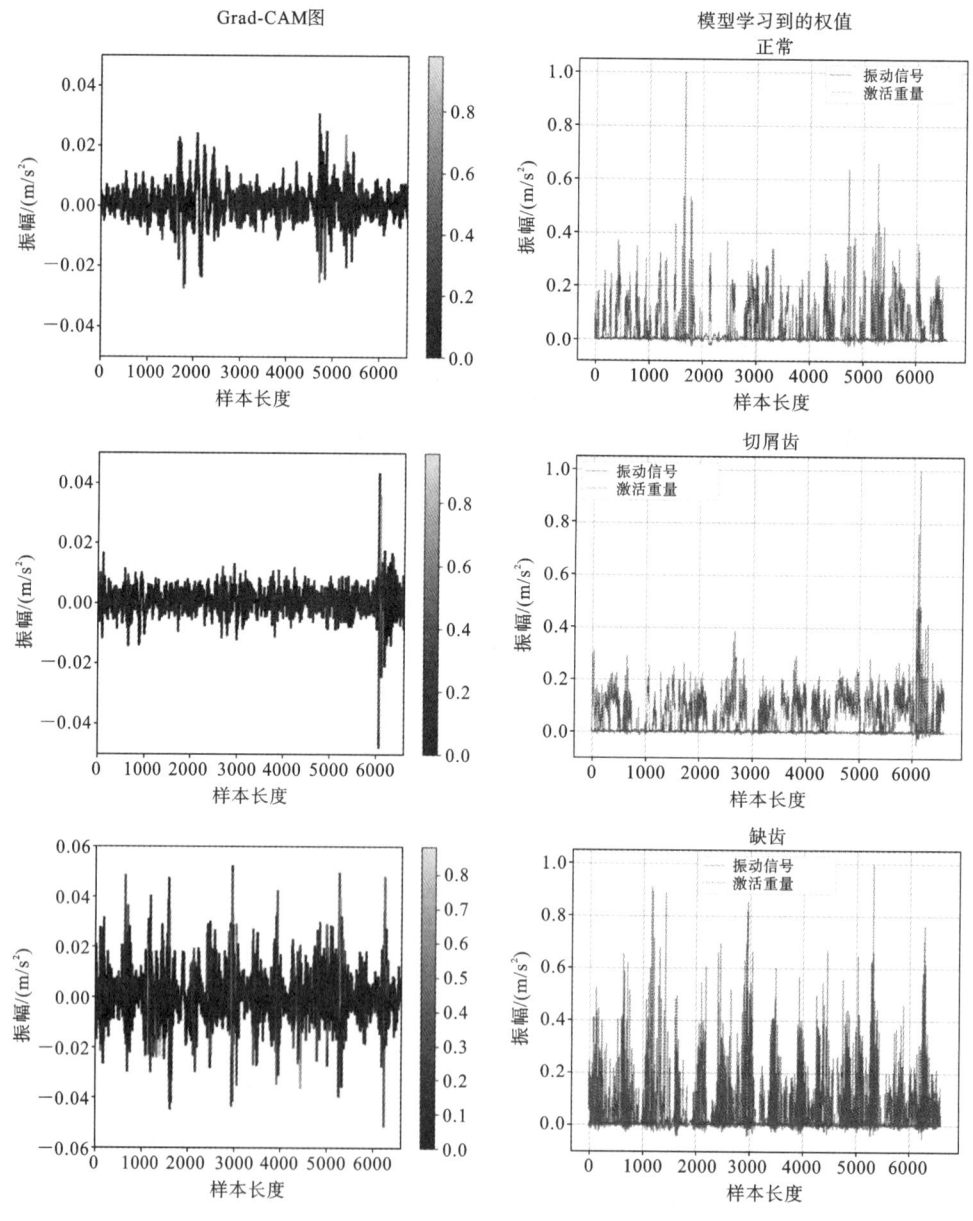

图 5.7　从齿轮箱数据集中提取先验知识的可视化

在轴承数据集上使用 t 分布随机近邻嵌入(t-distributed stochastic neighbor embedding)[23]来对 PK-RSPN 算法提取的特征进行可视化,图 5.8 所示为不同任务特征嵌入结

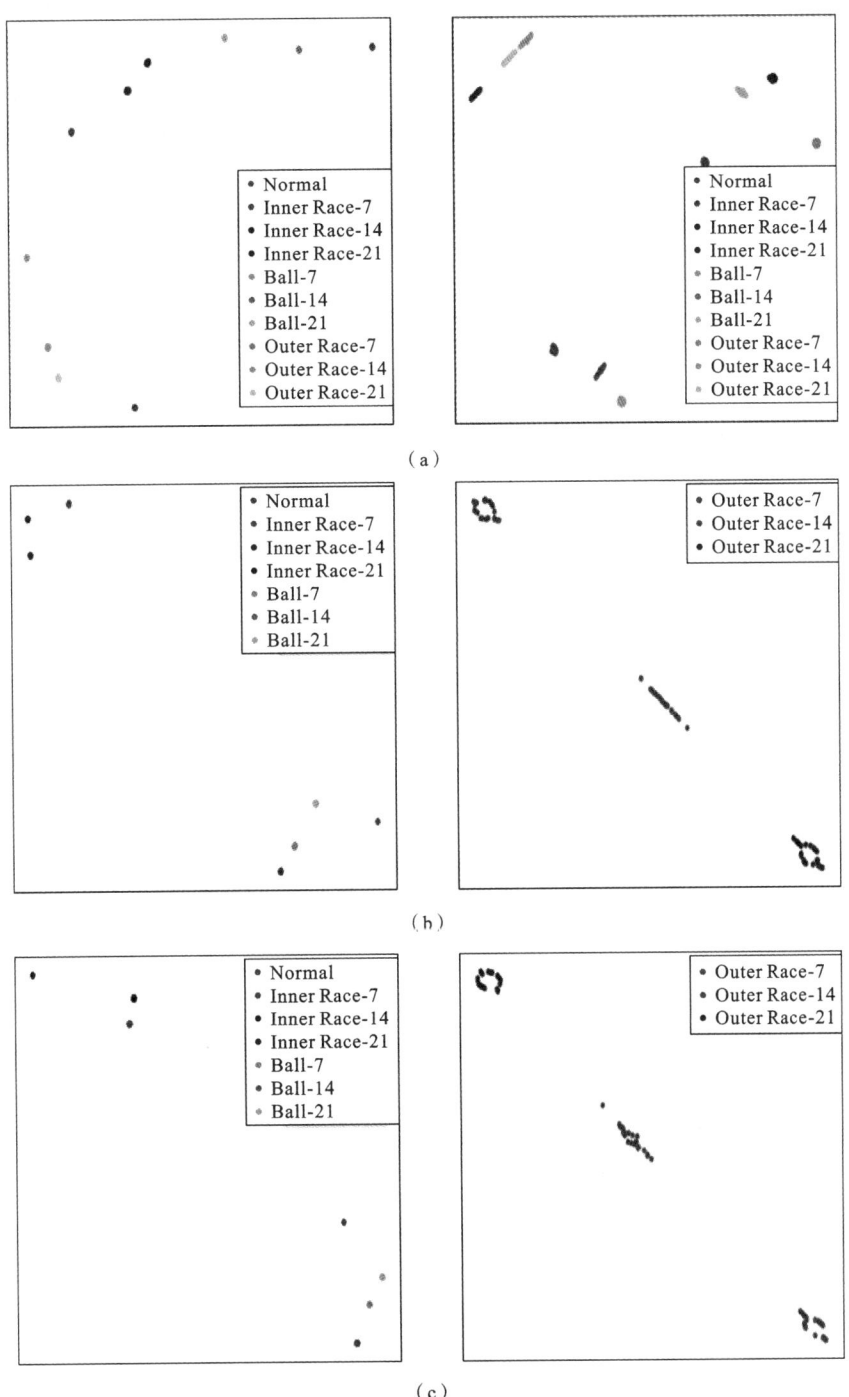

图 5.8　轴承数据集特征嵌入可视化

(a) 1-shot(Load 0→3);(b) 1-shot(Load 3 外圈故障);(c) 5-shot(Load 3 外圈故障)

果。在图5.8中,左图表示训练集支持集样本的数据特征分布,右图表示测试集查询集样本的数据特征分布。

　　在图5.8中,相似类别的特征聚集在一起。从图5.8中左图支持集的特征嵌入分布可以看出,模型能够从训练集的支持集中学习样本的类内和类间的特征空间距离。在30 L→30 H任务中,不同类型的特征之间存在一些交集,这意味着该任务相对难以识别。值得注意的是,5-shot训练的模型特征嵌入比1-shot训练的模型特征嵌入更加分散。这是因为,对于5-shot场景,具有5个支持样本的原型更好地表示了所有的支持样本。

5.5　本章小结

　　针对实际场景测试集中小样本故障数据的限制和现有基于度量元学习训练策略的不足,本章提出了基于监督学习和元学习的两步混合学习算法PK-RSPN。该算法可以充分利用大量标记的小样本元任务,消除噪声对数据的影响,获取所有训练小样本的全局先验知识。在齿轮箱数据集和轴承数据集上,用所提出的PK-RSPN算法分别测试了多种1-shot和5-shot小样本诊断任务,结果表明:与传统的基于微调和度量元学习的方法相比,所提PK-RSPN算法在两个数据集上都取得了更高的精度;该算法可以减少噪声相关信息,具有更好的抗噪性能。基于本章的基础知识,第6章提出了一种联合迁移和元学习的小样本跨域旋转机械设备故障诊断算法,能够准确地实现复杂工况下小样本跨域故障状态诊断。

本章参考文献

[1] ZHANG W, LI X, MA H, et al. Federated learning for machinery fault diagnosis with dynamic validation and self-supervision[J]. Knowledge-based Systems, 2021, 213: 106679.

[2] FENG Y, CHEN J, ZHANG T, et al. Semi-supervised meta-learning networks with squeeze-and-excitation attention for few-shot fault diagnosis[J]. ISA Transactions, 2022, 120: 383-401.

[3] ZHANG T, CHEN J, LIU S, et al. Domain discrepancy-guided contrastive feature learning for few-shot industrial fault diagnosis under variable working conditions[J]. IEEE Transactions on Industrial Informatics, 2023, 19(10): 10277-10287.

[4] ZHANG T, CHEN J, LI F, et al. A small sample focused intelligent fault diagnosis scheme of machines via multimodules learning with gradient penalized generative adversarial networks[J]. IEEE Transactions on Industrial Electronics, 2020, 68(10):

10130-10141.

[5] DIXIT S, VERMA N K. Intelligent condition-based monitoring of rotary machines with few samples[J]. IEEE Sensors Journal, 2020, 20(23): 14337-14346.

[6] SAUFI S R, AHMAD Z A B, LEONG M S, et al. Gearbox fault diagnosis using a deep learning model with limited data sample[J]. IEEE Transactions on Industrial Informatics, 2020, 16(10): 6263-6271.

[7] ZHAO B, ZHANG X, LI H, et al. Intelligent fault diagnosis of rolling bearings based on normalized CNN considering data imbalance and variable working conditions[J]. Knowledge-based Systems, 2020, 199: 105971.

[8] LEI Y, YANG B, JIANG X, et al. Applications of machine learning to machine fault diagnosis: A review and roadmap[J]. Mechanical Systems and Signal Processing, 2020, 138: 106587.

[9] YU K, FU Q, MA H, et al. Simulation data driven weakly supervised adversarial domain adaptation approach for intelligent cross-machine fault diagnosis[J]. Structural Health Monitoring, 2021, 20(4): 2182-2198.

[10] ZHANG T, CHEN J, LI F, et al. Intelligent fault diagnosis of machines with small & imbalanced data: A state-of-the-art review and possible extensions[J]. ISA Transactions, 2022, 119: 152-171.

[11] FENG Y, CHEN J, XIE J, et al. Meta-learning as a promising approach for few-shot cross-domain fault diagnosis: Algorithms, applications, and prospects[J]. Knowledge-based Systems, 2022, 235: 107646.

[12] YANG T, TANG T, WANG J, et al. A novel cross-domain fault diagnosis method based on model agnostic meta-learning[J]. Measurement, 2022, 199: 111564.

[13] ZHANG X, SU Z, HU X, et al. Semisupervised momentum prototype network for gearbox fault diagnosis under limited labeled samples[J]. IEEE Transactions on Industrial Informatics, 2022, 18(9): 6203-6213.

[14] ZHAO M H, ZHONG S S, FU X Y, et al. Deep residual shrinkage networks for fault diagnosis [J]. IEEE Transactions on Industrial Informatics, 2020, 16(7): 4681-4690.

[15] WANG D, ZHANG M, XU Y, et al. Metric-based meta-learning model for few-shot fault diagnosis under multiple limited data conditions[J]. Mechanical Systems and Signal Processing, 2021, 155: 107510.

[16] WANG C, XU Z. An intelligent fault diagnosis model based on deep neural network for few-shot fault diagnosis[J]. Neurocomputing, 2021, 456: 550-562.

[17] WU J, ZHAO Z, SUN C, et al. Few-shot transfer learning for intelligent fault diagnosis of machine[J]. Measurement, 2020, 166: 108202.

[18] ZHANG M, LU W, YANG J, et al. Domain adaptation with multilayer adversarial learning for fault diagnosis of gearbox under multiple operating conditions[C]// 2019 Prognostics and System Health Management Conference (PHM-Qingdao). New York：IEEE, 2019：1-6.

[19] FANG Q, WU D. ANS-net：Anti-noise Siamese network for bearing fault diagnosis with a few data[J]. Nonlinear Dynamics, 2021, 104(3)：2497-2514.

[20] LU N, HU H, YIN T, et al. Transfer relation network for fault diagnosis of rotating machinery with small data[J]. IEEE Transactions on Cybernetics, 2021, 52(11)：11927-11941.

[21] LIU C, QIN C, SHI X, et al. TScatNet：An interpretable cross-domain intelligent diagnosis model with antinoise and few-shot learning capability[J]. IEEE Transactions on Instrumentation and Measurement, 2020, 70：1-10.

[22] SELVARAJU R R, COGSWELL M, DAS A, et al. Grad-CAM：Visual explanations from deep networks via gradient-based localization[C]//Proceedings of the IEEE International Conference on Computer Vision. New York：IEEE, 2017：618-626.

[23] VAN DER MAATEN L, HINTON G. Visualizing data using t-SNE[J]. Journal of Machine Learning Research, 2008, 9(11)：2579-2605.

第6章 联合迁移细粒度度量
小样本跨域故障诊断

6.1 引　　言

　　传统的深度学习本质上是学习机械系统健康状态规律,其依赖于足够多的历史机械系统状态信息来训练模型,在小样本场景下诊断效果往往表现欠佳。针对该问题,第5章结合监督学习和元学习原型网络提出了两步混合学习算法,通过一定数量的训练样本和仅利用少量(通常每类样本数小于 20 个)历史机械系统状态工况数据,就能实现小样本跨域故障诊断。当跨工况场景更复杂,数据集本身更难分辨,训练样本数据也较少时,如何实现更高要求的小样本跨域诊断是一个更具挑战性的问题。

　　由国内外研究现状可知,迁移学习[1]可将从有足够标记样本的源域中学到的知识转移到有限标记样本的目标域,用来减少对训练数据的需要。但由于不同领域之间的差异较大,训练数据少会带来负迁移[2]影响,因此深度学习的实际效果会受迁移学习方法的域差异影响而变差。受迁移学习的启发,一些学者应用迁移域适应和元学习网络进行跨域故障识别,解决了小样本和跨域这两个问题[3,4]。但上述研究没有考虑小样本跨域诊断源域和目标域同时对齐边缘分布和条件分布,以及元度量函数固定的问题。

　　针对上述问题,本章提出了一种新的联合迁移细粒度度量网络(joint transfer fine-grained metric network,JTFMN)用于小样本跨域故障诊断,仅利用少量系统历史状态数据,便能实现新类小样本故障高精度识别。首先,算法的特征提取模块采用混合注意力的方法来提高模型的特征提取能力,有效地抑制了冗余特征。通过设计的联合迁移函数(joint transfer function,JTF)来同时对齐跨域边缘分布和条件分布。JTF 中无监督的域对抗训练减小了源域与目标域之间的分布差异,对于域的类边界模糊问题,也可通过最小化最大平均差异来减小域之间的条件分布距离;设计细粒度度量网络(fine-grained metric network,FGMN)来对每个源域样本的权重进行自动分配,实现了查询样本与原型的灵活度量,减小了负迁移的影响。为了验证所提算法的有效性,本章在 2 个典型的轴承和 1 个齿轮箱的工业诊断案例中,测试了所提算法在不同工作条件下具有有限样本的诊断任务中的性能,与先进的诊断算法进行实验对比,并测试诊断时间是否满足对设备大规模监测数据进行快速诊断的要求。

6.2 联合迁移细粒度度量小样本跨域故障诊断算法

本章提出了一种新的联合迁移细粒度度量网络,算法的诊断流程如图 6.1 所示。该算

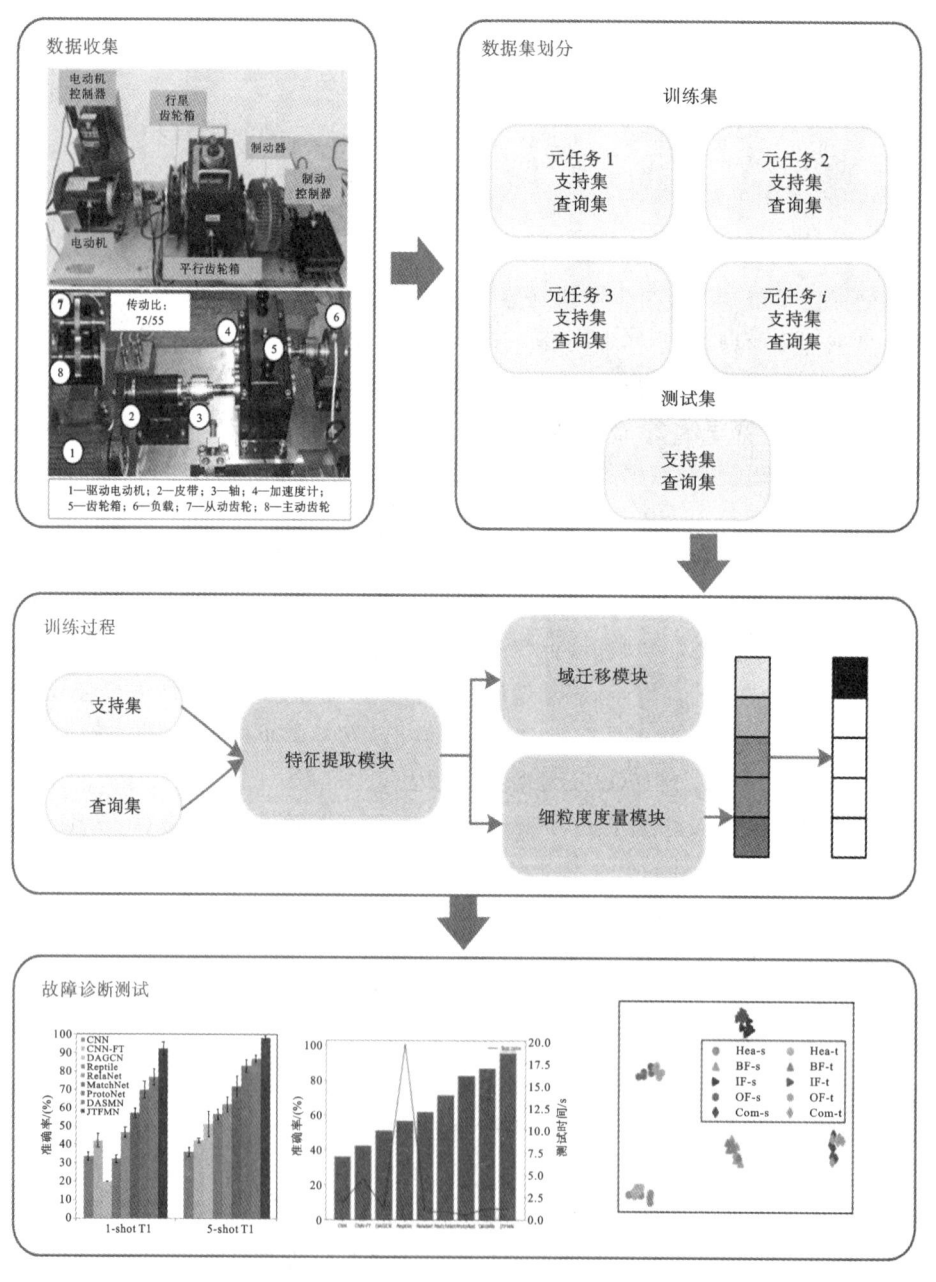

图 6.1 提出的 JTFMN 算法诊断流程

法由特征提取模块、域迁移模块和细粒度度量模块组成。利用由卷积块(convolutional block,CB)和混合注意力模块组成的特征提取模块来抑制冗余特征,增强模块特征提取能力;域迁移模块可减小提取特征子域偏差;细粒度度量模块通过灵活测量查询样本与原型之间的距离,减小了小样本带来的负迁移影响。算法步骤总结如下。

(1)数据准备和划分:收集不同机械设备的振动信号,并将数据划分为多任务的训练集和测试集。每个任务都包括支持集 S 和查询集 Q。

(2)模型训练:从训练集中随机反复抽取任务,进行 JTFMN 模型训练。

(3)诊断性能测试:使用测试集来测试训练模型的诊断性能,并使用表格、柱状图和 t-SNE 来显示诊断结果。

6.2.1 特征提取模块

传统的 CNN 使用相同大小的卷积核,很容易忽略准确的特征,导致重要的故障特征信息不突出。注意力机制[5](attention mechanism)可以使模型自动关注故障关键特征,提高模型对复杂信息的学习能力和模型的分类准确性。本章引入了注意力机制。

本章设计了由多个卷积块和混合注意力模块组成的特征提取网络,如图 6.2 所示。一个结构简单的特征提取器由 8 个卷积块组成。每个卷积块包含 4 个层:$64 \times 1 \times 3$ 的一维卷积层(Conv)、批量归一化(batch normalization,BN)层、ReLU 激活函数和 1×2 的最大池化层(MaxPool)。信号 X 经过第一个卷积块后,得到特征:

$$F_1 = \mathrm{Conv}(X) \tag{6-1}$$

接着,引用卷积注意力模块(convolutional block attention module,CBAM)[6]来提高模型提取重要信息的能力。CBAM 根据输入特征 F_1 依次生成通道注意特征 M_{ch}、空间注意特征 M_{sp},输出特征 M' 可以表述为

$$M' = M_{sp}(M_{ch} \otimes F_1) \otimes (M_{ch} \otimes F_1) \tag{6-2}$$

式中:$\otimes$ 表示元素级乘法。

由多个卷积块提取信号特征,通过挤压和激励(squeeze and excitation,SE)注意力[7]自适应地重新调整通道方向的特性重要性,得到特征图 M,表示为

$$M = \mathrm{Conv}_{2-8}(M') \tag{6-3}$$

SE 是对通道维进行全局平均池化(global averaging pooling,GAP),全连接块(fully connected block,FCB)包含 FC(全连接)层、ReLU 激活函数、FC 层和一个 Sigmoid 激活函数。

输入特征图为 $M = [m_1, m_2, m_3, \cdots, m_c] \in \mathbb{R}^{C \times 1 \times W}$,其中 $m_c \in \mathbb{R}^{1 \times W}$ 表示第 C 个通道的特征。SE 注意力机制可理解为将每个通道的矩阵与一个比例参数相乘,从而将输入特征图 M 映射为输出特征图 $\widetilde{M}_C$:

$$\widetilde{M}_C = \eta_C \cdot m_c \tag{6-4}$$

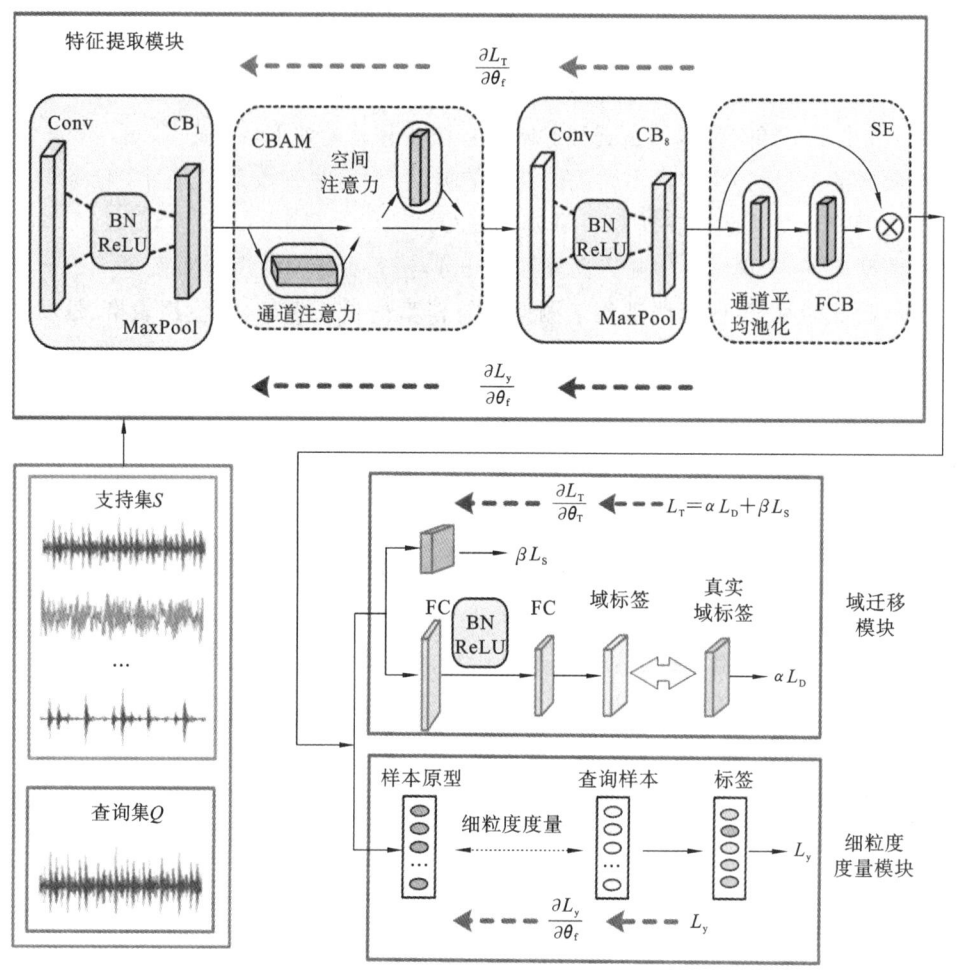

图 6.2　提出的 JTFMN 模型结构

式中:权重尺度参数 $\eta_C = \dfrac{1}{1+e^{-t_C}}$,表示信道维大小被限制为 $(0,1)$, t_C 为通道向量经 FCB 非线性变换得到的数值。

　　在特征提取模块中,使用 CBAM 对提取的特征进行初步筛选,使用 SE 对特征进行精细筛选,以抑制冗余特征,提高模块的特征提取能力。

6.2.2　细粒度度量模块

　　基于相似性度量的元学习[8]是通过嵌入特征之间的相似性来对样本进行分类的。当支持集的类别数为 N ,且每个类别包含 K 个样本时,可以从支持集 S 中得到每个类特征的平均值,即类原型 C_k 可以表示为

$$C_k = \frac{1}{N_{s_{x_{k,l} \sim S}}} \sum_{x_{k,l} \sim S}^{K} f_\theta(x_{k,l}^s) \qquad (6\text{-}5)$$

式中：$x_{k,l}$ 表示支持集的第 k 类别的第 l 个样本；f 为特征提取网络，其参数用 θ 表示。

标准 ProtoNet 的度量使用了固定的欧氏距离，不能灵活地评估样本之间的相似性。在自然语言处理上，混合注意力[9]被设计用来减轻噪声数据和稀疏特征的影响。受上述文献的启发，本章定义了一个细粒度度量网络，使与支持集样本原型更相似的查询样本获得更高的权重，改善了固定度量函数不可收缩的问题，提高了对新类故障的有限样本的分类能力。

查询集 Q 的特征向量为 q_i，其样本数量为 n_i，λ_j 为第 j 个样本的权重，$x_i^j (1 \leqslant j \leqslant n_i)$ 为第 i 个关系中的第 j 个样本，经过编码后得到的特征向量可以表示为

$$q_i = \sum_{j=1}^{n_i} \lambda_j x_i^j \qquad (6\text{-}6)$$

权重系数 λ_j 由 Softmax 函数得到，计算公式如下：

$$\lambda_j = \frac{e^{(\mathrm{Sum}_j)}}{\sum_{k=1}^{n_i} e^{(\mathrm{Sum}_k)}} \qquad (6\text{-}7)$$

$$\mathrm{Sum}_j = \mathrm{Sum}\{\sigma(g(x_i^j)) \odot g(x)\}$$

式中：x 为支持集样本的特征向量；$g(\cdot)$ 是一个线性变换函数。激活函数 $\sigma(\cdot)$ 选用 tanh 函数，即将点乘结果映射到 $[-1,1]$，$\mathrm{Sum}\{\cdot\}$ 表示对向量中的所有元素求和。

因此，当源域与目标域有显著差异时，权重可以自动重新分配。这样与支持集样本原型具有更多相似特征的查询样本将获得更高的权重，以改善少数新故障样本跨域诊断中的负迁移问题[10]。

基于原型网络固定的欧氏距离，得到有度量因子的灵活距离度量函数 $d_{k,i}$，其可表示为

$$d_{k,i} = d\{f_\theta(\lambda x_i^q), C_k\} \qquad (6\text{-}8)$$

查询集的预测概率 $P_{\theta,\lambda}(y = k \mid x)$ 被重新表示为

$$P_{\theta,\lambda}(y = k \mid x) = \frac{\exp[-d\{f_\theta(\lambda x_i^q), C_k\}]}{\sum_k \exp[-d\{F_\theta(\lambda x_i^q), C_j\}]} \qquad (6\text{-}9)$$

因此，训练过程中的分类损失可以定义为

$$L_y(\theta_f, \theta_f) = -\frac{1}{K \times n_q} \sum_{i=1}^{K \times n_q} \lg P_{\theta,\lambda}(y = y_i^Q \mid x_i \in Q) \qquad (6\text{-}10)$$

6.2.3　域迁移模块

迁移学习[11,12]是机器学习中的一种方法，它允许模型将从一个任务中学到的知识应用到另一个相关的任务中。迁移学习的核心思想是：模型在一个任务上训练得到的知识可以部分或全部地转移到另一个任务上。这通常涉及以下两个主要步骤：源任务学习——在源任务上训练模型，这个任务通常有大量的数据可用；知识迁移——将从源任务中学到的知识

(如网络参数、特征表示等)应用到目标任务上。

元学习[13-15]也称为"学会学习",元学习,或学会学习的方法,是迁移学习的一个重要方向。这种方法使得模型能够快速适应新任务。

大多数迁移学习研究集中在调整域之间的全局分布,而忽略了两个域的子域之间的关系差异,这会导致不同类别被错误分类[16]。域对抗训练神经网络(domain-adversarial training of neural network,DANN)[17]通过调整不同域的边际分布来减小域分布的差异。然而,当数据结构存在显著差异,数据样本较少时,负迁移问题[2]较为突出。因此,在跨域小样本诊断中,考虑子域对齐和抑制负迁移是至关重要的。

源域和目标域可以分别被描述为 $D_s = \{(x_i^s, y_i^s)\}_{i=1}^{n_s}$、$D_t = \{(x_i^t)\}_{i=1}^{n_t}$,其中,$x^s$ 和 x^t 分别表示源域和目标域样本,y^s 为源域标签,n_s 和 n_t 分别表示源域和目标域的样本个数。如图 6.2 所示,利用特征提取模块得到的特征进行域对抗训练和故障分类,由类别交叉熵损失 $L_y(\theta_f, \theta_y)$ 和域判别损失 L_D 组成总损失 L'_{total},其数学表示为

$$L'_{total} = L_y(\theta_f, \theta_y) - \alpha L_D(\theta_f, \theta_d) \tag{6-11}$$

$$L_D(\theta_f, \theta_d) = -\frac{1}{n_s}\sum_{i=1}^{n_s} \lg(G_d(G_f(x_i^s))) - \frac{1}{n_t}\sum_{j=1}^{n_t} \lg(1 - G_d(G_f(x_j^t))) \tag{6-12}$$

式中:G_f 和 G_d 分别表示特征提取模块和域鉴别器;θ_f、θ_d 和 θ_y 分别为对应的参数。

最大均值差异(maximum mean discrepancy,MMD)[18,19]用于两个数据集结构之间概率分布的距离度量,可以明确地计算域之间的联合分布差异,用嵌入核表示为

$$L_S(\theta_f, \theta_y) = \left[\frac{1}{n_s^2}\sum_{i=1}^{n_s}\sum_{j=1}^{n_s} K(G_f(x_i^s), G_f(x_j^s))\right.$$
$$+ \frac{1}{n_t^2}\sum_{i=1}^{n_t}\sum_{j=1}^{n_t} K(G_f(x_i^t), G_f(x_j^t))$$
$$\left. - \frac{1}{n_s n_t}\sum_{i=1}^{n_s}\sum_{j=1}^{n_s} K(G_f(x_i^s), G_f(x_j^t))\right]^{1/2} \tag{6-13}$$

式中:$K(\cdot)$表示高斯核函数,带宽设置为训练数据上的成对平方距离的中值。

在小样本跨域故障诊断中,新类样本的出现会极大改变子域的分布,从而导致误判。在本章中,提出了一种联合迁移函数,以克服单独边缘分布对齐的限制。所提出的改进联合迁移损失函数为

$$L_{total} = L_y(\theta_f, \theta_y) - \alpha L_D(\theta_f, \theta_d) + \beta L_S(\theta_f, \theta_y), \quad \alpha, \beta \sim 2/(1 + e^{-Hm}) - 1 \tag{6-14}$$

式中:α 和 β 是一个正则化系数;m 为当前迭代训练次数;H 控制系数变化率。

6.3　实例验证

本节在 3 个旋转机械设备数据集上验证了所提出 JTFMN 算法的性能。旋转机械通常在不同的条件下运行,设备又通常处于正常运行状态,获得的故障样本数据不仅数量少,数

据之间也存在较大差异。可变工作条件下,少量训练样本跨域诊断对模型的要求更高。在案例 1 和案例 2 中,进行轴承跨域诊断任务验证。在案例 3 中,为了进一步验证所提出算法对跨域小样本故障诊断的广泛适用性,还对 1 个齿轮箱数据集进行了验证。所有实验都是在 Python 3.9.7 和 Torch 1.10.0 框架下进行的,使用 Intel(R) Xeon (R) Gold 5218R CPU @ 2.10 GHz 和 NVIDIA GeForce RTX 2080 Ti 计算机完成。

6.3.1　案例 1:不同工况下轴承的小样本跨域诊断

1. 数据描述

轴承数据集来自我国东南大学的开放数据集[20](SEU 数据集),实验平台如图 3.9 所示。数据集包含 2 种操作条件,转速-负载设置为 20 Hz-0 V 和 30 Hz-2 V,包括齿轮箱和轴承两类各 5 种健康状态模式。采用轴承健康状态进行实验,轴承健康状态如表 6.1 所示。

表 6.1　东南大学数据集轴承健康状况

位　　置	类　　型	说　　明
	Hea	健康
	BF	滚动体故障
轴承	IF	内圈故障
	OF	外圈故障
	Com	内外圈都有故障,综合故障

表 6.2 给出了小样本跨域诊断场景描述,包括源域和目标域来自不同的工作条件、源域和目标域来自相同工作条件下的不同类别。每种故障类型共使用 20 个样本用于训练,200 个样本用于测试验证。样本长度为 1024。图 6.3 显示了不同故障类型的振动波形,很明显,由于运行条件的变化,20 Hz-0 V 数据与 30 Hz-2 V 数据之间存在严重的分布差异。

表 6.2　案例 1 中的跨域诊断场景描述

任务	训练类别	测试类别	训练工况	测试工况	N-way
T_1	Hea, BF, IF, OF, Com	Hea, BF, IF, OF, Com	20 Hz-0 V	30 Hz-2 V	5-way
T_2	Hea, BF, IF, OF, Com	Hea, BF, IF, OF, Com	30 Hz-2 V	20 Hz-0 V	5-way
T_3	Hea, IF, OF	Hea, BF, Com	20 Hz-0 V	30 Hz-2 V	3-way
T_4	Hea, IF, Com	BF, OF	30 Hz-2 V	20 Hz-0 V	2-way

2. 对比方法

为了更好地评估所提出的算法在小样本跨域诊断任务中的有效性,将提出的 JTFMN 算法与几种基本方法进行了比较,几种基本方法如下:CNN、CNN 微调(CNN with fine-tuning,CNN-FT)[21]、域对抗图卷积网络(domain adversarial graph convolutional network,

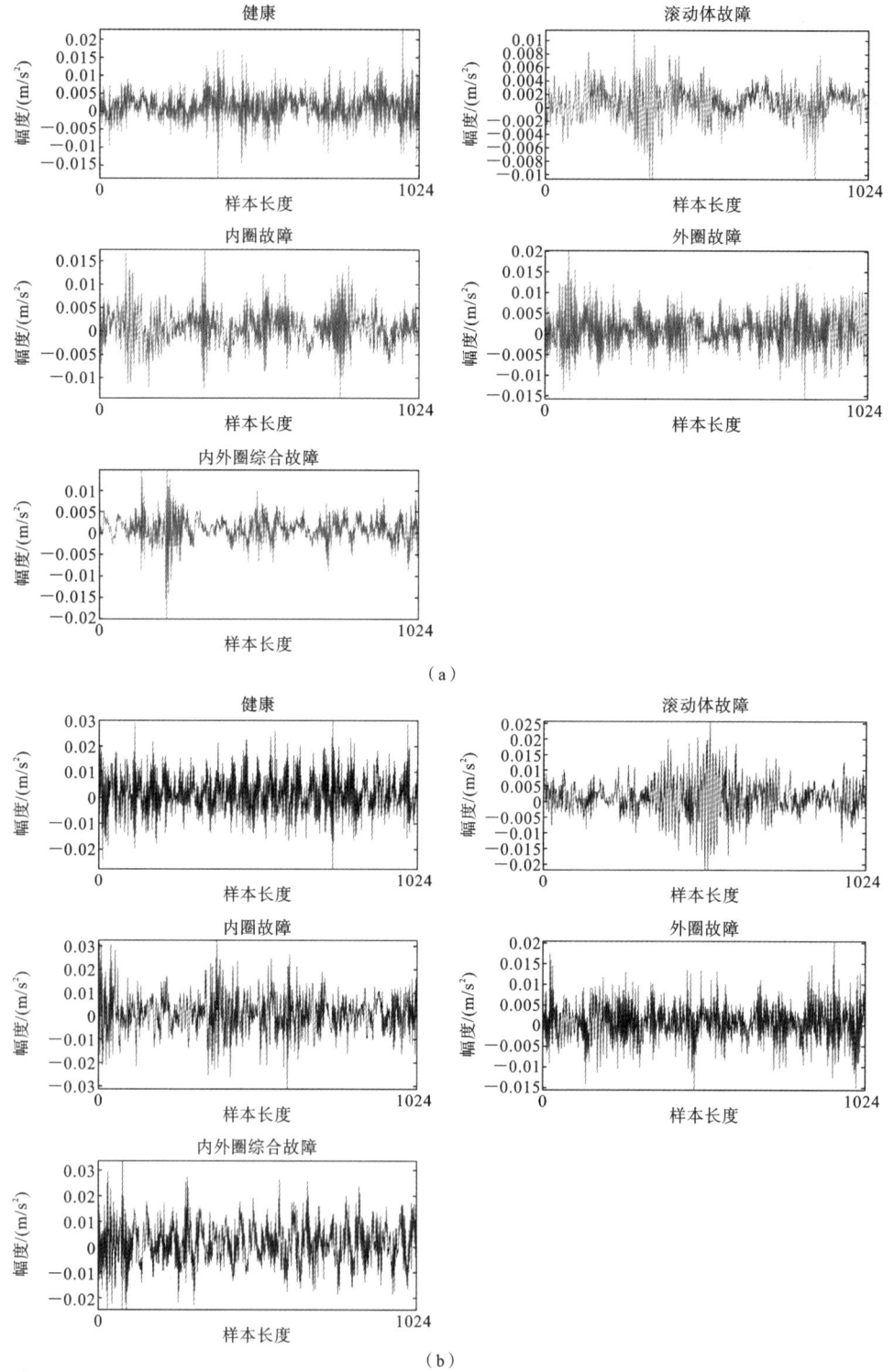

图 6.3　案例 1 中不同工作条件和健康状态的波形

（a）20 Hz-0 V；（b）30 Hz-2 V

DAGCN)[22]、基于优化算法的元学习方法 Reptile[23]、传统的基于度量的元学习关系网络
RelaNet[24]、匹配网络 MatchNet[25] 和原型网络 ProtoNet[26]，以及域对抗相似性度量元学习
网络（domain adversarial similarity metric meta-learning network, DASMN)[27]。在 RelaNet
中，前 6 个卷积块用于特征提取，后 2 个卷积块用于关系度量。对比方法中，使用相同的 8
个卷积块作为骨干网。提出的 JTFMN 算法使用 Adam 优化器，其初始学习率为 0.001，动
量因子为 0.95。为了保证实验对比的公平性，8 种基本方法均采用了相同的特征提取器和
超参数。每一种方法都进行了 10 次重复实验，并记录平均精度和标准差。

　　在案例 1 中，20 Hz-0 V 和 30 Hz-2 V 的数据集是 2/3/5-way 1/5-shot 实验的多任务训
练集和测试集。如 5-way 1-shot 任务是对 5 种健康状态进行诊断测试。训练迭代次数为
200 次，测试迭代次数为 30 次。对于每个任务，支持集中的样本为 5 个（1×5)，查询集中的
样本为 150 个（30×5)。在案例 1 中，源域和目标域具有相同的类别，在不同的工况条件下，
10 次重复实验的平均准确率如表 6.3 所示。图 6.4(a) 和 6.4(b) 分别表示在案例 1 中，任务
T_1 和 T_2 中不同方法的诊断准确率直方图。

表 6.3　案例 1 中不同条件下不同类别不同方法的诊断准确率

序号	方　　法	（准确率±标准差)/(%)			
		T_1		T_2	
		1-shot	5-shot	1-shot	5-shot
1	CNN	33.70±2.18	36.05±2.62	34.33±2.85	37.23±5.21
2	CNN-FT[21]	42.21±3.72	42.34±1.16	43.09±2.30	49.44±4.78
3	DAGCN[22]	20.00±0.00	51.20±6.88	20.00±0.00	43.20±1.60
4	Reptile[23]	32.31±2.16	56.67±2.92	37.23±5.21	42.18±2.71
5	RelaNet[24]	46.76±2.79	62.06±4.22	51.00±3.69	54.61±3.37
6	MatchNet[25]	57.17±2.82	71.65±5.60	57.82±0.79	63.85+5.25
7	ProtoNet[26]	69.82±4.58	82.88±3.17	53.86±2.83	68.61±1.69
8	DASMN[27]	76.73±4.33	86.95±1.87	62.87±1.33	73.31±1.87
9	**JTFMN**	92.35±3.56	98.19±1.16	89.92±2.64	92.90±4.32

　　所提出的 JTFMN 算法在 1-shot 和 5-shot 任务上的故障诊断准确率最高，对 T_1 和 T_2
任务在不同工作条件下的诊断准确率均约为 90%，如表 6.3 所示。例如，在 T_1 场景 5-shot
任务中，所提出的 JTFMN 算法获得了 98.19% 的高诊断准确率。

　　进一步分析可以得到以下结论：

　　(1) 通过比较方法 1 和方法 2 可以知道，进行微调可以提高算法诊断准确率。然而，当
训练样本很少时效果并不好。

　　(2) 方法 3 是域迁移方法，随着训练样本的增加，DAGCN 在 1-shot 任务时诊断性能很差，
在 5-shot 任务上也不理想。说明当域偏差较大时，DAGCN 不适用于有限样本的跨域诊断。

　　(3) 通过比较方法 4 至方法 8 可以知道，ProtoNet 在这几个基础元学习方法中具有最

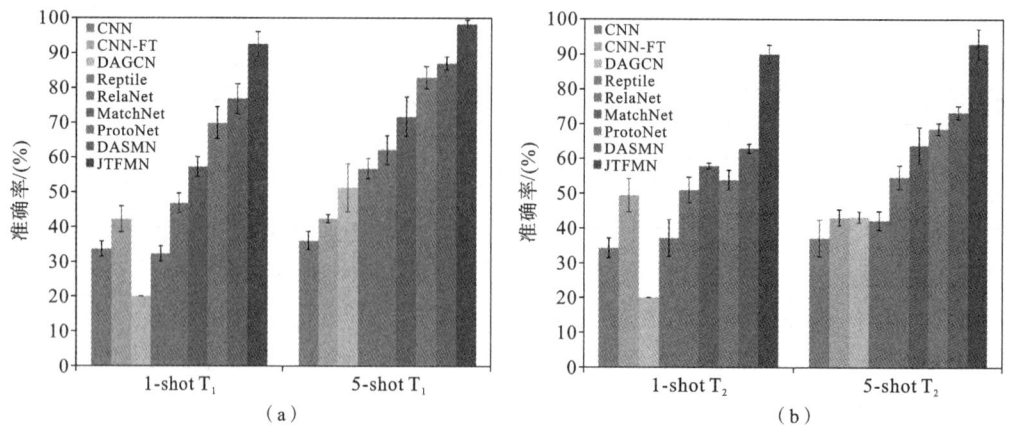

图 6.4　案例 1 不同工作条件下相同类别的诊断准确率比较

(a) 任务 T_1；(b) 任务 T_2

好的诊断优势。DASMN 是一种基于 ProtoNet 的对抗域自适应方法，在一定程度上解决了小样本跨域诊断域间的全局对齐问题。

（4）利用改进的嵌入联合迁移损失函数，所提出的 JTFMN 算法可以同时对齐有限标记数据的域边缘分布和条件分布。所提出的细粒度原型度量函数使具有与支持集原型更相似特征的查询样本获得更高的权重，改善了新类故障跨域小样本诊断中存在的负迁移问题，诊断准确率相比 DASMN 有所提升。

在不同的工作条件下从不同的类别中提取源域和目标域数据，进行 10 次实验后的平均准确率如表 6.4 所示。图 6.5(a) 和 6.5(b) 分别显示了在 T_3 和 T_4 三分类和两分类任务中不同方法的诊断准确率直方图。

表 6.4　案例 1 中不同工作条件下不同类别不同方法的诊断准确率

序号	方　　法	（准确率±标准差）/（%）			
		T_3		T_4	
		1-shot	5-shot	1-shot	5-shot
1	CNN	65.25 ± 1.99	65.36 ± 1.15	52.40 ± 4.80	57.90 ± 8.26
2	CNN-FT[21]	66.42 ± 1.82	73.33 ± 1.19	64.20 ± 8.36	67.20 ± 3.47
3	DAGCN[22]	33.33 ± 0.00	62.66 ± 5.33	50.00 ± 0.00	76.00 ± 10.20
4	Reptile[23]	60.28 ± 2.26	87.21 ± 1.79	59.73 ± 0.83	64.58 ± 1.41
5	RelaNet[24]	68.80 ± 4.64	76.16 ± 5.48	54.77 ± 2.06	59.39 ± 4.52
6	MatchNet[25]	73.79 ± 3.37	84.18 ± 3.16	61.41 ± 1.65	66.35 ± 4.42
7	ProtoNet[26]	77.49 ± 3.56	83.81 ± 2.64	62.61 ± 1.02	75.60 ± 5.08
8	DASMN[27]	80.95 ± 1.61	88.82 ± 2.48	65.03 ± 2.69	76.95 ± 2.43
9	**JTFMN**	94.00 ± 1.11	97.25 ± 0.55	93.53 ± 2.22	99.08 ± 0.67

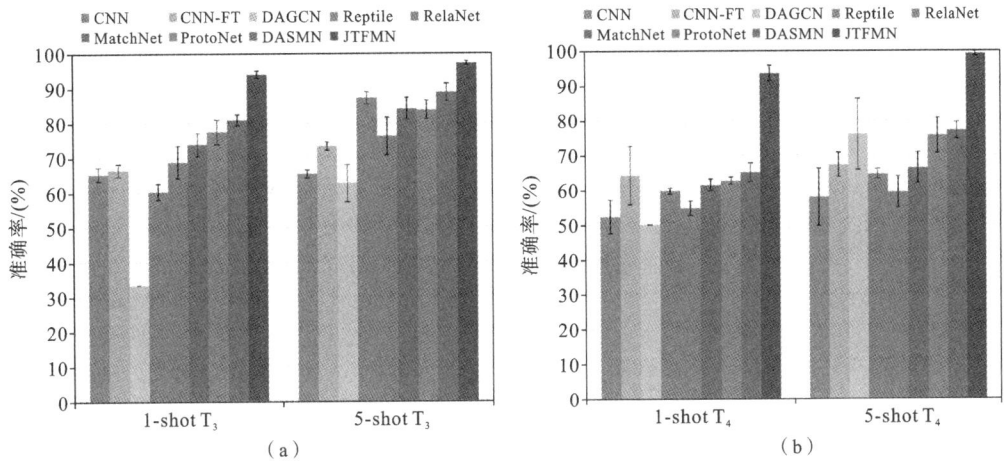

图 6.5　案例 1 中不同工作条件下不同类别的诊断准确率比较

(a) 任务 T_3；(b) 任务 T_4

对于不同故障类型的小样本跨域故障诊断任务，所提出的 JTFMN 算法在 T_3 和 T_4 场景 1-shot 和 5-shot 任务上的诊断准确率均达到 90% 以上。在 T_4 场景 1-shot 和 5-shot 任务上，JTFMN 算法比 DASMN 方法的诊断准确率高。

3. 不同方法的训练和测试时间比较

在诊断系统实际应用过程中，算法模型通常利用收集的数据进行离线训练，然后进行在线测试诊断。因此，测试的时间和诊断的准确性是十分重要的。这里选择了 T_1 5-shot 任务进行实验，诊断结果如图 6.6 所示。在线测试阶段，JTFMN 在测试时只花了 1.222 s，CNN 耗时 1.835 s，CNN-FT 耗时 4.587 s，DAGCN 耗时 1.246 s，Reptile 耗时 19.600 s，RelaNet 耗时 0.879 s，MatchNet 耗时 0.908 s，ProtoNet 耗时 0.564 s，DASMN 耗时 1.280 s。由于

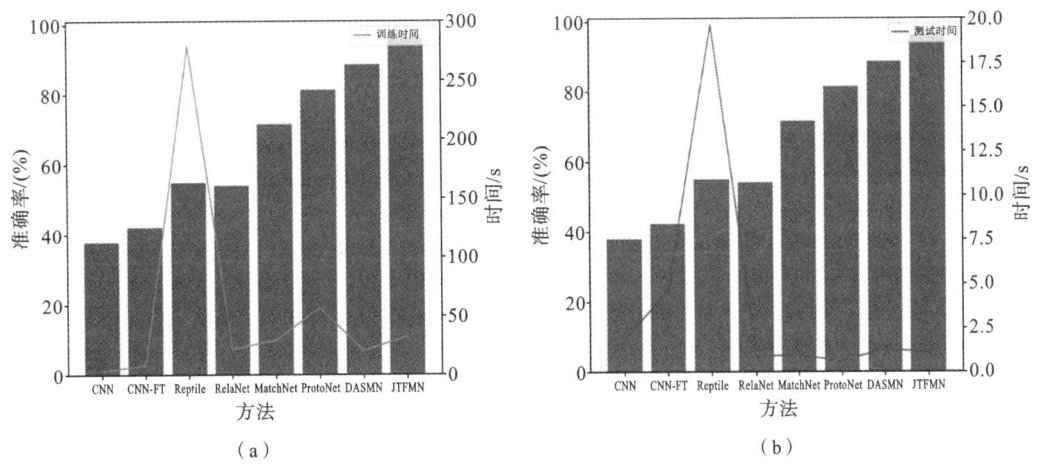

图 6.6　案例 1 不同方法的训练和测试时间

(a) 训练；(b) 测试

迁移训练,JTFMN 的测试时间长于 ProtoNet,但满足实际要求,其诊断精度明显优于其他方法。因此,可以认为所提出的 JTFMN 算法的在线诊断速度满足工程实践中对设备的大规模监测数据进行快速诊断的需要。

4. 消融实验

为了分析混合注意力(hybrid attention)、JTF 和 FGMN 这三个改进设计对所提出 JTFMN算法的贡献,选择 T_1 5-shot 任务进行消融实验,对比结果如表 6.5 所示。

表 6.5　案例 1 中不同改进设计对算法性能的影响(T_1 5-shot 任务)

方　　法	(准确率±标准差)/(%)
JTFMN-Without hybrid attention	97.04±1.03
JTFMN-Only with CBAM	97.64±1.42
JTFMN-Only with SE	97.93±1.05
JTFMN-Without JTF	83.25±1.43
JTFMN-Without FGMN	96.34±2.49
JTFMN	98.19±1.16

当单独使用 CBAM 和 SE 时,与不使用混合注意力进行相比,算法性能有了一定程度的提高。当使用混合注意力时,诊断精度提高了 1.15 个百分点。JTFMN-Without JTF 表示没使用JTF,其精度相比 JTFMN 降低了 14.94 个百分点。JTFMN-Without FGMN 表示不使用 FGMN,精度相比 JTFMN 降低了 1.85 个百分点。FGMN 为与支持样本原型特征更相似的查询样本赋予更大的权重,使欧氏距离度量更加灵活,改善了新类小样本跨域诊断中的负迁移问题。改进的 JTF 在提高性能方面发挥着重要作用。通过消融对比实验,可以看出所提出的三个改进设计对算法的性能都有一定程度的提升作用,所提出的 JTFMN 算法能够较好地实现小样本跨域诊断。

5. 与不同损失函数的比较

这里对 T_1 5-shot 任务进行实验,选择几个常规迁移函数进行对比实验,包括不采用域迁移(no transfer learning,No-TL)、DANN[17]、MMD[28] 和 CK-MMD[29],可以看出改进的 JTF 明显提高了诊断精度。表 6.6 显示了不同迁移函数对 JTFMN 算法的影响,可以看出迁移函数对算法性能影响非常大。因此,选择适当的迁移函数是非常关键的。

表 6.6　使用不同损失函数算法的诊断性能比较(T_1 5-shot 任务)

方　　法	(准确率±标准差)/(%)
JTFMN No-TL	83.25±1.43
JTFMN-With DANN[17]	88.79±1.32
JTFMN-With MMD[28]	91.11±5.07
JTFMN-With CK-MMD[29]	87.87±4.64
JTFMN	98.19±1.16

使用 t-SNE 进行可视化分析,结果如图 6.7 所示。如图 6.7(a)所示,JTFMN No-TL 对不同域特征的区分较差。如图 6.7(e)所示,所提出的 JTF 通过改进的嵌入迁移函数模型提取了可分离的特征,取得了最高的诊断精度。

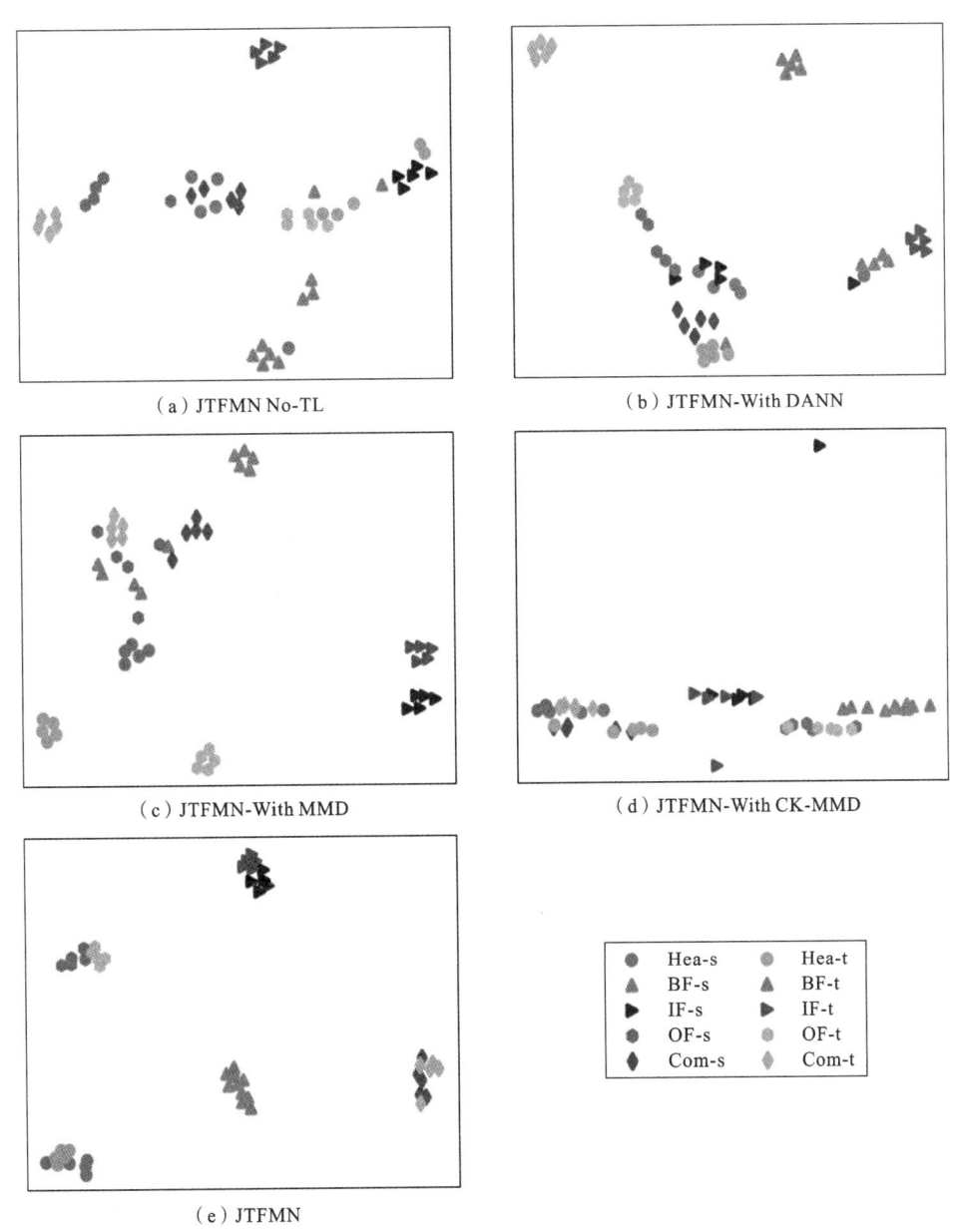

图 6.7　不同迁移函数算法的特征嵌入可视化

注:s 代表源域,t 代表目标域。

6.3.2 案例 2:不同工况下轴承(CWRU)的小样本跨域诊断

1. 数据描述

在案例 2 中,轴承数据来自凯斯西储大学公开的轴承数据集[30],实验平台如图 5.4 所示。有 10 种健康状态类型,包括正常(标记为 Nor)及内圈、外圈和滚动体(分别标记为 IR、OR 和 Ba)3 种故障类型,有 3 种不同的故障程度(7 mil、14 mil 和 21 mil)。所有这些类别数据都在 4 种负载(0 hp、1 hp、2 hp 和 3 hp)下收集。表 6.7 列出了新类小样本跨域故障诊断场景的详细说明。

表 6.7　案例 2 中的跨域场景描述

任务	训练类别	测试类别	训练负载	测试负载	N-way
T_5	Nor,$Ba_{7,14,21}$,$IR_{7,14,21}$,$OR_{7,14,21}$	Nor,$Ba_{7,14,21}$,$IR_{7,14,21}$,$OR_{7,14,21}$	3 hp	0 hp	10-way
T_6	Nor,$Ba_{7,14,21}$,$IR_{7,14,21}$,$OR_{7,14,21}$	Nor,$Ba_{7,14,21}$,$IR_{7,14,21}$,$OR_{7,14,21}$	2 hp	1 hp	10-way
T_7	$IR_{7,14,21}$,$OR_{7,14,21}$	Nor,$Ba_{7,14}$	0 hp	0 hp	3-way
T_8	$IR_{7,14,21}$,$OR_{7,14,21}$	Nor,$Ba_{7,14,21}$	0 hp	0 hp	4-way

每种故障类型有 20 个样本用于训练,200 个样本用于测试验证。样本长度为 1024。在案例 2 任务 T_5 中,训练负载为 3 hp,包含 10 种类型的故障 Nor,$Ba_{7,14,21}$,$IR_{7,14,21}$,$OR_{7,14,21}$,将其作为训练集,测试负载为 0 hp,也包含这 10 种类型的故障,将其作为 10-way 1/5-shot 的测试集。任务 T_8 中,负载为 0 hp,将 $IR_{7,14,21}$,$OR_{7,14,21}$ 作为训练集,Nor,$Ba_{7,14,21}$ 等 4 种故障作为 4-way 1/5-shot 的测试集。图 6.8 显示了不同故障类型的波形,可以观察到数据集之间的分布差异。

2. 对比方法

本节重点介绍了新类故障的小样本跨域诊断。不同方法在不同操作条件、不同类别之间的故障诊断精度如表 6.8 所示。图 6.9(a)和图 6.9(b)分别显示了在任务 T_5 和 T_6 中不同方法准确率的直方图。由于训练数据较少,DAGCN 在 T_5 和 T_6 1-shot 任务中表现较差,在 5-shot 任务中的表现明显变好。这是因为当训练数据达到一定的数量,且域间偏差较小时,可以实现良好的域迁移。在不同的工作条件下,JTFMN 在相同类型的小样本跨域诊断任务上取得了良好和稳定的诊断性能。

相同工作条件下不同类别之间不同方法的故障诊断精度详细情况如表 6.9 和图 6.10 所示,可以看出所提出 JTFMN 算法的准确率最高。对于任务 T_7,1-shot 任务准确率为 96.66%,5-shot 任务准确率为 99.64%。同时,该方法的标准差也较小。对于任务 T_8,所提出 JTFMN 算法的准确率仍然优于其他 8 种方法。

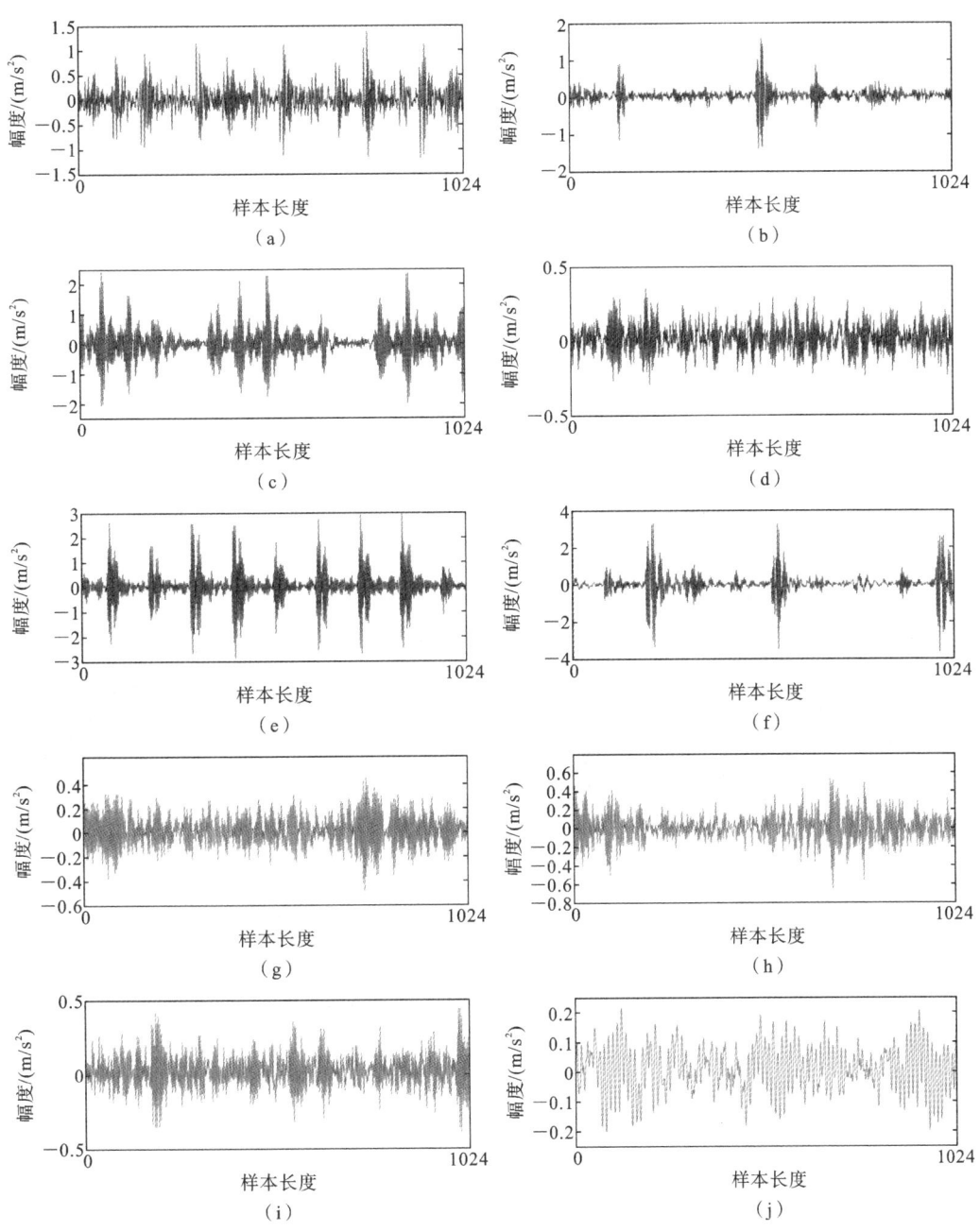

图 6.8　案例 2 中不同健康状态的波形

（a）内圈故障（7 mil）；（b）内圈故障（14 mil）；（c）内圈故障（21 mil）；（d）外圈故障（7 mil）；（e）外圈故障（14 mil）；
（f）外圈故障（21 mil）；（g）滚动体故障（7 mil）；（h）滚动体故障（14 mil）；（i）滚动体故障（21 mil）；（j）正常

表 6.8　案例 2 中不同操作条件下不同类别之间不同方法的诊断精度

方　法	（准确率±标准差）/(%)			
	T₅		T₆	
	1-shot	5-shot	1-shot	5-shot
CNN	63.21±4.24	69.26±0.66	69.49±1.93	70.73±3.11
CNN-FT[21]	71.14±2.16	72.83±3.86	69.97±2.25	74.73±2.36
DAGCN[22]	12.00±4.00	94.60±3.23	14.00±4.90	98.00±0.00
Reptile[23]	60.78±3.72	65.82±3.51	67.03±1.45	70.92±2.58
RelaNet[24]	83.94±1.60	89.17±2.51	81.15±3.30	87.77±2.32
MatchNet[25]	78.96±4.12	90.22±3.18	81.17±3.19	87.10±2.56
ProtoNet[26]	86.78±2.78	89.96±2.84	85.96±2.11	89.83±2.49
DASMN[27]	86.93±2.23	90.02±1.94	86.99±1.68	91.23±2.40
JTFMN	88.46±4.29	92.65±1.84	88.38±1.70	92.24±1.58

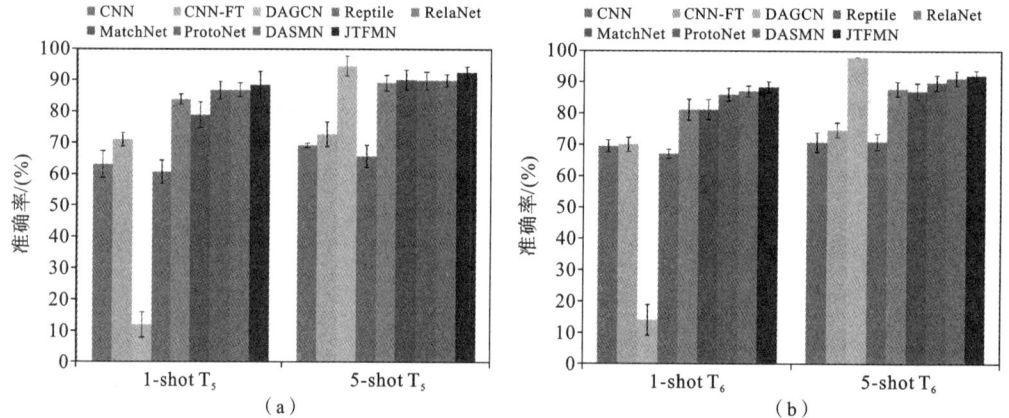

图 6.9　案例 2 中不同操作条件下相同类别之间不同方法的诊断准确率比较

(a) 任务 T₅；(b) 任务 T₆

表 6.9　案例 2 中相同工作条件下不同类别之间不同方法的诊断精度

方　法	（准确率±标准差）/(%)			
	T₇		T₈	
	1-shot	5-shot	1-shot	5-shot
CNN	55.55±6.27	67.70±3.27	43.17±5.22	52.94±3.43
CNN-FT[21]	84.65±2.80	86.93±1.44	73.19±3.80	76.39±2.32
DAGCN[22]	33.33±0.00	52.66±15.62	25.00±0.00	51.00±7.00
Reptile[23]	88.04±3.26	96.22±0.56	48.46±1.28	86.29±0.60
RelaNet[24]	65.57±2.09	94.78±1.21	72.66±5.21	86.10±1.73

续表

方　　法	（准确率±标准差）/（%）			
	T₇		T₈	
	1-shot	5-shot	1-shot	5-shot
MatchNet[25]	76.79±2.96	90.65±4.20	76.74±6.15	87.73±2.19
ProtoNet[26]	81.91±0.65	94.13±1.63	78.48±0.62	89.93±0.37
DASMN[27]	81.97±1.63	94.46±1.54	76.67±1.65	90.99±0.99
JTFMN	96.66±3.29	99.64±0.52	87.36±4.22	93.39±1.75

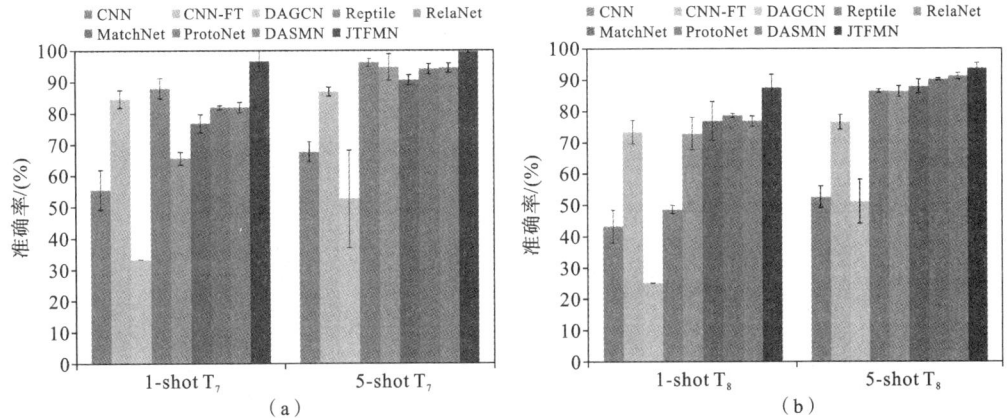

图 6.10　案例 2 中相同工作条件下不同类别之间不同方法的诊断准确率比较

（a）任务 T₇;（b）任务 T₈

3. 不同方法的训练和测试时间比较

在案例 2 中，验证了 T₆ 5-shot 任务的训练和测试时间，如图 6.11 所示。与案例 1 相

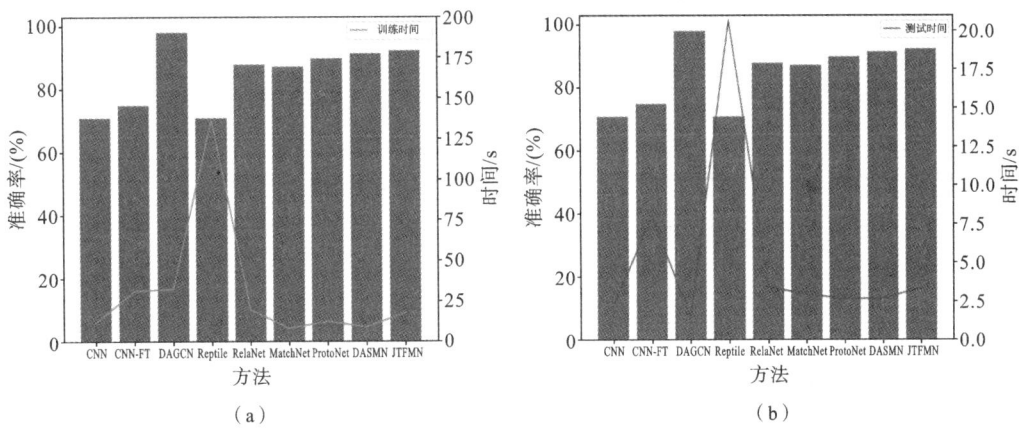

图 6.11　案例 2 中不同方法的训练和测试时间

（a）训练;（b）测试

比,诊断类别数量增加了一倍,处理 2000 个测试样本花费了 3.344 s。由于所提出算法的域迁移,JTFMN 测试时间略长于 ProtoNet 和 DASMN,但仍满足快速处理大规模数据的实际工程要求。

6.3.3　案例 3:不同工况下齿轮箱的小样本跨域诊断

1. 数据描述

案例 3 的齿轮箱数据集 XJTU-Spurgear 数据集来自西安交通大学(Xi'an Jiaotong University,XJTU)航空发动机研究所[31]。实验平台如图 6.12(a)所示,齿轮状态如图 6.12(b)所示,包括正常状态和 4 种不同程度的根部裂缝(0.2 mm、0.6 mm、1.0 mm、1.4 mm)。这些数据分别在齿轮转速为 900 r/min 和 1200 r/min 时被收集。

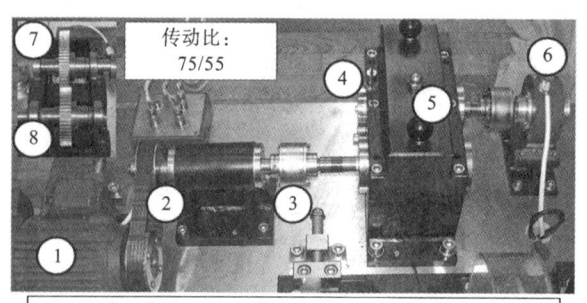

1—驱动电动机;2—皮带;3—轴;4—加速度计;5—齿轮箱;6—负载;7—从动齿轮;8—主动齿轮

(a)

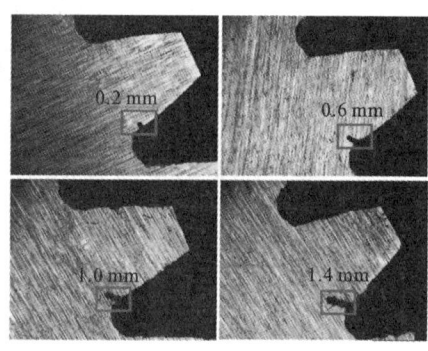

(b)

图 6.12　XJTU-Spurgear 数据集平台

(a)实验台;(b)齿轮状态

表 6.10 列出了案例 3 中跨域小样本诊断场景的详细信息。每种故障类型有 20 个样本用于训练,200 个样本用于测试验证,样本长度为 1024。在任务 T_9 和 T_{10} 上验证了同一类别和不同新类场景齿轮箱数据的故障诊断性能。

表 6.10　案例 3 中的跨域场景描述

任务	训练类别	测试类别	训练负载	测试负载	N-way
T_9	Nor,$RC_{0.2}$,$RC_{0.6}$,$RC_{1.0}$,$RC_{1.4}$	Nor,$RC_{0.2}$,$RC_{0.6}$,$RC_{1.0}$,$RC_{1.4}$	1200 r/min	900 r/min	5-way
T_{10}	Nor,$RC_{1.0}$,$RC_{1.4}$	$RC_{0.2}$,$RC_{0.6}$	900 r/min	1200 r/min	2-way

2. 不同方法的诊断准确率和时间

本小节在齿轮箱数据集上验证了所提出算法在相同类别和不同新类多工况条件下的跨域诊断性能。详细的诊断准确率和时间如表 6.11 所示,所提出的 JTFMN 算法诊断准确率最高。对于不同操作条件下相同类别的诊断任务 T_9,在 1-shot 和 5-shot 任务上,所提出的

JTFMN 算法准确率都比 DASMN 方法高。对于任务 T_{10}，所提出的 JTFMN 算法准确率仍然优于其他 8 种方法。在 T_9 5-shot 任务的测试时间上，所提出的算法比现有的方法略慢，但是仍然可以在 1.054 s 内处理 1000 个数据样本，满足实际工程应用中的大规模数据诊断需求。

表 6.11　案例 3 中不同方法的诊断精度和诊断时间

方　　法	T_9		T_{10}		T_9 5-shot	
	1-shot (准确率±标准差)/(%)	5-shot (准确率±标准差)/(%)	1-shot (准确率±标准差)/(%)	5-shot (准确率±标准差)/(%)	训练时间/s	测试时间/s
CNN	46.01±4.48	46.36±2.43	59.45±5.46	63.60±7.17	4.401	1.186
CNN-FT[21]	44.88±3.21	48.10±0.87	62.80±2.99	88.34±3.73	3.413	1.470
DAGCN[22]	20.00±0.00	88.80±3.92	50.00±0.00	62.00±9.80	31.402	1.303
Reptile[23]	29.26±0.54	48.04±1.22	64.50±1.99	87.97±2.86	141.237	20.922
RelaNet[24]	52.63±1.45	58.93±2.90	93.19±1.12	94.79±1.08	47.201	0.919
MatchNet[25]	61.47±4.99	73.81±3.62	93.09±1.13	93.22±0.98	4.575	0.674
ProtoNet[26]	69.44±2.65	79.94±2.30	91.97±2.32	95.01±1.07	7.198	0.818
DASMN[27]	72.93±2.24	82.77±1.60	94.09±0.75	95.87±0.53	21.154	0.921
JTFMN	86.09±3.74	92.02±2.56	96.47±0.91	98.00±1.10	45.805	1.054

3. 消融实验

为了进一步分析混合注意力模块（包括 CBAM 和 SE）、JTF 和 FGMN 这三种改进设计对 JTFMN 算法性能的贡献，选择 T_9 5-shot 任务进行消融实验，诊断精度如表 6.12 所示，对比柱状图如图 6.13 所示。

表 6.12　案例 3 中不同改进设计对算法性能的影响（T_9 5-shot 任务）

方　　法	（准确率±标准差)/(%)
JTFMN-Without hybrid attention	84.35±3.30
JTFMN-Only with CBAM	88.73±2.28
JTFMN-Only with SE	90.21±4.24
JTFMN-Without JTF	86.11±1.70
JTFMN-Without FGMN	88.15±0.73
JTFMN	92.02±2.56

当使用 CBAM 和 SE 时，诊断准确率比不使用混合注意力模块时分别提高了 4.38 个百分点和 5.86 个百分点。JTFMN-Without JTF 表示不使用 JTF，相比 JTFMN，平均精度降低了 5.91 个百分点，JTFMN-Without FGMN 表示不使用 FGMN，精度降低了 3.87 个百分点。因此，三种改进设计在算法中都起着重要的作用。

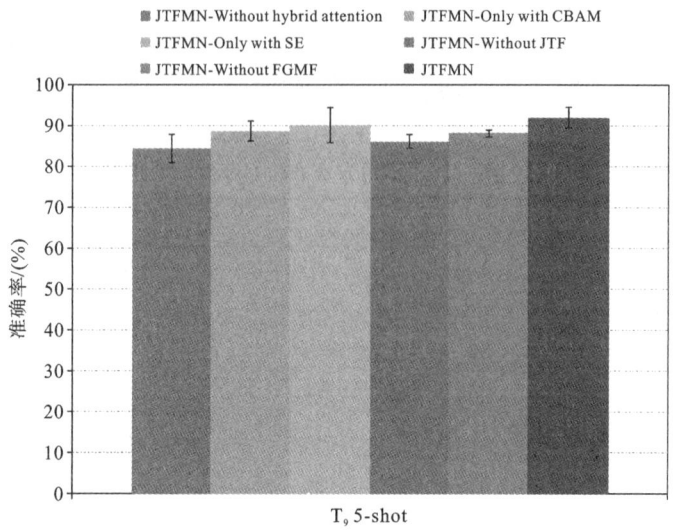

图 6.13　案例 3 中不同改进设计对算法性能的影响对比

6.4　本 章 小 节

　　针对现有的小样本跨域诊断方法未充分考虑小样本跨域场景、源域和目标域同时对齐边缘分布和条件分布以及负迁移问题,本章提出了一种新型联合迁移细粒度度量网络算法,克服了小样本跨域故障诊断偏差及负迁移问题。该算法中改进的嵌入联合迁移函数实现了相应子域的对齐,减小了域分布的差异;改进后的原型细粒度度量网络解决了固定度量函数的非收缩问题,使与支持集样本特征更相似的查询样本获得更大的权重,进一步解决了跨域诊断的负迁移问题。最后,本章通过实例对比验证了所提算法在小样本跨域诊断任务上的优越性,以及在大规模实时数据监测诊断中的可行性。

本章参考文献

[1]　LI J, HUANG R, CHEN Z, et al. Deep continual transfer learning with dynamic weight aggregation for fault diagnosis of industrial streaming data under varying working conditions[J]. Advanced Engineering Informatics, 2023, 55: 101883.

[2]　LI W, CHEN Z, HE G. A novel weighted adversarial transfer network for partial domain fault diagnosis of machinery[J]. IEEE Transactions on Industrial Informatics,

2020，17(3)：1753-1762.

[3] FENG Y，CHEN J，YANG Z，et al. Similarity-based meta-learning network with adversarial domain adaptation for cross-domain fault identification[J]. Knowledge-based Systems，2021，217：106829.

[4] LI C，LI S，WANG H，et al. Attention-based deep meta-transfer learning for few-shot fine-grained fault diagnosis[J]. Knowledge-based Systems，2023，264：110345.

[5] GUO M H，XU T X，LIU J J，et al. Attention mechanisms in computer vision：A survey[J]. Computational Visual Media，2022，8(3)：331-368.

[6] WOO S，PARK J，LEE J Y，et al. CBAM：Convolutional block attention module [C]//Proceedings of the European Conference on Computer Vision (ECCV)，2018：3-19.

[7] HU J，SHEN L，SUN G. Squeeze-and-excitation networks[C]//Proceedings of the IEEE Conference on Computer Vision and Pattern Recognition，2018：7132-7141.

[8] FENG Y，CHEN J，XIE J，et al. Meta-learning as a promising approach for few-shot cross-domain fault diagnosis：Algorithms，applications，and prospects[J]. Knowledge-based Systems，2022，235：107646.

[9] GAO T，HAN X，LIU Z，et al. Hybrid attention-based prototypical networks for noisy few-shot relation classification[J]. Proceedings of the AAAI Conference on Artificial Intelligence，2019，33(1)：6407-6414.

[10] ZHANG W，LI X，MA H，et al. Universal domain adaptation in fault diagnostics with hybrid weighted deep adversarial learning[J]. IEEE Transactions on Industrial Informatics，2021，17(12)：7957-7967.

[11] TORREY L，SHAVLIK J. Transfer learning[M]//SORIA E，MARTIN J，MAGDALENA R. Handbook of Research on Machine Learning Applications and Trends：Algorithms，Methods，and Techniques. Hershey：IGI global，2010：242-264.

[12] WEISS K，KHOSHGOFTAAR T M，WANG D D. A survey of transfer learning[J]. Journal of Big Data，2016，3：1-40.

[13] VANSCHOREN J. Meta-learning：A survey[EB/OL]. (2018-10-8)[2025-04-10]. https://arxiv.org/abs/1810.03548.

[14] HOSPEDALES T，ANTONIOU A，MICAELLI P，et al. Meta-learning in neural networks：A survey[J]. IEEE Transactions on Pattern Analysis and Machine Intelligence，2021，44(9)：5149-5169.

[15] VILALTA R，DRISSI Y. A perspective view and survey of meta-learning[J]. Artificial Intelligence Review，2002，18：77-95.

[16] XIAO Y，SHAO H，MIN Z，et al. Multiscale dilated convolutional subdomain adaptation network with attention for unsupervised fault diagnosis of rotating machinery

cross operating conditions[J]. Measurement, 2022, 204: 112146.

[17] GANIN Y, USTINOVA E, AJAKAN H, et al. Domain-adversarial training of neural networks[J]. Journal of Machine Learning Research, 2016, 17(1): 2096-2130.

[18] LONG M S, ZHU H, WANG J M, et al. Deep transfer learning with joint adaptation networks[C]//ICML'17: Proceedings of the 34th International Conference on Machine Learning-Volume 70, 2017: 2208-2217.

[19] PAN S J, TSANG I W, KWOK J T, et al. Domain adaptation via transfer component analysis[J]. IEEE Transactions on Neural Networks, 2010, 22(2): 199-210.

[20] SHAO S, MCALEER S, YAN R, et al. Highly accurate machine fault diagnosis using deep transfer learning[J]. IEEE Transactions on Industrial Informatics, 2018, 15(4): 2446-2455.

[21] LI F, CHEN J, PAN J, et al. Cross-domain learning in rotating machinery fault diagnosis under various operating conditions based on parameter transfer[J]. Measurement Science and Technology, 2020, 31(8): 085104.

[22] LI T F, ZHAO Z B, SUN C, et al. Domain adversarial graph convolutional network for fault diagnosis under variable working conditions[J]. IEEE Transactions on Instrumentation and Measurement, 2021, 70: 1-10.

[23] NICHOL A, ACHIAM J, SCHULMAN J. On first-order meta-learning algorithms [EB/OL]. (2014-10-22)[2025-04-10]. https://arxiv. org/abs/1803. 02999.

[24] SUNG F, YANG Y, ZHANG L, et al. Learning to compare: Relation network for few-shot learning[C]//Proceedings of the IEEE Conference on Computer Vision and Pattern Recognition, 2018: 1199-1208.

[25] VINYALS O, BLUNDELL C, LILLICRAP T, et al. Matching networks for one shot learning[C]//NIPS'16: Proceedings of the 30th International Conference on Neural Information Processing Systems, 2016: 3637-3645.

[26] SNELL J, SWERSKY K, ZEMEL R. Prototypical networks for few-shot learning [EB/OL]. (2017-06-19)[2025-04-10]. https://arxiv. org/abs/1703. 05175.

[27] FENG Y, CHEN J, YANG Z, et al. Similarity-based meta-learning network with adversarial domain adaptation for cross-domain fault identification[J]. Knowledge-based Systems, 2021, 217: 106829.

[28] XIAO D, HUANG Y, ZHAO L, et al. Domain adaptive motor fault diagnosis using deep transfer learning[J]. IEEE Access, 2019, 7: 80937-80949.

[29] CAO H, SHAO H, ZHONG X, et al. Unsupervised domain-share CNN for machine fault transfer diagnosis from steady speeds to time-varying speeds[J]. Journal of Manufacturing Systems, 2022, 62: 186-198.

[30] WANG H, BAI X, TAN J, et al. Deep prototypical networks based domain adapta-

tion for fault diagnosis[J]. Journal of Intelligent Manufacturing,2022, 33：973-983.

[31] LI T F，ZHOU Z，LI S N，et al. The emerging graph neural networks for intelligent fault diagnostics and prognostics：A guideline and a benchmark study[J]. Mechanical Systems and Signal Processing,2022,168：108653.

第7章 基于元学习域对抗图卷积网络的跨域小样本故障诊断

7.1 引　言

传统的机械故障识别是通过对给定振动数据进行时频域分析来实现的。然而,传统的方法需要研究者具有专业知识来选择时频特征并能够分析信号。近年来,深度学习依赖于大量的标记样本和较强的特征学习能力,在机械故障诊断领域得到了广泛的应用。在实际应用中,设备通常处于正常运行状态,很难获得大量的故障标记样本[1-5]。此外,机械设备的工作负载、转速和平台等因素容易导致源域和目标域数据分布偏移[6,7]、故障样本数量不平衡问题[8,9],使得深度学习模型的泛化性能相对较差。因此,研究机械设备的跨域小样本(cross-domain few-shot,CDFS)故障诊断具有重要的工程意义。

为了解决上述跨域诊断问题,近年来大量学者对领域自适应方法进行了研究。当源域和目标域密切相关但分布不同时,可以采用域自适应(domain-adaptive,DA)技术来缩小两个域之间的差异,以提高网络模型的泛化能力。近年来,基于迁移学习的机械故障跨域诊断取得了丰富的成果[10-12]。Shao 等[13]利用迁移学习加速深度神经网络的训练,实现了齿轮箱的高精度故障诊断。Yu 等[14]提出了具有判别嵌入的条件对抗域自适应算法用于机车故障诊断。Chakrapani 等[15]使用迁移学习来诊断、分辨几种常见的离合器故障。Li 等[16]、Liu 等[17]、Zhang 等[18]、Snell 等[19]提出了考虑 3 种数据信息的域辅助图卷积网络(graph convolutional network,GCN),以实现不同工作条件下机械故障的诊断。虽然,迁移学习减少了对目标域中标记样本数量的依赖,但源域中仍然需要有足够多的标记样本。

对于小样本故障诊断问题,元学习是一种有效的小样本分类方法,可提高模型对不同分类任务的泛化能力。元学习通过学习多个小样本任务[17-19]来指导新的小样本任务进行跨域学习。近年来,一些学者在元学习机械故障诊断方面取得了丰富成果[20]。Chang 等[21]提出了一种基于模型不可知元学习(MAML)框架的小样本学习(few-shot learning,FSL)方法——基于提取特征分布的学习率自适应调整,用于轴承故障诊断。但是,MAML 的有效性需基于大量类似域分布的元任务。另一种有效的基于模型的跨域诊断方法是相似性度量的元学习方法。例如,Wang 等[22]提出了一种基于特征空间度量的元学习模型,将监督学习和匹配网络相结合,能够在各种条件下进行小样本故障诊断。

Zhang 等[23]结合半监督学习和原型网络,使用了一个扩展的标记数据集来诊断齿轮箱故障。关系网络[24]是使用不同特征映射函数进行相似性度量的另一个优秀代表。Lin 等[25]通过改进的半监督元学习模型,实现了同一轴承设备在不同工作条件下的跨域故障诊断。Feng 等[26]通过自适应度量元学习研究了大量源域标记样本下的任务。上述元学习为跨域小样本故障诊断提供了一种新的可行方法,但仍需要足够多的源域标记样本。元学习方法与半监督相结合,也需要引入大量的未标记样本。此外,上述元学习在跨域诊断中缺少灵活的距离度量函数。

本章提出了一种新的元学习域对抗图卷积网络(meta-learning domain adversarial graph convolutional network,MDGCN)来解决上述跨域小样本的实际故障诊断问题。首先,利用图卷积网络从输入信号中学习数据的结构特征之间的关系,从而构造实例图。然后,利用域对抗训练来最小化源域数据和目标域数据的域差异来实现域自适应。度量元学习和域对抗自适应的结合可以有效地从少量的源域样本数据中学习不变特征。同时,可利用可扩展的距离度量函数计算故障样本与样本原型之间的相似性,从而进行故障诊断,使得目标域样本与源域样本原型之间的相似性度量更加灵活。最后,利用来自三个机械振动数据集的跨域小样本案例,对所提出的 MDGCN 算法进行评价。

实验结果表明,所提出的 MDGCN 算法不仅具有良好的性能,而且可提取跨域小样本故障的域自适应特征用于诊断。本章还利用 t-SNE 来解释域自适应,并通过生成图神经网络的解释(generating explanations for graph neural network,GNNExcranener)来解释 GCN 学习样本特征之间关系的过程,以提高所提出方法的解释性。

7.2 基于元学习域对抗图卷积网络的
跨域小样本故障诊断算法

在实际条件下,由于域迁移的存在,在源域中训练的分类器在目标域中表现较差。本节训练了一个基于度量元学习的域自适应模型来进行跨域小样本故障诊断,其思路示意如图 7.1 所示。

所提出的用于跨域小样本机械故障诊断的 MDGCN 算法总体框架如图 7.2 所示,它主要由 3 部分组成:特征提取器(feature extractor,FE)、域鉴别器和分类器。特征提取器通过 GCN 从输入信号中获取数据的结构特征之间的关系以构造实例图。然后,用无监督域对抗训练域鉴别器,以减小源域数据和目标域数据的差异。最后,利用一个可伸缩的距离度量函数进行分类诊断。其对应网络结构的详细参数如表 7.1 所示。

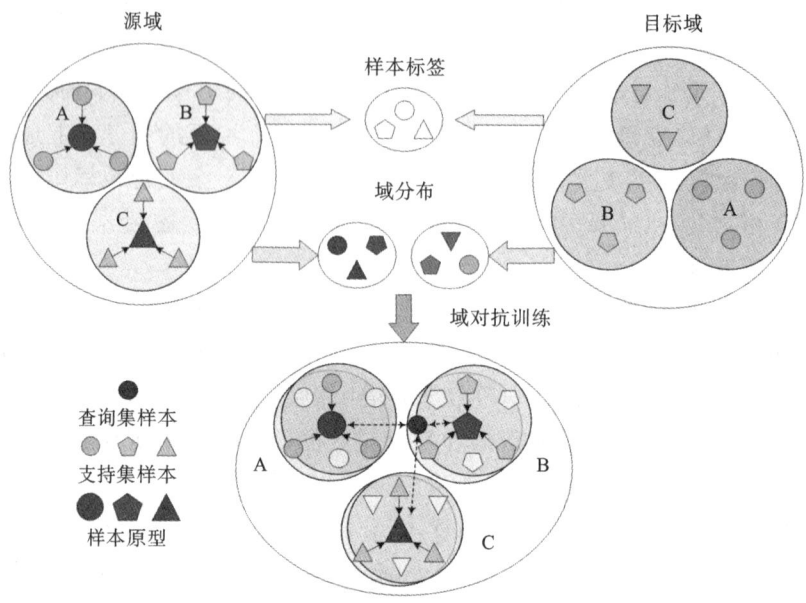

图 7.1 基于元学习的域对抗训练

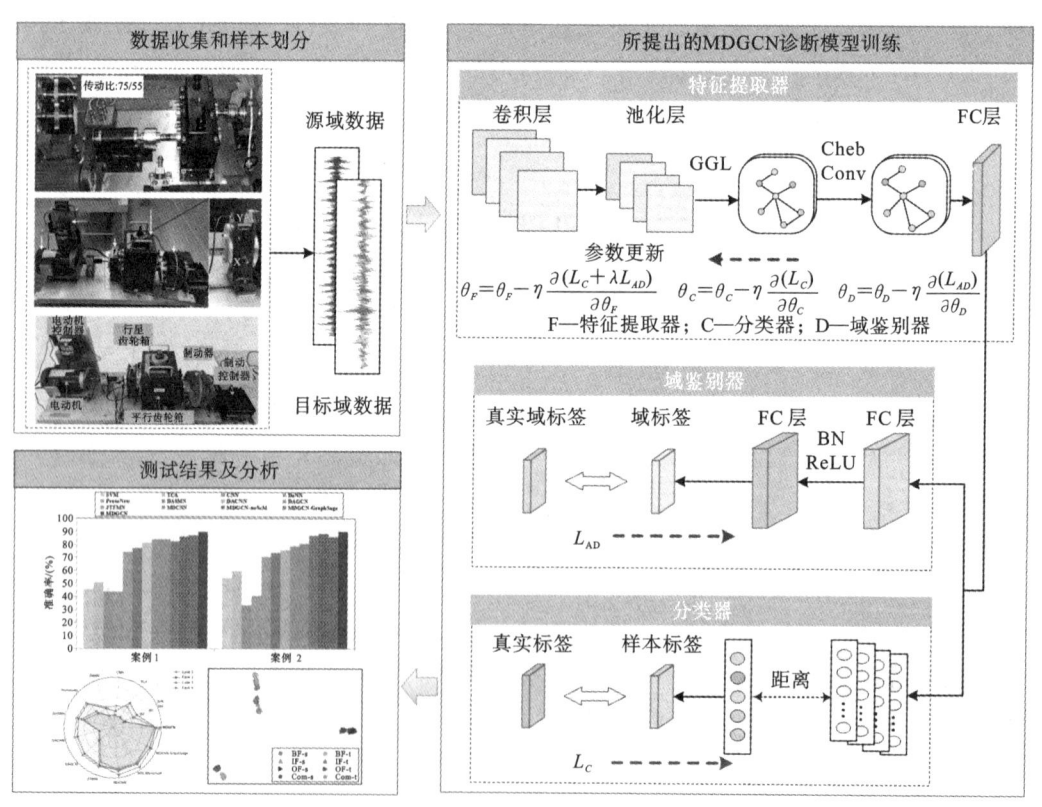

图 7.2 所提出的 MDGCN 算法总体框架

表 7.1　提出的 MDGCN 算法结构

组成	层	参数
特征提取器 FE	Convolution	（通道 1×64；核 3×1；步幅 1×1；填充；批量划一化；激活函数 ReLU）×8
特征提取器 FE	MaxPool	（核 2×1；步幅 1×1）×8
特征提取器 FE	GGL	
特征提取器 FE	ChebConv 1	批量划一化；激活函数 ReLU
特征提取器 FE	ChebConv 2	批量划一化；激活函数 ReLU
特征提取器 FE	Linear 1	激活函数 ReLU
特征提取器 FE	Dropout	丢弃率 0.2
特征提取器 FE	Linear 2	
域分类器	Linear 3	批量划一化；激活函数 ReLU
域分类器	Linear 4	批量划一化；激活函数 ReLU

注：Convolution 指卷积层；MaxPool 指最大池化层；GGL 指图生成层；ChebConv 指切比雪夫卷积层；Linear 指线性层；Dropout 指丢弃层。

7.2.1　基于图的特征生成

与卷积神经网络不同，图卷积网络是一种基于图结构数据的网络学习模型，它可以在非欧氏空间中基于节点间的连接关系来定义图卷积。图卷积网络和卷积神经网络的不同之处在于，图卷积网络可以进一步探索每个样本节点之间的关系[27,28]。

所涉及的图结构 G 可以简化为 $G = G(\boldsymbol{X}, \boldsymbol{A}, \boldsymbol{E})$，其中 $\boldsymbol{X} \in \mathbb{R}^{n \times d}$ 表示节点特征矩阵，$\boldsymbol{E}$ 表示边集，n 为节点个数，d 为特征长度，$\boldsymbol{A} \in \mathbb{R}^{n \times n}$ 为表示节点间连接关系的邻接矩阵，$A_{ij} = (v_i, v_j) \in \boldsymbol{E}$。对于无向图，$A_{ij}$ 表示连接节点 v_i 和 v_j 的边，而对于有向图，A_{ij} 表示从 v_i 到 v_j 的边。除了邻接矩阵 $\boldsymbol{A}$ 外，图还可以用拉普拉斯矩阵表示，即 $\boldsymbol{L} = \boldsymbol{D} - \boldsymbol{A}$，其中 $\boldsymbol{D}$ 为对角矩阵，即 $D_{ii} = \sum_j A_{ij}$。

在这里，首先利用 8 个卷积块从输入数据中捕获图节点特征矩阵 $\boldsymbol{X}$，然后利用图生成层（graph generation layer，GGL）从输入矩阵 $\boldsymbol{A}$ 中获得邻接矩阵，构造实例图。GGL 将从卷积块中提取的特征矩阵输入多层感知器（multi-layer perceptron，MLP）。然后将 MLP 特征及其转置矩阵相乘，得到邻接矩阵。最后，根据 Top-k 排序机制选择每个节点的前 k 近邻。因此，邻接矩阵可由下式得到：

$$\boldsymbol{A} = \text{Top-k}(\tilde{\boldsymbol{X}} \tilde{\boldsymbol{X}}^{\mathrm{T}}) \tag{7-1}$$

式中：$\tilde{\boldsymbol{X}}$ 表示特征 $\boldsymbol{X}$ 经多层感知器归一化后的输出；Top-k 表示返回 $\tilde{\boldsymbol{X}} \tilde{\boldsymbol{X}}^{\mathrm{T}}$ 前 k 个最大值在行上的索引。

这里采用基于频谱的方法来学习样本之间的特征,采用基于频谱的 GCN ChebyNet 滤波器对节点的输入信号进行平滑[29],使得图上相邻节点之间的特征相似,从而便于后续任务处理。

在训练过程中,图信号 $x \in \mathbb{R}^n$ 基于频谱的卷积定义如下:

$$(x * Gg)_\theta = U((U^T x) \odot (Ug_\theta)) = Ug_\theta U^T x \tag{7-2}$$

式中: $*G$ 表示图卷积运算子; $g_\theta = \mathrm{diag}(\theta)$,是由 θ 参数化的滤波器; $\odot$ 指元素级的阿达马(Hadamard)乘积运算; U 是由 $L = I_n - D^{-1/2}AD^{-1/2}$ 归一化的特征向量矩阵,其中 I_n 是一个单位矩阵, n 是节点数。

滤波器 g_θ 的计算难度很大,而且它也没有局限于空间上。因此,Defferrard 等[29]提出使用切比雪夫多项式(Chebyshev polynomials)来近似 ChebyNet 滤波器和导出的图卷积,可记为

$$g_\theta = \sum_{k=0}^{K-1} \theta_k T_k(\widetilde{\Lambda})$$

$$h = Ug_\theta UTx = \sum_{k=0}^{K-1} \theta_k T_k(\widetilde{L}) x \tag{7-3}$$

式中: K 表示切比雪夫多项式的阶数; $\Lambda = \mathrm{diag}([\lambda_0, \lambda_1, \cdots, \lambda_{n-1}])$ 和 λ_{n-1} 分别表示 L 的特征值矩阵和特征值; $\widetilde{\Lambda} = 2\Lambda/\lambda_{\max} - I_n$ 和 $\widetilde{L} = 2L/\lambda_{\max} - I_n$ 分别为重标特征值矩阵和拉普拉斯矩阵; T_k 表示切比雪夫多项式 $T_k(\widetilde{L}) = UT(\widetilde{\Lambda})U^T$。在图卷积的过程中,ChebyNet 首先确定聚合邻域的范围;然后,通过迭代聚合其相邻节点的信息,得到新的节点表示方法;最后,利用学习到的节点表示方法,实现节点分类任务。

7.2.2　域自适应对抗性训练

跨域故障诊断结果表明,源域与目标域之间存在域偏移,域自适应对抗性训练的目标是建立一个针对多域的广义分类器[30]。这里,将源域 D^S 和目标域 D^T 分别描述为 $D^S = \{(x_i^S, y_i^S)\}_{i=1}^{n^S}$ 和 $D^T = \{(x_i^T, y_i^T)\}_{i=1}^{n^T}$,其中, x_i^S 和 x_i^T 分别表示源域和目标域样本, y_i^S 和 y_i^T 为其对应标签, n^S 和 n^T 表示其样本个数,其中目标域的数据是无标签的。

为了区分源域特征和目标域特征,域鉴别器的目标是生成域不变特征[31]。通过 GCN 获得新的节点特征后,域鉴别器的对抗性损失可以表示为

$$L_{DA}(X^S, X^T; F, D) = \mathop{E}_{x^T \sim X^T}[\lg D(F(x^T))] + \mathop{E}_{x^S \sim X^S}[\lg(1 - D(F(x^S)))] \tag{7-4}$$

式中: X^S 和 X^T 分别表示源域和目标域样本集; F 和 D 分别表示特征编码器和域鉴别器。

7.2.3　可伸缩度量元学习

元学习方法具有突出的泛化能力,近年来引起了广泛的关注,通常被称为"学会学习"或"小样本学习",元学习利用从源域中学习的知识可以快速适应新的任务[32],并通过学习不

同但相关任务的数据特征结构来实现新领域适应。

用于训练的元任务 T 由支持集 S、查询集 Q 组成[33]。$S=\{(x_{k,i},y_{k,i})\}^{n_s}$，$Q=\{(x_{k,j},y_{k,j})\}^{n_q}$ 共享相同的标签空间，其中，$x_{k,i}$ 表示支持集中的第 i 个样本，标签为 $y_{k,i}$，n_s 表示支持集中包含的类数量，k 表示每个类的样本数量；$x_{k,j}$ 表示查询集中的第 j 个样本，$y_{k,j}$ 表示对应的标签。如果 S 包含 N 类样本，且 K 为每个类样本数量，则 $n_s=N\times K$，这样的任务被定义为一个"N-way K-shot"任务。

原型网络 ProtoNet 是一种典型的相似性度量元学习网络。通过比较嵌入特征和样本原型的相似性，可以对其进行分类。原型 C_k 是支持集 S 中各类嵌入式特征的平均表示：

$$C_k = \frac{1}{n_{s\,(x_{k,i},y_{k,i})\sim S}}\sum F(x_{k,i}) \tag{7-5}$$

其中，F 为特征提取网络。我们的任务是建立一个深度学习网络，以自适应提取特征，并预测目标域样本标签 $F:X^T \to Y^T$。

标准的原型度量使用固定的欧氏距离，不能灵活地评估样本之间的相似性。在图像和自然语言处理领域，在原型的距离度量中引入 Softmax 函数，得到具有尺度因子的度量函数，以进一步提高特征聚类和样本分类的效果[34,35]。受这些研究的启发，本小节使用了一个可伸缩的距离度量函数来评估目标域的故障样本与源域样本原型之间的相似性。

因此，在将缩放因子添加到度量函数后，将可伸缩距离度量函数 $d_{k,i}$ 和查询集的预测概率 $P_{\varphi,\alpha}$ 重新描述为

$$d_{k,i} = \alpha \cdot d(C_k, F(x^s_{k,i}))$$
$$P_{\varphi,\alpha}(y=k \mid x \in Q) = \frac{\exp[-\alpha \cdot d(C_k, F_\varphi(x^q_i))]}{\sum\limits_{j=1}^{K} \exp[-\alpha \cdot d(C_k, F_\varphi(x^q_i))]} \tag{7-6}$$

式中：α 是比例因子；$d(\cdot)$ 表示欧氏距离，$d(x_1,x_2)=\|x_1-x_2\|^2_2$；$F_\varphi(x^q_i)$ 是特征提取网络学习到的查询样本特征。

这里用 C 表示分类器。训练过程中的分类损失可以定义为

$$L_C(X^S,Y^S;F) = -\frac{1}{K \times n_q}\sum_{j=1}^{K \times n_q} \lg P(y=y^S_i \mid x_j \in Q) \tag{7-7}$$

结合上述定义的两个损失函数，整体的元学习域对抗性自适应目标函数可以表示为

$$L_{\text{Total}}(X^S,X^T,Y^S) = L_C(X^S,Y^S) + \lambda L_{\text{DA}}(X^S,X^T) \tag{7-8}$$

式中：λ 是权衡因子。

通过最小化 $L_{\text{Total}}(X^S,X^T,Y^S)$，可以得到域不变特征和判别特征，使经标记源域数据训练的分类器能够正确地对新的未标记目标域样本进行分类。算法 7.1 总结了所提出的用于跨域小样本故障诊断的 MDGCN 算法。

算法 7.1：元学习域对抗图卷积网络（MDGCN）跨域小样本故障诊断算法过程

输入：源域数据 $D^S=\{(x_i,y_i)\}^{n_s^S}_{i=1}$，随机选择支持集 $S \Leftarrow \{(x_i,y_i)\}^{n_s}_{i=1} \in D^S$，查询集 $Q \Leftarrow \{(x_i,y_i)\}^{n_q}_{i=1}$

$\in D^S-S$，未标记的目标域数据 $D^T-X^T=\{(x_j)\}^{n^T}_{j=1}$，学习率为 η，训练迭代次数为 n_g；

1.	初始化特征提取器训练的参数 θ_F，分类器参数 θ_C，域鉴频器 θ_D；
2.	**for** $i=1,\cdots,n_g$ **do**
3.	用图卷积网络提取标记样本 x 的特征向量 $F_\theta(x)$；
4.	计算每个类的提取特征的原型 C_k，$k=\{1,2,\cdots,K\}$；
5.	通过查询集 Q 计算 $L_C(X^S,Y^S)$；
6.	通过 X^S 和 X^T 计算 $L_{AD}(X^S,X^T)$；
7.	用损失函数 $L_{Total}(X^S,X^T,Y^S)$ 更新参数 θ_F、θ_C 和 θ_D。
8.	**end for**

输出:诊断精度 Acc。

7.3　实　例　验　证

在本节中,使用两种跨域小样本诊断场景对所提出的 MDGCN 算法进行评估:相同测试平台不同条件(same-tested-different-condition,STDC)和不同测试平台相似故障(different-tested-similar-fault,DTSF)。通过比较 4 种跨域小样本故障诊断任务和消融实验,验证了所提出的 MDGCN 算法的性能。

7.3.1　数据集和跨域场景设置

为了验证所提出算法模型在跨域故障诊断中的有效性,我们在 XJTU-Spurgear、XJTU-Gearbox[27] 和 SEU[36] 数据集上进行了一系列实验。

XJTU-Spurgear 和 XJTU-Gearbox 数据集由西安交通大学航空发动机研究所提供。XJTU-Spurgear 实验平台如图 6.12(a)所示,在 10 kHz 的采样频率下采集 5 个一维时域振动信号,包括 4 个不同程度的根部断裂(分别为 F0.2、F0.6、F1.0、F1.4,分别对应 0.2 mm、0.6 mm、1.0 mm、1.4 mm)和正常状态(即 F0.0,对应 0 mm),如图 6.12(b)所示。模拟了 3 种不同的速度,即 900 r/min、1200 r/min 和 0～1200 r/min 至 0 的变速度,采样频率设置为 10 kHz。在跨工况诊断任务中选择了 900 r/min 和 1200 r/min 这两种速度。

XJTU-Gearbox 数据集实验平台如图 7.3(a)所示,由驱动电动机、控制器、行星齿轮箱、平行齿轮箱和制动器组成。其中,电动机为三相、3 hp 电动机,其电源为三相交流电(230 V、60/50 Hz)。在行星齿轮箱的 X、Y 方向上安装两个 1d 加速度计(PCB352C04),以收集振动信号,本实验中使用 Y 方向的信号。实验中,在行星齿轮箱上预制了 4 种行星齿轮失效模式和 4 种轴承失效模式。如图 7.3(b)所示,齿轮故障包括齿面磨损、缺齿、根裂和齿断裂。轴承故障包括滚动体故障(BF)、内圈故障(IF)、外圈故障(OF)和上述三个轴承故障的混合故障(Com)。在正常状态下,共采集了 9 种振动信号。另外在实验过程中,电动机转速设置为

1—驱动电动机；2—控制器；3—行星齿轮箱；4—平行齿轮箱；5—制动器；6，7—X、Y 方向加速度计

（a）

齿面磨损　　缺齿　　根裂　　齿断裂

滚动体故障　　内圈故障　　外圈故障

（b）

图 7.3　XJTU-Gearbox 数据集测试平台

（a）实验平台；（b）齿轮和轴承的健康状况

1800 r/min,采样频率设置为 20480 Hz。实验采用在行星齿轮箱 Y 方向采集的振动信号。

SEU 数据集来自东南大学,实验平台如图 3.9 所示。该数据集包含 2 个子数据集:轴承数据和齿轮数据。从 DDS 中收集一维时域振动信号,频率为 2 kHz。该数据集包括 2 种工况,转速系统负载设置为 20 Hz-0 V 或 30 Hz-2 V,分别包括齿轮箱和轴承的 4 种故障模式。在每个文件中,有 8 行信号,分别代表:1——电动机振动;2,3,4——行星齿轮箱在 X、Y、Z 三个方向的振动;5——电动机转矩;6,7,8——平行齿轮箱在 X、Y、Z 三个方向的振动。第 2、3、4 行信号均有效。这里采用 4 种轴承失效模式,如表 6.1 所示。

基于上述 3 个数据集,构建两种类型的跨域任务:① 相同测试平台不同条件(STDC),即同一设备在不同的工作条件下,测试诊断模型在同一器件、不同工作条件下的诊断性能;② 不同测试平台相似故障(DTSF),即在不同平台的类似设备上进行诊断,不同测试平台在较大的领域差异下测试模型的性能,如表 7.2 所示。

表 7.2　对数据集上跨域场景的描述

场景	案例	源域		目标域		类别数量
		位置	工作条件	位置	工作条件	
1	1	齿轮箱 (XJTU-Spurgear)	900 r/min	齿轮箱 (XJTU-Spurgear)	1200 r/min	5 类:F0.0, F0.2,F0.6, F1.0,F1.4
	2	齿轮箱 (XJTU-Spurgear)	1200 r/min	齿轮箱 (XJTU-Spurgear)	900 r/min	
2	3	轴承 (XJTU-Gearbox)	1200 r/min	轴承 (SEU 数据集)	20 Hz-0 V	4 类:BF, IF, OF, Com
	4	轴承 (XJTU-Gearbox)	1200 r/min	轴承 (SEU 数据集)	30 Hz-2 V	

训练和测试数据的基本信息如表 7.3 所示。将一维原始振动信号划分为长度为 1024 的样本,构建训练数据为 10、15、20,测试数据为 200 的元任务。元任务场景 1 为 5 分类,场

景 2 为 4 分类。每类的源域数据和目标域数据的样本大小,以及每个元任务中的支持样本和查询样本的数量都是一致的。

表 7.3　训练和测试数据集的基本信息

参数	训练样本数量		测试样本数量	样本长度	N-way K-shot	
	源域 n^S	目标域 n^T			N	K
数值	10/15/20	10/15/20	200	1024	5/4	5

7.3.2　对比方法与消融验证

为了验证所提出的 MDGCN 算法相对传统和最新方法的优势,对各种方法进行比较。所有对比实验均采用 CNN 或 CNN+GCN 作为特征提取器进行特征提取。经典的方法有:SVM[37]、TCA[38](选取 16 个常见的统计特征[26])、CNN、DANN[39](特征提取器为 CNN)、以及 ProtoNet[19](特征提取器为 CNN)、自适应域对抗方法 DACNN(特征提取器为 CNN)、DAGCN[16](特征提取器为 CNN+GCN),以及 JTFMN[40](特征提取器为 CNN+GCN)和 DASMN[26](特征提取器为 CNN)。

此外,还进行了一些消融实验来验证各模块的有效性。MDCNN(特征提取器为 CNN)、MDGCN-noScM(不使用缩放度量函数,特征提取器为 CNN+GCN)和 MDGCN-Graph-Sage[41](使用缩放度量函数,特征提取器为 CNN+GCN 和 GCN)用于消融验证。

7.3.3　实验结果分析

在 3 个数据集上设置两个跨域场景,以验证所提出的 MDGCN 算法在跨域小样本诊断任务中的优势,使用来自 3 个不同源域的小样本(见表 7.3)进行验证。3 次不同样本的实验平均结果如表 7.4 所示,柱状对比图如图 7.4 所示。可见,在所有的比较方法中,MDGCN 具有最高的诊断准确率。对于 XJTU-Spurgear 数据集,MDGCN 在相同测试平台不同条件的跨域小样本故障诊断任务上的平均准确率几乎达到了 90%。对于 XJTU-Gearbox 和 SEU 数据集,MDGCN 在不同测试平台相似故障的跨设备诊断任务上,平均准确率超过 86%,甚至达到 97.64%,成功地实现了领域自适应。

额外分析:ProtoNet 和 DAGCN 在案例 1 和案例 2 的跨域诊断中是有效的。DAS-MN 由于其提取域不变特征的能力较弱,且具有不灵活的度量分类函数,在所有 4 种情况下都表现平庸。虽然 JTFMN 方法通过元迁移学习进一步提高了跨域诊断的性能,但并不令人满意。基于空间的图方法 MDGCN-GraphSage 不如基于图的方法 MDGCN 性能好。

表 7.4　不同方法的平均诊断准确率

方　　法	准确率/(%)			
	场景 1 相同测试平台不同条件(STDC)		场景 2 不同测试平台相似故障(DTSF)	
	案例 1	案例 2	案例 3	案例 4
SVM[37]	45.56	54.33	25.00	25.00
TCA[38]	50.67	59.43	24.42	24.50
CNN	43.80	33.27	25.00	25.00
DANN[39]	43.67	40.63	25.00	25.00
ProtoNet[19]	74.41	70.72	47.85	41.93
DASMN[26]	77.34	73.24	67.49	61.87
DACNN	81.32	75.99	30.00	30.00
DAGCN[16]	83.99	78.66	36.67	40.00
JTFMN[40]	84.27	80.70	73.19	80.78
MDCNN	82.41	87.12	85.42	95.28
MDGCN-noScM	86.74	88.38	85.42	95.73
MDGCN-GraphSage[41]	87.01	86.19	78.72	89.79
MDGCN	**89.27**	**89.95**	**86.94**	**97.64**

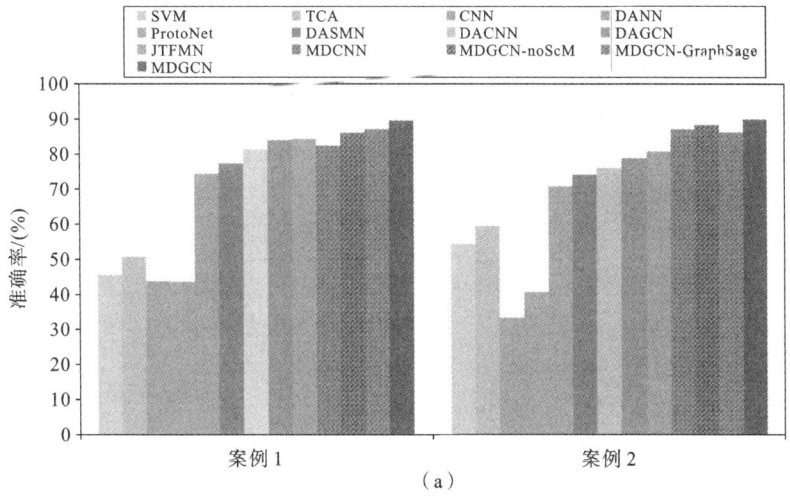

图 7.4　不同方法的平均诊断准确率

(a) 场景 1 中案例 1 和案例 2 的诊断准确率；(b) 场景 2 中案例 3 和案例 4 的诊断准确率

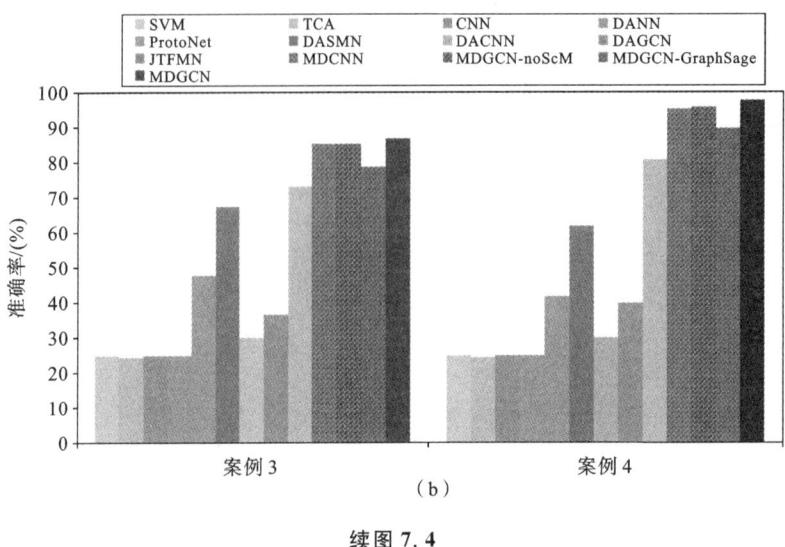

（b）

续图 7.4

通过消融实验，我们进一步验证了所提出的基于图的元学习域对抗性训练可以更好地提取域不变特征，并且可收缩的度量函数可以更好地进行度量，对目标域样本进行分类。因此，所提出方法具有良好的跨域小样本诊断性能。

图 7.5 所示为 4 种情况下不同方法测试精度的雷达图。从图 7.5 可以看出，由案例 1 与案例 2、案例 3 与案例 4 的诊断准确率之间的直线所形成的图形状相似，说明相同的方法在分布相似的测试集上的诊断性能很接近。

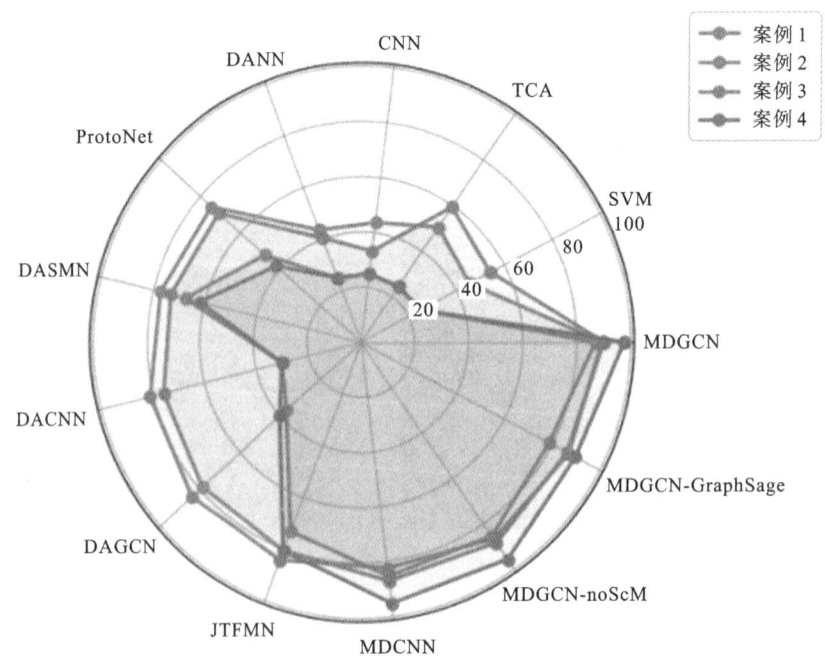

图 7.5　数据分布对模型性能的影响

图 7.6 所示为案例 1 至案例 4 训练数据的样本量对模型性能影响的详细折线图。一般

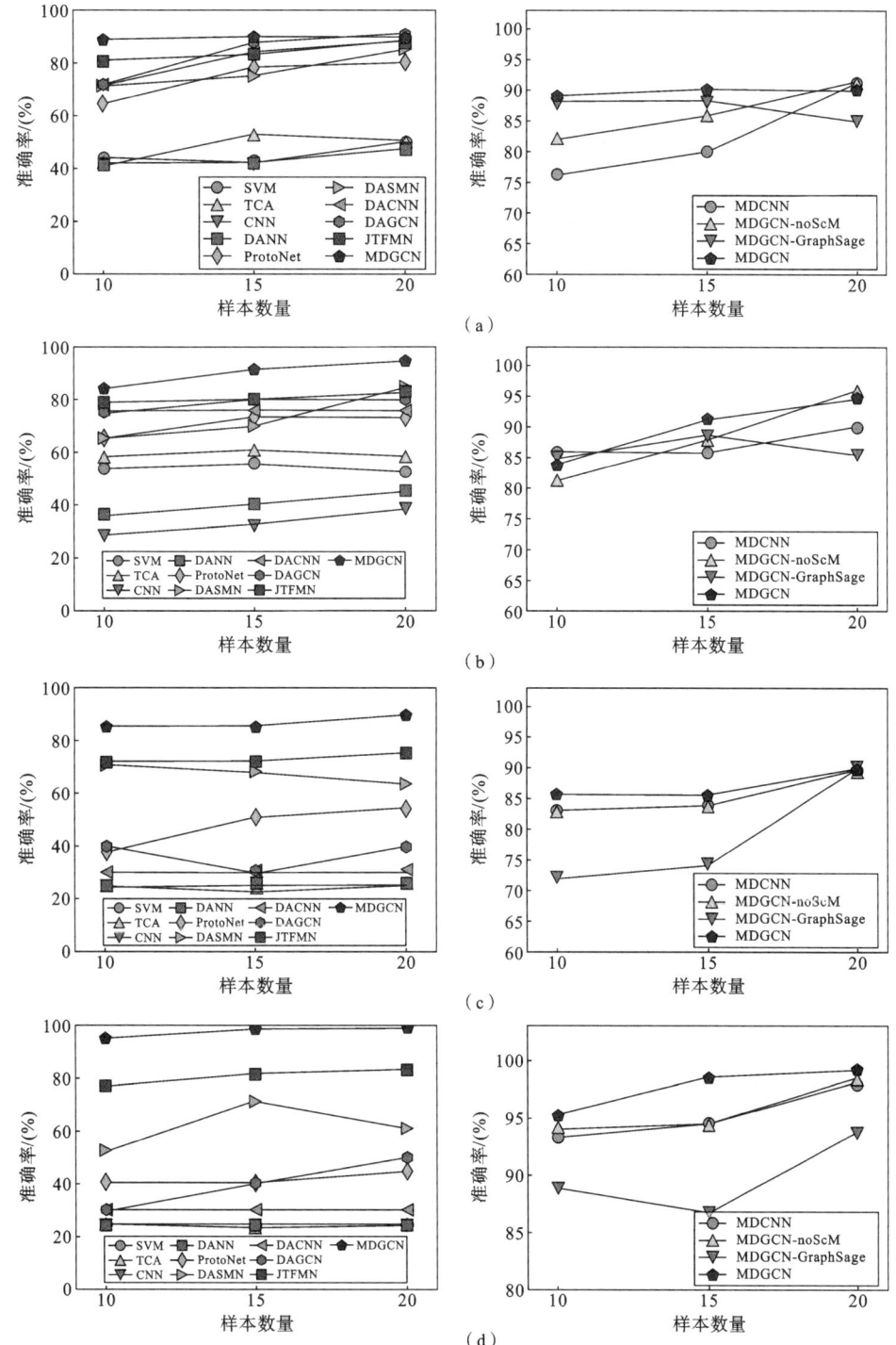

图 7.6　不同小样本数量对模型性能的影响

（a）案例 1；（b）案例 2；（c）案例 3；（d）案例 4

来说,数据越多,模型的表现就会越好。从图 7.6 中可以看出,MDGCN 可以利用域自适应来提高模型的泛化能力。DAGCN 性能优于 DACNN,MDGCN 性能也优于 MDCCN。图卷积可以学习样本类之间的关系,有利于提高模型的特征提取能力。MDGCN-noScM 与 MDGCN 的比较结果表明可收缩函数有效。总的来说,MDGCN 在几乎所有情况下都表现得更好。

另外,为了更全面地衡量模型的优势,我们选择了场景 1 中的案例 1,当训练样本数为 15 个时,200 个样本的诊断准确率、F1 评分和测试时间如表 7.5 所示。可以看出,MDGCN 在诊断准确率和 F1 评分方面都表现良好。虽然测试时间不是最优的,但它可以在 1.252 s 内完成 200 个诊断任务,满足实时诊断的需要。

表 7.5　模型的综合性能分析

方　　法	诊断准确率/(%)	案例 1 训练样本数量为 15 时 F1 得分	测试时间/s
SVM[37]	42.66	0.42	2.122
TCA[38]	52.90	0.51	1.985
CNN	42.90	0.41	0.835
DANN[39]	41.90	0.42	2.515
ProtoNet[19]	78.20	0.76	0.564
DASMN[26]	75.20	0.73	0.920
DACNN	83.99	0.84	1.280
DAGCN[16]	88.00	0.87	1.312
JTFMN[40]	83.26	0.83	1.353
MDCNN	80.00	0.79	1.182
MDGCN-noScM	85.82	0.84	1.101
MDGCN-GraphSage[41]	88.19	0.87	1.193
MDGCN	**89.99**	**0.89**	**1.252**

7.3.4　解释性分析

根据实例结果验证可以知道,DA 训练对模型性能有增强效应。如图 7.7 所示,使用 t-SNE[42] 来可视化在案例 1 和案例 4 下模型在不使用 DA 以及使用 DA 时提取的特征分布。结果表明,所提出的 MDGCN 可以更好地通过 DA 训练来学习域不变特征。在未经自适应对抗性训练的情况下,域鉴别器无法准确分类源域特征和目标域特征,并且相同故障类型的特征分布松散,表明特征提取器不能充分提取域不变特征。采用域自适应 DA 训练后,所提出的 MDGCN 提取的特征相对集中,具有较强的域不变特征提取能力。

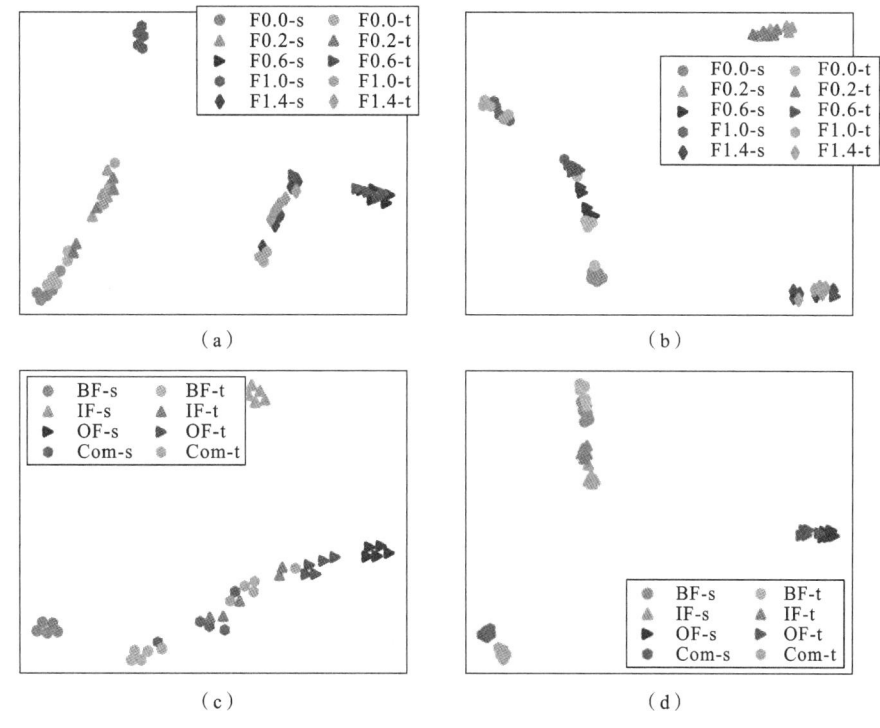

图 7.7　域自适应对模型特征学习影响的可视化
(a) 案例 1 MDGCN 没有使用 DA;(b) 案例 1 MDGCN 使用 DA;
(c) 案例 4 MDGCN 没有使用 DA;(d) 案例 4 MDGCN 使用 DA

　　由上述实验结果可知,GCN 能够使模型学习样本特征之间的关系,如图 7.8 所示。图神经网络解释器 GNNExplainer[43] 表明,当执行案例 4 4-way 2-shot 任务时,查询集的样本节点在“训练开始—训练—结束”过程中的变化如图 7.8 所示。节点间的线表示模型学习节点样本特征并建立关系的过程。在图 7.8(a)中,每个节点的初始连接权重被初始化为零。从图 7.8(b)中可以看出,训练开始时,节点 6 在分类中起着重要的作用。图 7.8(c)所示为

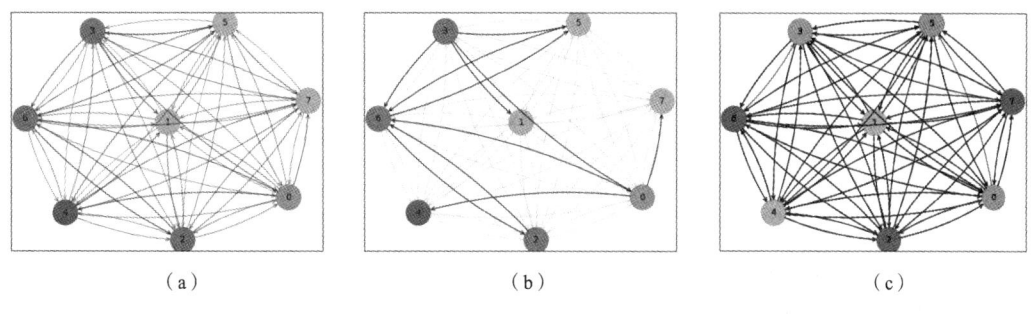

图 7.8　样本节点图
(a) 开始训练;(b) 训练中;(c) 训练结束

训练后各节点的连接关系图,各节点相互连接,并建立关联关系。

7.4　本 章 小 节

　　本章提出了一种用于跨域小样本故障诊断的域对抗网络 MDGCN。GCN 用于学习样本类之间的关系,提取域不变特征,并进行灵活的测量分类。本章还用两种场景下的跨域小样本任务验证了所提出的 MDGCN 算法的有效性。实验结果表明,该方法对相同测试平台不同条件和不同测试平台相似故障诊断任务都具有良好的识别性能。实例验证表明,所提出的 MDGCN 算法为跨域小样本诊断提供了一种可行的方案。

　　由于实际设备、负载和速度的巨大差异,一些诊断任务如案例 3 会更加困难。与特征提取器相匹配的域鉴别器使模型收敛同步更加困难。在未来,我们将进一步优化模型,使该方法更适应各种实际工程条件。

本章参考文献

[1] PENG C, OUYANG Y, GUI W, et al. A multi-indicator fusion-based approach for fault feature selection and classification of rolling bearings[J]. IEEE Transactions on Industrial Informatics, 2022, 9(8): 8635-8643.

[2] ZHANG T, JIAO J, LIN J, et al. Uncertainty-based contrastive prototype-matching network towards cross-domain fault diagnosis with small data[J]. Knowledge-based Systems, 2022, 254: 109651.

[3] DIXIT S, VERMA N K, GHOSH A K. Intelligent fault diagnosis of rotary machines: Conditional auxiliary classifier GAN coupled with meta learning using limited data[J]. IEEE Transactions on Instrumentation and Measurement, 2021, 70: 1-11.

[4] LIANG P, WANG B, JIANG G, et al. Unsupervised fault diagnosis of wind turbine bearing via a deep residual deformable convolution network based on subdomain adaptation under time-varying speeds[J]. Engineering Applications of Artificial Intelligence, 2023, 118: 105656.

[5] HU J, LI W, ZHENG X, et al. Prior knowledge-based residuals shrinkage prototype networks for cross-domain fault diagnosis[J]. Measurement Science and Technology, 2023, 34(10): 105011.

[6] LI X, ZHANG W, DING Q, et al. Multi-layer domain adaptation method for rolling bearing fault diagnosis[J]. Signal processing, 2019, 157: 180-197.

[7] HUANG Z，LEI Z，WEN G，Et al. A multisource dense adaptation adversarial network for fault diagnosis of machinery[J]. IEEE Transactions on Industrial Electronics，2021，69(6)：6298-6307.

[8] WANG R，CHEN Z，ZHANG S，et al. Dual-attention generative adversarial networks for fault diagnosis under the class-imbalanced conditions[J]. IEEE Sensors Journal，2021，22(2)：1474-1485.

[9] ZHANG W，LI X，MA H，et al. Federated learning for machinery fault diagnosis with dynamic validation and self-supervision[J]. Knowledge-based Systems，2021，213：106679.

[10] LI B，ZHAO Y P，CHEN Y B. Learning transfer feature representations for gas path fault diagnosis across gas turbine fleet[J]. Engineering Applications of Artificial Intelligence，2022，111：104733.

[11] YAN R，SHEN F，SUN C，et al. Knowledge transfer for rotary machine fault diagnosis[J]. IEEE Sensors Journal，2019，20(15)：8374-8393.

[12] QIAN Q，QIN Y，LUO J，et al. Deep discriminative transfer learning network for cross-machine fault diagnosis[J]. Mechanical Systems and Signal Processing，2023，186：109884.

[13] SHAO S，MCALEER S，YAN R，et al. Highly accurate machine fault diagnosis using deep transfer learning[J]. IEEE Transactions on Industrial Informatics，2018，15(4)：2446-2455.

[14] YU X，ZHAO Z，ZHANG X，et al. Conditional adversarial domain adaptation with discrimination embedding for locomotive fault diagnosis[J]. IEEE Transactions on Instrumentation and Measurement，2020，70：1-12.

[15] CHAKRAPANI G，SUGUMARAN V. Transfer learning based fault diagnosis of automobile dry clutch system[J]. Engineering Applications of Artificial Intelligence，2023，117：105522.

[16] LI T F，ZHAO Z B，SUN C，et al. Domain adversarial graph convolutional network for fault diagnosis under variable working conditions[J]. IEEE Transactions on Instrumentation and Measurement，2021，70：1-10.

[17] LIU Z，CHEN Y，ZHANG Y，et al. Diagnosis of arrhythmias with few abnormal ECG samples using metric-based meta learning[J]. Computers in Biology and Medicine，2023，153：106465.

[18] ZHANG K，CHEN J，ZHANG T，et al. Intelligent fault diagnosis of mechanical equipment under varying working condition via iterative matching network augmented with selective signal reuse strategy[J]. Journal of Manufacturing Systems，2020，57：400-415.

[19] SNELL J, SWERSKY K, ZEMEL R. Prototypical networks for few-shot learning [C]// NIPS'17: Proceedings of the 31st International Conference on Neural Information Processing Systems, 2017:4080-4090.

[20] FENG Y, CHEN J, XIE J, et al. Meta-learning as a promising approach for few-shot cross-domain fault diagnosis: Algorithms, applications, and prospects[J]. Knowledge-based Systems, 2022, 235: 107646.

[21] CHANG L, LIN Y H. Meta-learning with adaptive learning rates for few-shot fault diagnosis[J]. IEEE/ASME Transactions on Mechatronics, 2022, 27(6): 5948-5958.

[22] WANG D, ZHANG M, XU Y, et al. Metric-based meta-learning model for few-shot fault diagnosis under multiple limited data conditions[J]. Mechanical Systems and Signal Processing, 2021, 155: 107510.

[23] ZHANG X, SU Z, HU X, et al. Semisupervised momentum prototype network for gearbox fault diagnosis under limited labeled samples[J]. IEEE Transactions on Industrial Informatics, 2022, 18(9): 6203-6213.

[24] WU J, ZHAO Z, SUN C, et al. Few-shot transfer learning for intelligent fault diagnosis of machine[J]. Measurement, 2020, 166: 108202.

[25] LIN J, SHAO H, MIN Z, et al. Cross-domain fault diagnosis of bearing using improved semi-supervised meta-learning towards interference of out-of-distribution samples[J]. Knowledge-based Systems, 2022, 252: 109493.

[26] FENG Y, CHEN J, YANG Z, et al. Similarity-based meta-learning network with adversarial domain adaptation for cross-domain fault identification[J]. Knowledge-based Systems, 2021, 217: 106829.

[27] LI T F, ZHOU Z, LI S N, et al. The emerging graph neural networks for intelligent fault diagnostics and prognostics: A guideline and a benchmark study[J]. Mechanical Systems and Signal Processing, 2022, 168: 108653.

[28] CHENG L, LI L, LI S, et al. Prediction of gas concentration evolution with evolutionary attention-based temporal graph convolutional network[J]. Expert Systems with Applications, 2022, 200: 116944.

[29] DEFFERRARD M, BRESSON X, VANDERGHEYNST P. Convolutional neural networks on graphs with fast localized spectral filtering[C]// NIPS'16: Proceedings of the 30th International Conference on Neural Information Processing Systems, 2016:3844-3852.

[30] FU W, JIANG X, TAN C, et al. Rolling bearing fault diagnosis in limited data scenarios using feature enhanced generative adversarial networks[J]. IEEE Sensors Journal, 2022, 22(9): 8749-8759.

[31] GANIN Y, USTINOVA E, AJAKAN H, et al. Domain-adversarial training of neu-

ral networks[J]. Journal of Machine Learning Research，2016，17(59)：1-35.

[32] LONG J，ZHANG R，YANG Z，et al. Self-adaptation graph attention network via meta-learning for machinery fault diagnosis with few labeled data[J]. IEEE Transactions on Instrumentation and Measurement，2022，71：1-11.

[33] VINYALS O，BLUNDELL C，LILLICRAP T，et al. Matching networks for one shot learning[C]//NIPS'16：Proceedings of the 30th International Conference on Neural Information Processing Systems，2016：3637-3645.

[34] ORESHKIN B，RODRIGUEZ P，LACOSTE A. TADAM：Task dependent adaptive metric for improved few-shot learning[C]//NIPS'18：Proceedings of the 32nd International Conference on Neural Information Processing Systems，2018：719-729.

[35] GAO T，HAN X，LIU Z，et al. Hybrid attention-based prototypical networks for noisy few-shot relation classification[J]//Proceedings of the AAAI conference on artificial intelligence，2019，33(1)：6407-6414.

[36] SHAO S，MCALEER S，YAN R，et al. Highly accurate machine fault diagnosis using deep transfer learning[J]. IEEE Transactions on Industrial Informatics，2018，15(4)：2446-2455.

[37] CHANG C C，LIN C J. LIBSVM：a library for support vector machines[J]. ACM Transactions on Intelligent Systems and Technology (TIST)，2011，2(3)：1-27.

[38] PAN S J，TSANG I W，KWOK J T，et al. Domain adaptation via transfer component analysis[J]. IEEE Transactions on Neural Networks，2010，22(2)：199-210.

[39] GHIFARY M，KLEIJN W B，ZHANG M. Domain adaptive neural networks for object recognition[C]//PRICAI 2014：Trends in Artificial Intelligence. Cham：Springer Cham，2014：898-904.

[40] HU J，LI W，WU A，et al. Novel joint transfer fine-grained metric network for cross-domain few-shot fault diagnosis[J]. Knowledge-based Systems，2023，279：110958.

[41] SNELL J，SWERSKY K，ZEMEL R. Prototypical networks for few-shot learning [C]//NIPS'17：Proceedings of the 31st International Conference on Neural Information Processing Systems，2017：4080-4090.

[42] VAN DER MAATEN L，HINTON G. Visualizing data using t-SNE[J]. Journal of Machine Learning Research，2008，9(86)：2579-2605.

[43] YING Z，BOURGEOIS D，YOU J，et al. GNNExplainer：Generating explanations for graph neural networks[J]. Advances in Neural Information Processing Systems，2019，32：9240-9251.

第 8 章　自适应半监督元学习噪声小样本故障诊断

8.1　引　言

实际工业场景中,旋转机械设备的标记故障数据是难以获得的,研究半监督元学习故障诊断可以充分利用大量无标签样本,对实现有限标记样本的故障诊断具有重要的现实意义。然而,现有的方法没有考虑到未标记样本不属于已知样本所造成的噪声干扰问题,通过诊断模型学习到的信号特征的物理意义也很少被研究。

小样本故障诊断引起了许多研究者的关注,并取得了一些成果。在有限的标记样本下,研究者研究了许多方法,包括迁移学习[1]、自监督学习[2]和小样本学习[3]等。其中,迁移学习[4,5]利用来自足够多标记样本的现有知识来降低对目标域数据的需求。当不同域之间的差异显著时,迁移学习可能会表现不佳。自监督学习[6]使用辅助任务从大量的未标记样本中学习数据的特征信息。它自动生成伪标签,并使用监督信息进行监督学习。然而,自监督学习需要为不同的数据设计辅助任务。

除上述方法外,元学习在小样本故障诊断[7]领域也取得了显著的进展。Ding 等[8]采用模型不可知的元学习进行小样本轴承故障诊断,取得了良好的泛化效果。Zhou 等[9]基于暹罗网络,解决了工业网络物理安全保护中的过拟合问题,提高了智能异常检测的精度。Wang 等[10]提出了一种通用监督学习和匹配网络的场景度量学习的混合训练方法,显著提高了旋转设备有限数据样本的诊断精度。Wu 等[11]在试验和实际情况下,提出了一种用于轴承数据故障诊断的强化关系网络,并证明了该方法在有限样本条件下的优越性。Wang 等[12]利用原型网络(ProtoNet)实现了轴承故障的小样本跨域诊断。然而,由于标记样本的数量有限,在目标域内缺乏良好的数据分布时,ProtoNet 很容易过拟合,而在工业场景中无法有效地利用大量的未标记样本。一系列的半监督学习方法[13-15]已被用于检测和诊断工业故障,并取得了良好的诊断效果。半监督学习方法[16,17]通过利用从未标记样本的伪标签中提取的信息,提高了模型的性能。然而,上述半监督学习方法不能直接应用于少量标记样本的分类。本章将半监督学习集成到 ProtoNet 中,以减轻对标记数据的需求,提高模型识别能力。

在 CNN 层解释的研究中,Alekseev 等[18]将伽博(Gabor)小波函数作为第一层的卷积核,并通过分析提取的空间频率特征来解释其合理性。Li 等[19]提出了利用连续小波卷积

(continuous wavelet convolutional，CW-Conv)来提取具有一定物理意义的信号特征图。Liu 等[20]设计了基于 Morlet 小波的时间散射卷积网络，用于跨域轴承故障诊断。受此启发，我们引入连续小波层，并设计了一个 Morlet 小波残差网络(Morlet wavelet residual network，MWRN)，以可视化提取特征的物理意义。

半监督学习(semi-supervised learning，SSL)[21-24]可以利用未标记样本的伪标签提取信息，提高算法的性能。本章提出了一种自适应半监督元学习方法用于噪声小样本齿轮箱故障诊断。具体地，该方法设计了一个残差结构的 Morlet 小波网络(Morlet wavelet network)，用来提取信号特征。然后，通过样本级注意力(sample-level attention，SLAT)选择与标记样本原型更相似的无标签样本，降低噪声样本影响；通过自适应距离度量函数(adaptive distance metric function，ADMF)得到标记样本和未标记样本的关系距离函数。本章提出的自适应半监督元学习方法可通过未标记样本来细化原始原型，进行噪声小样本故障诊断。此外，本章通过 2 个齿轮箱数据集多种噪声小样本场景，验证所提算法的有效性。

8.2　基 础 知 识

连续小波卷积[19,20]可以从机械信号中提取故障特征，提取的特征信息具有一定的物理意义。Morlet 小波残差网络是由连续小波卷积层组成的残差网络，结构如表 8.1 所示。通过考虑卷积运算和连续小波变换之间的关系，CW-Conv 层可以提取出故障振荡波形特征。设计的残差块(residual block)可以在模型训练中同时捕获信号故障振荡的高维和低维信息。

表 8.1　MWRN 网络结构

网络层		层/参数	核	步幅	通道	填充
WaveletConv		CW-Conv	16			
		BatchNorm			64	
		ReLU				
MaxPool 1		MaxPool	3×1	2×1		是
residual block	Conv 1	Conv	3×1	1×1	64	是
		BatchNorm			64	
		ReLU				
	Conv 2	Conv	3×1	1×1	64	是
		BatchNorm			64	
		ReLU				
AvgPool 1		adaptive AvgPool				
Flatten 1		Linear				

注：WaveletConv 指小波卷积；residual block 指残差块；CW-Conv 指连续小波卷积；adaptive AvgPool 指自适应平均池化。

使用的 CW-Conv 层可以用函数 $\psi_{\gamma,\beta}(t)$ 来定义执行的卷积操作,并且只依赖于两个参数(即 γ 和 β)。CW-Conv 层的计算过程如下:

$$\mathrm{Conv}=\psi_{\gamma,\beta}(t)\times x$$
$$\psi_{\gamma,\beta}(t)=\frac{1}{s}\psi\left(\frac{t-\gamma}{\beta}\right) \tag{8-1}$$

式中:函数 $\psi_{\gamma,\beta}(t)$ 为具有时域表达式的小波函数;t 为时间;γ 为平移参数;β 为尺度参数。尺度参数 β 的大小与信号膨胀或压缩成正相关关系,与信号显示的成分详细程度成负相关关系。

8.3　自适应半监督元学习噪声小样本故障诊断算法

虽然半监督学习与元学习 ProtoNet 相结合,在一定程度上解决了小样本情况下深度学习模型过拟合问题[25]。但设备一般正常运行,某些故障类型数据可能没有被监测到,当产生的未标记样本与标记样本不同时,会有噪声样本干扰,模型的性能会受到影响。对于少量标记样本的齿轮箱故障诊断,本节提出了自适应半监督元学习网络(adaptive semi-supervised meta-learning network,ASMN),利用未标记样本,进行噪声小样本故障诊断。

元学习是一种情景学习机制,通过多个独立的训练任务[26],学习训练任务的经验知识并指导新任务的学习。在标记数据有限时,元学习可被用来提高神经网络的性能。每个任务 T 由支持集 S 和查询集 Q 组成。支持集表示为 $S=\{(x_{k,i}^S,y_{k,i}^S);k=1,2,\cdots,K;i=1,2,\cdots,N^S\}$,其中 $x_{k,i}^S$ 和 $y_{k,i}^S$ 分别表示支持集第 k 个第 i 类样本的数据和标签。查询集表示为 $Q=\{(x_{k,j}^Q,y_{k,j}^Q);k=1,2,\cdots,K;j=1,2,\cdots,N^Q\}$,其中 $x_{k,j}^Q$ 和 $y_{k,j}^Q$ 分别表示查询集第 k 个第 j 类样本的数据和标签。N^S 表示支持集 S 的类别数,K 表示每个类的样本数。N^Q 表示查询集 Q 的类别数。每个元任务的训练样本总数为 N^S+N^Q(一般不超过 20 个[21])。原型网络[27] 使用欧氏距离度量函数来判别查询集和样本原型之间的相似性。在元任务训练中,利用特征提取器 $f_\varphi(\cdot)$ 生成特征向量,φ 为模型参数。从支持集 S 的第 i 类样本中提取的特征向量的平均值称为类的原型,可以表示为

$$C_k=\frac{1}{N^S}\sum_{i=1}^{N^S}f_\varphi(x_{k,i}^S) \tag{8-2}$$

8.3.1　算法的诊断过程

自适应半监督元学习噪声小样本故障诊断算法,可以充分利用大量无标签数据,当无标签数据中出现新类故障样本(这里将新类故障样本称为噪声)时,算法也能较好地降低噪声数据影响,其算法流程如图 8.1 所示,诊断的详细过程如下:

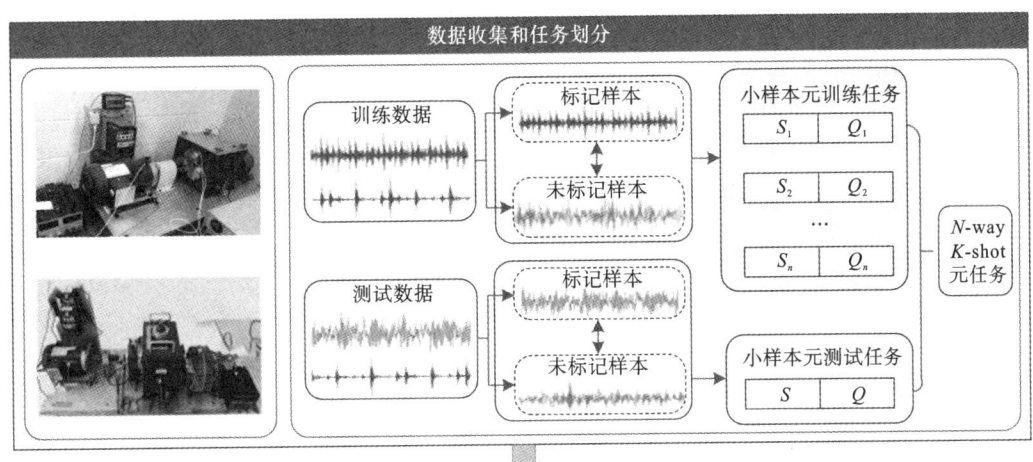

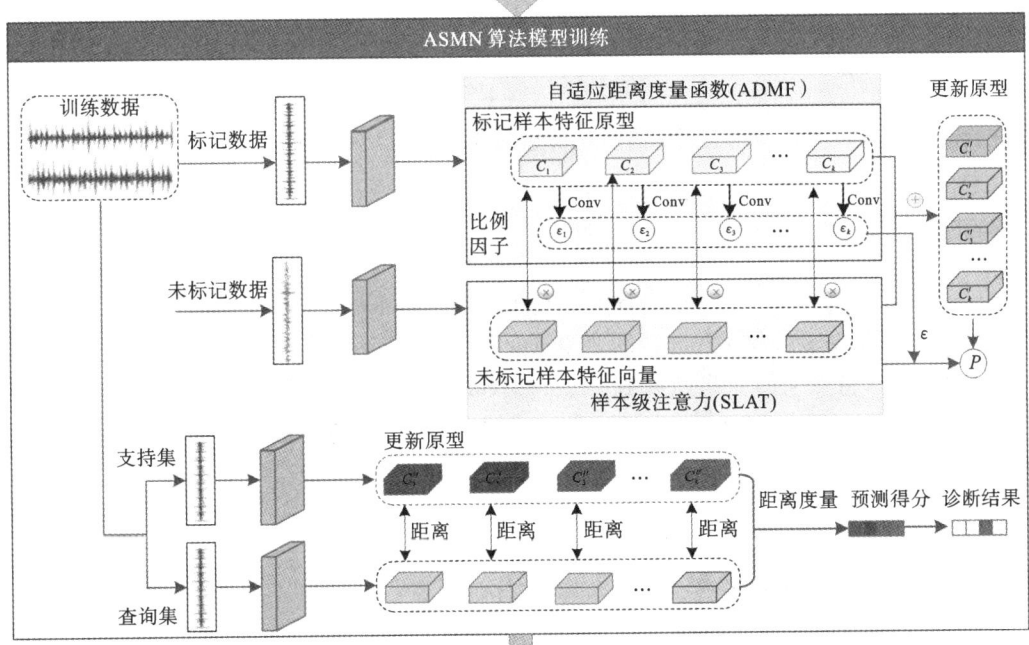

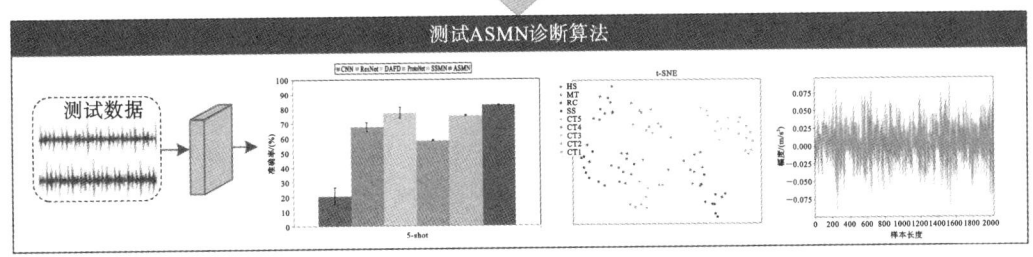

图 8.1　提出的 ASMN 算法流程

（1）收集和构建元学习任务，用于训练和测试。

（2）使用训练数据（包含已标记样本（支持集和查询集）和未标记样本）来训练自适应半监督元学习网络诊断模型。具体过程如下：使用 MWRN 从训练样本中提取特征；然后，使用 SLAT 选择更接近标记支持集原型的未标记样本;利用自适应距离度量函数获得支持集和未标记样本之间的自适应关系距离,模型利用未标记样本反向传播来更新样本原型;最后,通过查询集和更新的原型进行模型训练。

(3) 使用更新后的原型来判断测试样本中的故障类型。提出的 ASMN 算法充分利用了未标记的样本来细化类别原型,以求更好地进行故障诊断。

8.3.2　样本级注意力

SLAT 倾向于选择与支持集的样本原型更相近的无标记样本,减少了噪声样本的干扰。通过 SLAT 更新的原型为 C'_k,无标签样本数量为 N^U,α_l 表示第 l 个样本的权重,$x^U_{k,l}(1\leqslant l\leqslant N^U)$ 表示第 k 类样本的第 l 个未标记样,由 MWRN 模型提取特征后得到的原型为

$$C'_k = \sum_{l=1}^{N^U} \alpha_l x^U_{k,l} \tag{8-3}$$

式中:权重 α_l 通过 Softmax 函数得到,计算公式为

$$\begin{cases} \alpha_l = \dfrac{\mathrm{e}^{(m_l)}}{\displaystyle\sum_{k=1}^{K} \mathrm{e}^{(m_k)}} \\ m_l = \mathrm{Sum}\{\sigma(g(x^S_{k,i}))\odot g(x^U_{k,l})\} \end{cases} \tag{8-4}$$

式中:$g(\cdot)$ 表示对 $x^S_{k,i}$ 和 $x^U_{k,l}$ 进行线性变换,$\odot$ 表示进行点乘运算,激活函数 $\sigma(\cdot)$ 选择 tanh 函数,可以将点乘的结果映射到 $[-1,1]$;$\mathrm{Sum}\{\cdot\}$ 表示向量中所有元素求和,结果用 m_l 表示。这样与标记样本原型更相似的未标记样本的特征将得到更高的权重,更新后的原型将更接近这些样本。

8.3.3　自适应度量

ProtoNet[28] 中的欧氏距离计算不够灵活,不足以测量嵌入空间中样本之间的最佳距离。在 ADMF 设计中,不同的关系类型可以进行自适应的度量。ADMF 是对标记样本原型的特征向量进行三次卷积操作(结构见表 8.2),以得到自适应比例因子 ε。这样,模型可以从稀疏特征空间中学习到更多的故障特征信息。

表 8.2　ADMF 的结构

网　络　层	参　　　数
Convolution 1	通道为 1×32,核大小为 5×1,步幅为 1×1,填充为 5/2,激活函数为 ReLU
Convolution 2	通道为 32×64,核大小为 5×1,步幅为 1×1,填充为 5/2,激活函数为 ReLU
Convolution 3	通道为 64×1,核大小为 1×1,步幅为 $5/2\times1$,激活函数为 ReLU

将权重因子添加到欧氏距离函数中,得到自适应距离度量函数,公式为

$$d'_{k,l} = \varepsilon \cdot d\{f_\varphi(x_{k,i}^S), C'_k\} \tag{8-5}$$

根据 ADMF,将未标记样本的预测概率改写为

$$p_{\varphi,\varepsilon}(y_{k,l}^U \mid x_{k,l}^U) = \frac{e^{-\varepsilon \cdot d(f_\varphi(x_{k,l}^U), C_k')}}{\sum\limits_{l=1}^{N^U} e^{-\varepsilon \cdot d(f_\varphi(x_{k,l}^U), C_l')}} \tag{8-6}$$

利用未标记样本的预测概率 $p_{\varphi,\varepsilon}(y_{k,l}^U \mid x_{k,l}^U)$ 对初始原型进行更新,基于细化后的样本原型,可以得到所有类查询样本的总损失函数:

$$\begin{cases} L_k(\varphi,\varepsilon) = \sum\limits_{x_j \in S^Q} \left(d(f_\varphi(x_{k,j}^Q), C_k') - \sum\limits_{l=1}^{N^U} \lg(p_{\varphi,\varepsilon}(y_{k,l}^U \mid x_{k,l}^U)) \right) \\ L(\varphi,\varepsilon) = \sum\limits_{k=1}^{N^U} L_k(\varphi,\varepsilon) \end{cases} \tag{8-7}$$

式中:$L_k(\varphi,\varepsilon)$ 为该类下所有 k 个样本的损失;$L(\varphi,\varepsilon)$ 为所有类别的总损失。

算法 8.1 中描述了提出的 ASMN 算法的详细诊断流程。首先,设计一个具有残差结构的 MWRN 来可视化模型学习到的特征的物理意义。然后,利用 SLAT 和 ADMF 对未标记样本类别原型进行细化。这样显著提高了齿轮箱故障诊断的准确性。

算法 8.1:ASMN 用于噪声小样本齿轮箱故障诊断流程

输入:训练数据 $x, x \in (x^S, x^U, x^Q)$,学习率 η,全局迭代次数 n_g,原型更新迭代次数 n_r;

1   初始化参数 φ

2   **for** $i = 1, \cdots, n_g$ **do**

    - - - - - - - 通过元学习策略用标记的样本计算每个类的原型 - - - - - -

3   利用 MWRN $f_\varphi(x^S)$ 提取标记样本的特征 x^S;

4   利用提取特征计算每个类的原型 C;

5   **for** $j = 1, \cdots, n_r$ **do**

    - - - - - - - - - - 利用未标记样本更新原型 - - - - - - - - - -

6   用 SLAT 获得与标记样本特征更相似的未标记样本 x^U 的权重 α;

7   利用 ADMF 获得标记样本和未标记样本的自适应距离 d';

8   每个类的初始原型通过未标记样本概率 p 进行修正;

9   **end**

    - - - - - - - - - - - - 测试任务诊断 - - - - - - - - - - - -

10   利用更新的原型得到查询样本 x^Q 的预测概率,并利用损失函数 L 进行参数更新;

11   **end**

输出:诊断精度 Acc

8.4　实　验　验　证

8.4.1　实验设置

为了更好地评估所提出算法在噪声小样本任务中的有效性,本节将提出的 ASMN 算法与几种基础方法——CNN、ResNet[29]、基于领域自适应的故障诊断(domain adaptation for fault diagnosis,DAFD)深度神经网络[30]、元学习 ProtoNet[31]、半监督元学习网络(semi-supervised meta-learning network,SSMN)[25]进行了比较。表 8.3 列出了对比方法的细节。

表 8.3　对比方法描述

方法类别	方法名称	学习策略	主体网络	技术	优化器
对比方法	CNN	监督学习	无 Morlet 小波层	—	Adam
	ResNet	监督学习	无 Morlet 小波层	—	Adam
	DAFD	半监督学习	无 Morlet 小波层	DA	Adam
	ProtoNet	监督、元学习	无 Morlet 小波层	—	Adam
	SSMN	半监督、元学习	原论文中网络结构	注意力	联合 Adam、SGD
提出方法	ASMN	半监督、元学习	MWRN	ADMF、SLAT Morlet 小波	联合 Adam、SGD

注:MWRN 为骨干网络,DA(domain adaptation)表示域自适应。

所有实验都是在一台 Intel(R) Xeon (R) Gold 5218R CPU @ 2.10 GHz 和 NVIDIA GeForce RTX 2080 Ti 的计算机,Python 3.9.7 和 Torch1.10.0 框架下进行的。

算法详细的训练参数如下:原型更新迭代次数 n_r 为 3,每类用于训练的未标记样本数与标记样本数 K 一致;初始学习速率为 0.2,优化器为 SGD,动量因子为 0.9;如果损失值小于0.01,优化器将被更新到 Adam,学习率 η 为 0.001。该参数与 SSMN 的参数一致,Adam 优化器的学习率为 0.001。表 8.3 给出了网络结构上的其他差异,其超参数保持不变。测试评估的结果是 10 次测试结果的平均值。

8.4.2　案例 1:齿轮箱数据故障诊断

1. 实验数据的描述

本章采用两级齿轮箱故障数据集(gearbox fault dataset,GFD)[32-34]。如图 8.2 所示,齿

轮箱试验台主要由驱动电动机、转速计、加速度计、两级平行齿轮箱和磁制动器组成。采样频率为 20 kHz,分别使用加速度计和转速计测量齿轮的振动信号和输入轴的速度信号。本实验模拟了 9 种不同的齿轮健康状态。各齿轮的健康状态描述如表 8.4 所示。其中,切屑齿可进一步细分为 5 种不同的严重程度级别,如图 8.2 所示。

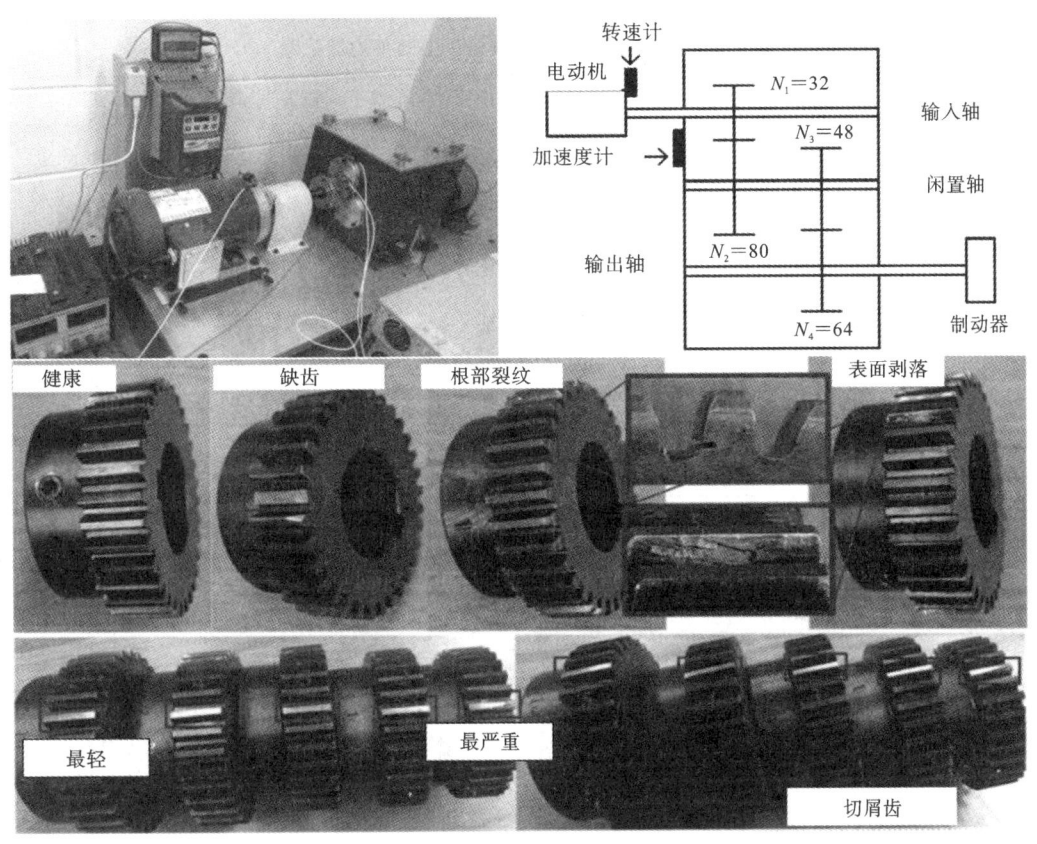

图 8.2　GFD 实验平台和齿轮健康状态

表 8.4　GFD 齿轮健康状态描述

缩　　写	描　　述
HS	健康(healthy)
MT	缺齿(missing tooth)
RC	根部裂纹(root crack)
SS	表面剥落(surface spalling)
CT5	切屑齿 5,最严重(chipping tip 5,most severe)
CT4	切屑齿 4(chipping tip 4)
CT3	切屑齿 3(chipping tip 3)
CT2	切屑齿 2(chipping tip 2)
CT1	切屑齿 1,最轻(chipping tip 1,least severe)

对于每类齿轮箱的健康状况,收集 104 个长度为 3600 点的振动信号。为了扩展数据集,将每个振动信号都进一步划分为 1024 个点,每种健康状态得到 312 个样本。然后,对于每种健康状态,随机抽取 312 个样本中的 5 个或 10 个作为标记样本,272 个作为测试样本,其余为未标记样本。不同方法下,5-shot 或 10-shot 任务的诊断结果平均准确率如表 8.5 所示,其柱状图 8.3 所示。

表 8.5　不同方法在 GFD 数据集上的平均准确率

方　　法	（平均准确率±标准差）/(%)	
	5-shot	10-shot
CNN	20.51±5.87	29.82±6.34
ResNet	67.79±3.08	68.21±1.85
DAFD	77.25±3.69	77.52±2.42
ProtoNet	58.40±0.52	67.41±0.27
SSMN	75.24±0.50	89.69±0.18
ASMN	**82.56±0.24**	**91.21±0.15**

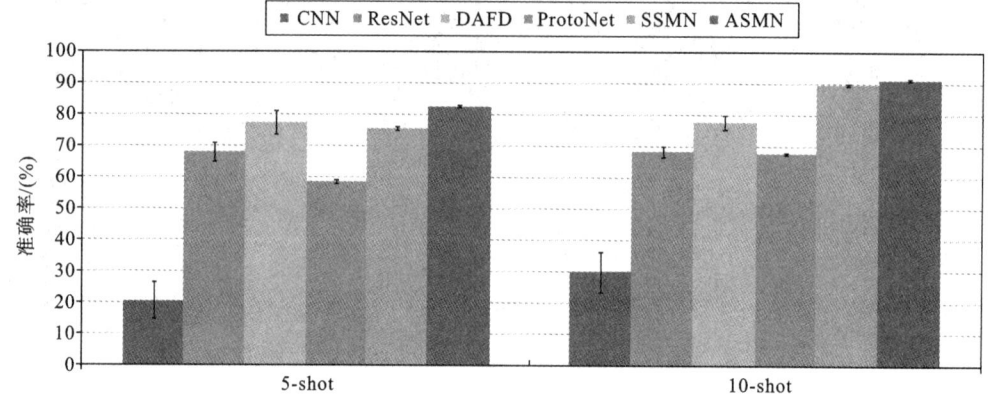

图 8.3　在 GFD 数据集上使用不同方法的结果

2. 实验结果分析

从表 8.5 中可以明显看出,CNN 的诊断性能并不理想,这主要是由于模型的特征提取能力有限,并且使用的训练样本有限,不能完全反映数据的真实分布。ResNet 通过残差层捕获高维和低维信号信息,具有较高的识别精度。此外,与 CNN 相比,通过残差结构获得的诊断精度的数据波动(标准差)较小,因此提出的算法采用了残差结构的设计。DAFD 利用现有的有限数量的标记样本的知识来识别新的样本,实现了更好的诊断性能,5-shot 和 10-shot 任务的平均诊断性能分别比 ResNet 高出 9.46 个百分点和 9.31 个百分点。元学习方法 ProtoNet 虽然具有通过相似性度量从少量样本中获得小样本学习的能力,但其诊断效果不理想。SSMN 采用半监督学习方法提高了模型在小样本故障诊断上的性能,在 5-shot 和 10-shot 任务上的诊断准确率分别达到 75.24% 和 89.69%。与 SSMN 相比,提出的 ASMN 算法通过原型细化充分利用未标记样本,克服了有限标记样本特征稀疏问题。结果表明,

ASMN 在 5-shot 和 10-shot 任务中的诊断准确率最高,分别比 SSMN 高出 7.32 个百分点和 1.52 个百分点。

3. 含不同噪声样本对算法性能的影响

为了验证所提出的方法能够使模型在有噪声数据影响的情况下仍具有较好的鲁棒性,使用 GFD 数据集构建了 1 个噪声场景,如表 8.6 所示。ASMN-No 表示没有使用 SLAT 和 ADMF 改进,ASMN 表示使用了这两种改进的技术。

表 8.6　对 GFD 数据集的 5 分类含噪声小样本场景的描述

场景	用于诊断的齿轮箱健康状态					齿轮箱噪声数据			
GFD 1	HS	MT	RC	SS	CT5	CT4	CT3	CT2	CT1

从含噪声的数据中随机抽取一种或多种新类样本到训练数据中,形成具有一定噪声率的训练数据集。表 8.7 中的噪声率表示未标记样本包含新类标记样本的比例。从表 8.7 中可以看出,当未标记的数据是干净数据和含各类型的噪声数据时,提出的 ASMN 算法均提高了 5-shot 和 10-shot 任务的诊断性能。在含噪声数据的情况下,10-shot 任务的稳定性更好。

表 8.7　提出的 ASMN 算法有无改进的诊断准确率±标准差(%)

噪 声 率	方 法	场景 GFD 1	
		5-shot	10-shot
0%	ASMN-No	80.29±1.12	82.77±0.45
	ASMN	**87.75±0.53**	**92.50±0.42**
20%	ASMN-No	72.24±1.16	75.49±1.04
	ASMN	**84.05±0.39**	**90.38±0.42**
40%	ASMN-No	69.19±0.55	71.32±1.30
	ASMN	**79.59±0.87**	**88.15±0.54**
60%	ASMN-No	67.23±0.63	67.61±0.62
	ASMN	**76.38±0.91**	**86.34±0.56**
80%	ASMN-No	60.55±1.19	66.24±0.83
	ASMN	**75.37±1.03**	**84.38±0.63**

8.4.3　案例 2:传动系统动态模拟器故障诊断

1. 实验数据的描述

SEU 数据集由 DDS[35] 采集,实验平台如图 3.9 所示。本小节研究了两种不同的工作条件下的负载,工作条件分别设置为 20 Hz-0 V 和 30 Hz-2 V。数据集中有 5 种类型的齿轮箱故障和 4 种类型的轴承故障,如表 8.8 所示。齿轮箱上的加速度计接收 X、Y 和 Z 方向的振动信号。在 1024 Hz 下进行信号采样,采样窗口为 512 s。在 20 Hz-0 V 和 30 Hz-2 V 的条件下,重新划分齿轮箱的原始数据,使每个样本的长度为2048,每种齿轮故障中包含500个样本。然后,对于每种健康状态,从500个样本中随机抽取5个或10个样本作为标记样本,460个作为测试样本,其余为未标记样本。5-shot和10-shot任务不同方法的齿轮箱故障诊断结果如图8.4所示,平均准确率见表8.9所示。

表8.8　数据集对应的健康状态

位　　置	缩　　写	说　　明
	HS	健康状态
	FC	齿轮出现缺损
齿轮箱	FM	齿轮缺齿
	RC	齿轮根部出现裂纹
	SW	齿轮表面出现磨损
	BF	滚动体故障
轴承	IF	内圈故障
	OF	外圈故障
	Com	内外圈混合故障

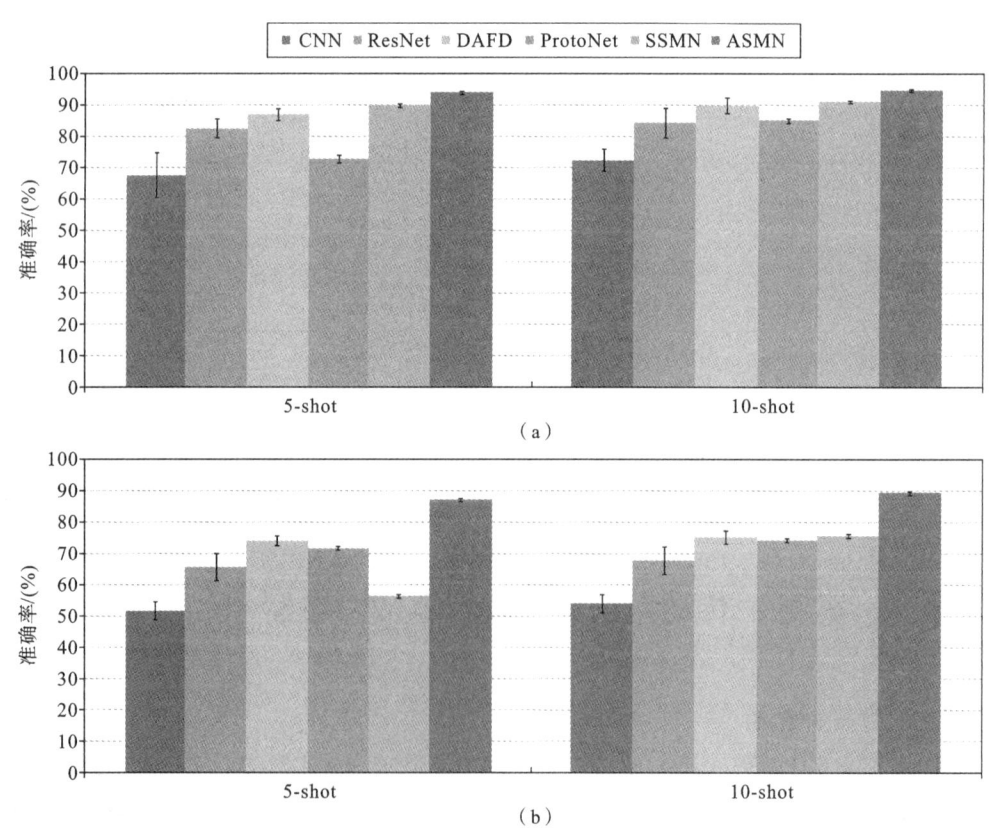

图 8.4　在 SEU 数据集上不同方法的诊断结果

（a）20 Hz-0 V；（b）30 Hz-2 V

表 8.9　不同方法在 SEU 数据集上的平均准确率±标准差(%)

方　　法	20 Hz-0 V		30 Hz-2 V	
	5-shot	10-shot	5-shot	10-shot
CNN	67.32±7.21	72.45±3.64	51.76±2.81	54.19±2.89
ResNet	82.38±3.07	84.30±4.72	65.91±4.21	67.96±4.45
DAFD	86.81±1.90	89.68±2.49	74.19±1.40	75.30±1.95
ProtoNet	72.60±1.20	84.96±0.74	71.80±0.61	74.46±0.53
SSMN	87.92±0.50	90.87±0.37	56.63±0.60	75.80±0.57
ASMN	**93.83±0.47**	**94.69±0.31**	**87.30±0.42**	**89.41±0.51**

2. 实验结果分析

从表 8.9 中可以看出,ASMN 算法的故障诊断性能在两种工况下都最好,在 30 Hz-2 V 工作条件下,诊断任务难度较大。在 20 Hz-0 V 和 30 Hz-2 V 条件下,提出的 ASMN 算法在 5-shot 和 10-shot 任务上有明显的优势。与传统的深度学习方法 CNN 和 ResNet 相比,基于自适应的方法 DAFD 和元学习方法 ProtoNet 具有明显的优势。与 SSMN 相比,可以看出所提出算法大大提高了诊断精度。

3. 含不同噪声样本对算法性能的影响

为了验证所提出的方法能够使模型在噪声数据的影响下仍具有较好的鲁棒性,使用 SEU 数据集构建了 2 个噪声场景,如表 8.10 所示。

表 8.10　对 SEU 数据集的 5 分类含噪声小样本场景的描述

场　　景	用于诊断的齿轮箱健康状态					齿轮箱噪声数据			
20 Hz-0 V	HS	FC	FM	RC	SW	BF	IF	OF	Com
30 Hz-2 V	HS	FC	FM	RC	SW	BF	IF	OF	Com

从表 8.11 中可以看出,提出的 ASMN 方法在两种不同的工况条件下,在 5-shot 和 10-shot 任务上具有良好的性能。与表 8.9 中的方法相比,在出现噪声影响时,ASMN 的性能优于 DAFD 和 SSMN。在 20 Hz-0 V 工作条件、未标记样本的噪声率为 40% 和在 30 Hz-2 V 工作条件、噪声率为 60% 时,提出的 ASMN 仍然具有优势。

表 8.11　提出 ASMN 算法有无改进的诊断准确率±标准差(%)

噪　声　率	方　　法	20 Hz-0 V		30 Hz-2 V	
		5 shot	10 shot	5 shot	10 shot
0%	ASMN-No	87.22±0.64	88.18±0.79	81.16±0.49	85.96±0.75
	ASMN	**92.83±0.54**	**94.69±0.51**	**83.64±0.93**	**89.41±0.65**

噪 声 率	方　　法	20 Hz-0 V		30 Hz-2 V	
		5 shot	10 shot	5 shot	10 shot
20%	ASMN-No	81.01±0.60	86.15±0.82	78.12±0.65	82.94±0.71
	ASMN	**91.67±0.63**	**93.72±0.41**	**80.45±0.88**	**86.04±0.47**
40%	ASMN-No	77.90±0.92	84.83±1.07	76.05±1.09	81.00±0.71
	ASMN	**87.15±0.90**	**93.34±0.47**	**80.00±0.75**	**84.23±0.87**
60%	ASMN-No	73.17±1.22	81.62±0.63	74.14±1.12	80.86±0.68
	ASMN	**84.69±0.57**	**90.93±0.63**	**78.13±0.82**	**83.75±0.41**
80%	ASMN-No	70.82±1.39	72.50±1.14	70.20±1.32	80.40±0.90
	ASMN	**83.61±0.92**	**88.40±0.47**	**72.88±1.11**	**83.069±0.43**

8.4.4　消融实验

此外,本章还进行了消融实验,以反映改进 ADMF 和 SLAT 对 ASMN 优异性能的贡献。ASMN-No 意味着没有使用任何改进方法,ASMN-ADMF 表示只使用了 ADMF,ASMN-SLAT 表示只使用了 SLAT,ASMN 表示使用了两种改进技术。其他对比方法的模型结构和超参数也保持一致。

在数据集 GFD 和 SEU 上,消融实验结果分别如表 8.12 和表 8.13 所示。其中,ADMF 突出了已标记样本原型的特征空间中更显著的特征,而 SLAT 选择了包含更多样本原型信息的未标记样本中的实例。在数据集 GFD 上,与没有改进的诊断方法 ASMN-No 相比,5-shot 和 10-shot 任务的诊断准确率分别提高了 6.77 个百分点和 6.04 个百分点。在 SEU 数据集中,与没有改进的诊断方法 ASMN-No 相比,在两种工作条件下,5-shot 和 10-shot 任务的诊断精度都有了一定程度的提高。综合上述结果,改进的 ADMF 和 SLAT 在一定程度上都可以提高诊断性能,当同时使用两种改进方法时,性能最好。

表 8.12　在 GFD 数据集上进行的不同消融实验的平均准确率±标准差(%)

方　　法	5-shot	10-shot
ASMN-No	75.79±0.44	85.17±0.24
ASMN-ADMF	80.91±0.45	87.88±0.27
ASMN-SLAT	81.33±0.25	89.63±0.33
ASMN	**82.56±0.24**	**91.21±0.15**

表 8.13　在 SEU 数据集上进行的不同消融实验的平均准确率±标准差(%)

方　　法	20 Hz-0 V		30 Hz-2 V	
	5-shot	10-shot	5-shot	10-shot
ASMN-No	90.39±0.83	91.62±0.39	85.47±0.78	86.32±0.56
ASMN-ADMF	93.31±0.30	93.48±0.25	85.59±0.45	88.47±0.21
ASMN-SLAT	93.18±0.44	94.03±0.20	86.23±0.91	87.12±0.54
ASMN	**93.83±0.47**	**94.69±0.31**	**87.30±0.42**	**89.41±0.51**

　　另外,采用 t-SNE 算法进行可视化分析,得到数据集 GFD 中 5-shot 和 10-shot 任务的 ASMN-No 和 ASMN 降维可视化结果,如图 8.5 所示。10-shot 任务比 5-shot 任务具有更准确的聚类性能,表明具有 10 个支持样本的原型更能代表这类故障状态,也便于更好地对查询样本进行分类诊断。

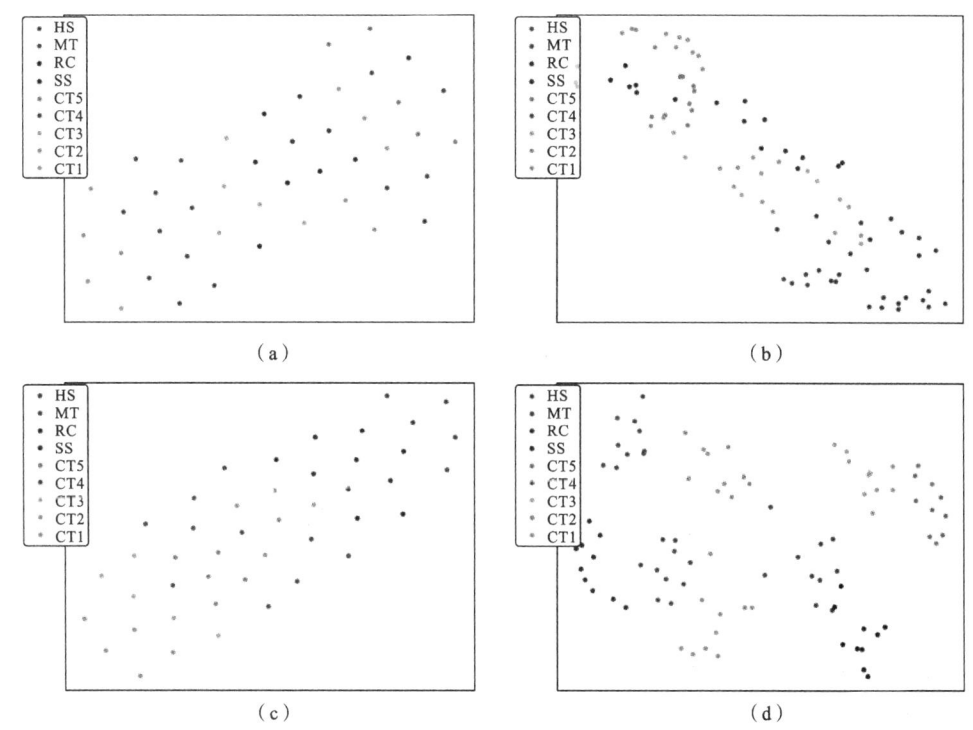

图 8.5　ASMN-No 和 ASMN 在 GFD 数据集不同任务上提取的特征 t-SNE 后的可视化结果
(a) 5-shot ASMN-No;(b) 10-shot ASMN-No;(c) 5-shot ASMN;(d) 10-shot ASMN

　　对比图 8.5(a)与图 8.5(c)、图 8.5(b)与图 8.5(d)可知,ASMN 充分利用了所有可用的样本,实现了更好的诊断性能。

　　如图 8.6 所示,在数据集 SEU 上,使用 ASMN 算法,标记样本的数量对聚类的效果有显著影响,在 10-shot 任务上,ASMN 对不同故障类型的数据样本的分离效果更好。

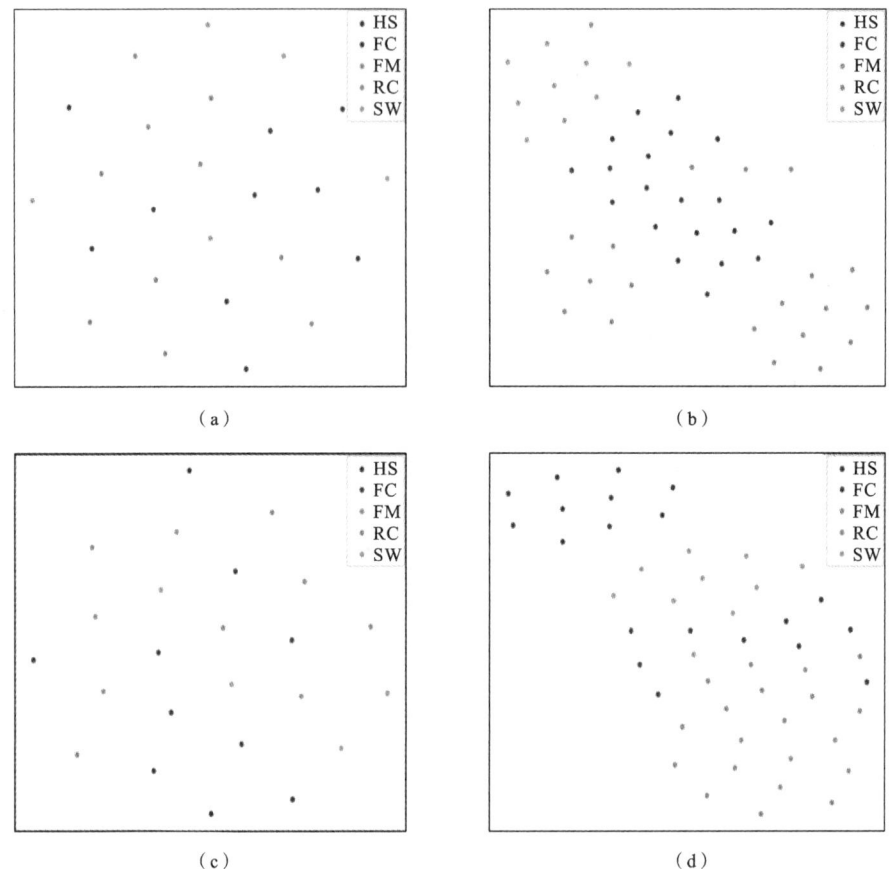

图 8.6　ASMN 在 SEU 数据集不同任务上提取的特征 t-SNE 后的可视化结果
（a）5-shot 20 Hz-0 V；（b）10-shot 20 Hz-0 V；（c）5-shot 30 Hz-2 V；（d）10-shot 30 Hz-2 V

8.4.5　使用不同卷积层的诊断准确率及物理意义分析

本章对比了模型的第一层使用不同卷积层的诊断精度，以及模型学习的特征的物理意义。三种不同的卷积层分别为 Convolution、Laplace wavelet[36] 和 Mexhat wavelet[37]，对应的模型分别用 ASMN-CN、ASMN-LN 和 ASMN-MeN 表示。表 8.14 和表 8.15 分别显示了在数据集 GFD 和 SEU 中使用不同卷积层算法的诊断精度。可以看出，三种不同卷积层对应模型的诊断精度明显低于 Morlet wavelet 模型。

在这里，将信号样本输入网络结构第一层分别修改为 Morlet wavelet、Mexhat wavelet、Laplace wavelet 和 Convolution，提取目标层的特征图。图 8.7（a）和 8.7（b）分别为网络训练的 GFD 和 SEU（20 Hz-0 V）数据集时域信号波形图，图 8.7（c）为网络训练的 SEU（30 Hz-2 V）数据集频域信号波形图。图 8.7 显示了模型经过训练后学习到的信号输入前后的变化。

表 8.14 不同卷积层模型在 GFD 数据集上的平均准确率±标准差(%)

方　　法	5-shot	10-shot
ASMN-CN	62.41±0.35	69.00±0.21
ASMN-LN	54.81±0.37	62.53±0.30
ASMN-MeN	72.01±0.69	85.66±0.24
ASMN	**82.56±0.24**	**91.21±0.15**

表 8.15 不同卷积层模型在 SEU 数据集上的平均准确率±标准差(%)

方　　法	20 Hz-0 V		30 Hz-2 V	
	5-shot	10-shot	5-shot	10-shot
ASMN-CN	90.02±0.26	93.03±0.18	68.11±0.63	78.12±0.43
ASMN-LN	65.40±0.73	81.23±0.33	58.92±0.88	75.96±1.09
ASMN-MeN	58.48±0.83	58.75±0.43	64.87±0.79	75.60±0.67
ASMN	**93.83±0.47**	**94.69±0.31**	**87.30±0.42**	**89.41±0.51**

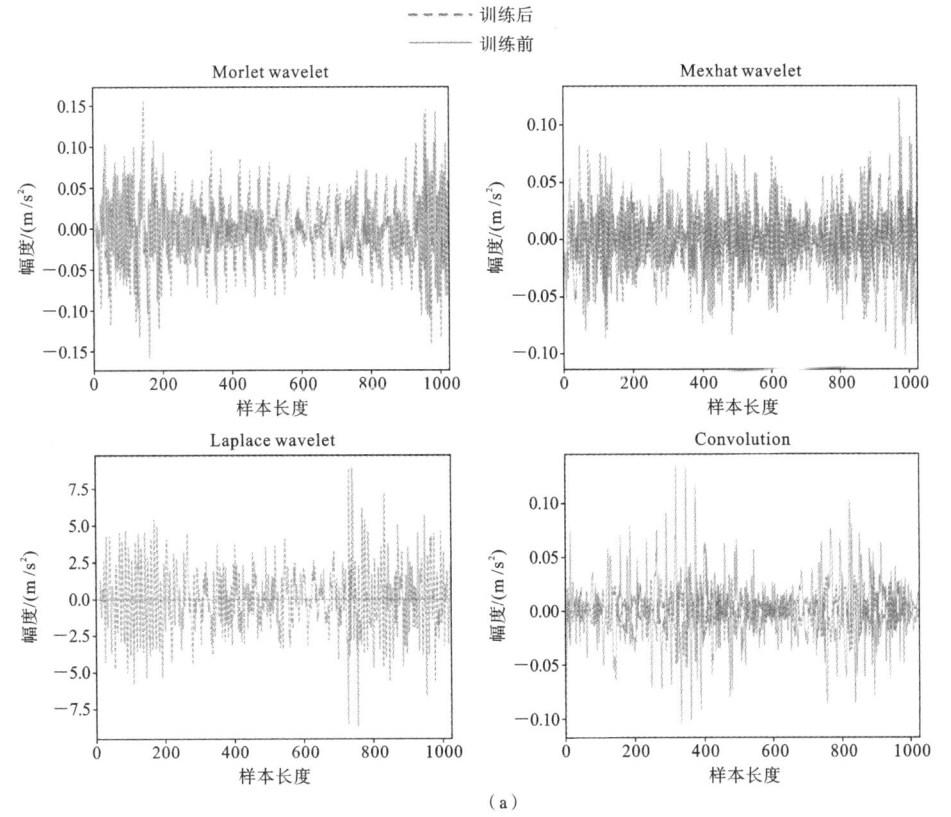

图 8.7 不同网络层训练的信号的特征图

(a) GFD 时域信号;(b) SEU(20 Hz-0 V)时域信号;(c) SEU(30 Hz-2 V)频域信号

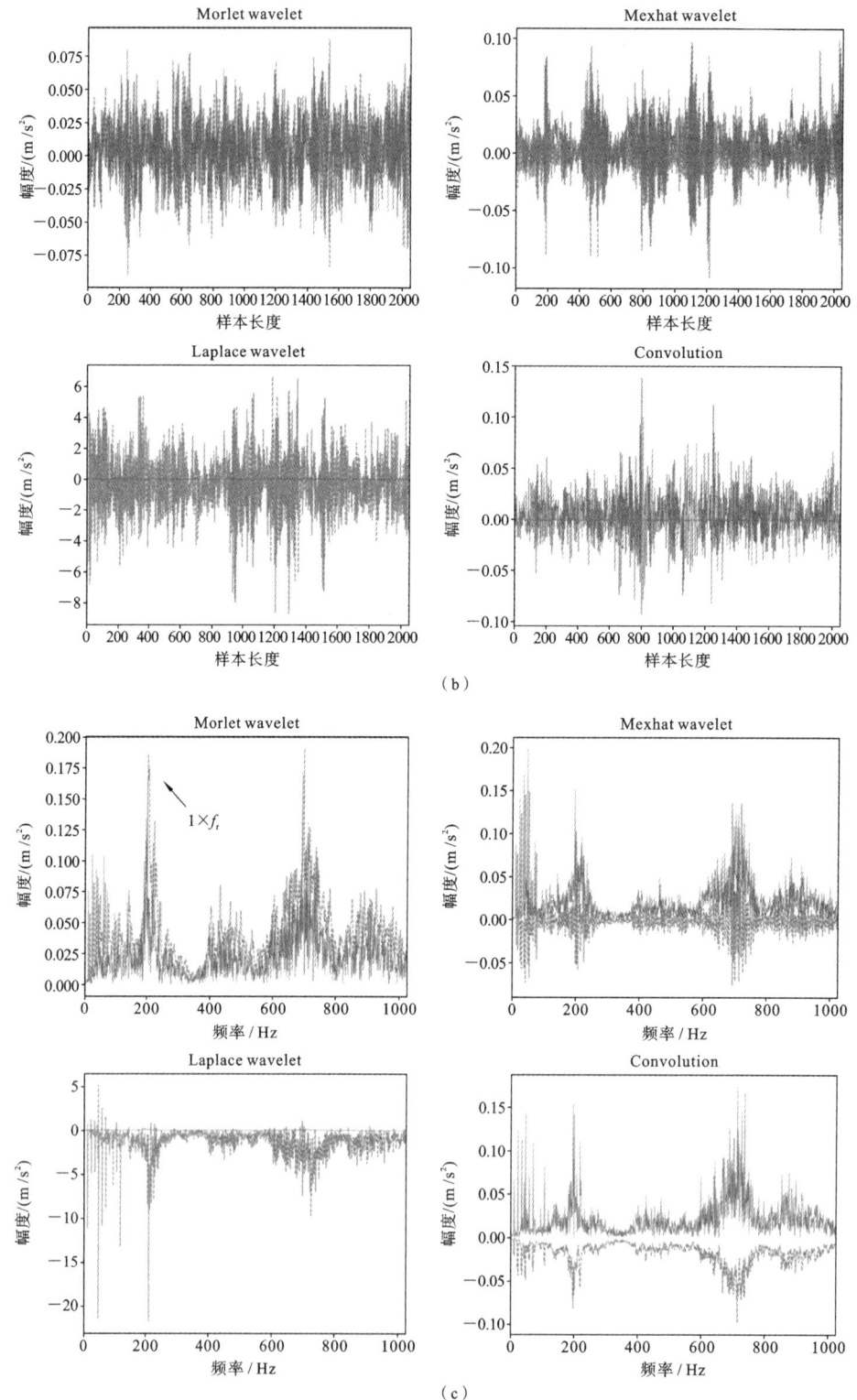

（c）

续图 8.7

在图 8.7(a)和图 8.7(b)所示的时域特征图中,卷积特征图上显示的冲击分量非常模糊。在 3 个小波核特征图上显示出的主要基波分量的位置非常清楚。然而,在 Laplace wavelet 和 Mexhat wavelet 特征图中显示出额外的噪声分量,影响了信号的进一步识别。在 Morlet wavelet 特征图中基波非常集中。从图 8.7(c)所示的频域特征图中可以清楚地看出,使用 Morlet wavelet 学习到的频域特征与输入信号基本一致,故障特征频率捕获得较好,而其他网络层获得了额外的特征频率或学习到的故障特征频率不明显。可以看出,使用 Morlet wavelet 层的模型学习到的特征能最好地表达原始信号中的冲击信息,具有一定的物理意义,使用其他卷积层的模型学习到的特征物理意义不明显。

8.5　本 章 小 节

本章提出了一种基于自适应半监督元学习的噪声(这里指的是未标记样本中出现的新类故障样本)小样本工业齿轮箱故障诊断方法。特别是 SLAT 旨在减小噪声样本的影响,ADMF 可以有效地度量查询样本与细化原型之间的相似性。最后,本章在 2 个齿轮箱数据集上,验证了该算法优于现有的基础方法,在 5-shot 任务中实现了约 80% 的诊断准确率,在 10-shot 任务中实现了约 90% 的诊断准确率。在构建的多种噪声小样本诊断任务中所提出算法也显示出良好的鲁棒性。

本章参考文献

[1] ZHANG W, WANG Z, LI X. Blockchain-based decentralized federated transfer learning methodology for collaborative machinery fault diagnosis[J]. Reliability Engineering & System Safety, 2023, 229: 108885.

[2] WANG W, LI C, LI A, et al. One-stage self-supervised momentum contrastive learning network for open-set cross-domain fault diagnosis[J]. Knowledge-based Systems, 2023, 275: 110692.

[3] LI Y, ZHANG L, WEI W, et al. Deep self-supervised learning for few-shot hyperspectral image classification[C]//IGARSS 2020—2020 IEEE International Geoscience and Remote Sensing Symposium, 2020: 501-504.

[4] HAN T, LIU C, YANG W, et al. Deep transfer network with joint distribution adaptation: A new intelligent fault diagnosis framework for industry application[J]. ISA Transactions, 2020, 97: 269-281.

[5] ZHANG X, SU Z, HU X, et al. Semisupervised momentum prototype network for

gearbox fault diagnosis under limited labeled samples[J]. IEEE Transactions on Industrial Informatics, 2022, 18(9): 6203-6213.

[6] TANG T, QIU C, YANG T, et al. A novel lightweight relation network for cross-domain few-shot fault diagnosis[J]. Measurement, 2023, 213: 112697.

[7] HU J, LI W, WU A, et al. Novel joint transfer fine-grained metric network for cross-domain few-shot fault diagnosis[J]. Knowledge-based Systems, 2023, 279: 110958.

[8] DING P, JIA M, ZHAO X. Meta deep learning based rotating machinery health prognostics toward few-shot prognostics[J]. Applied Soft Computing, 2021, 104: 107211.

[9] ZHOU X, LIANG W, SHIMIZU S, et al. Siamese neural network based few-shot learning for anomaly detection in industrial cyber-physical systems[J]. IEEE Transactions on Industrial Informatics, 2020, 17(8): 5790-5798.

[10] WANG D, ZHANG M, XU Y, et al. Metric-based meta-learning model for few-shot fault diagnosis under multiple limited data conditions[J]. Mechanical Systems and Signal Processing, 2021, 155: 107510.

[11] WU J, ZHAO Z, SUN C, et al. Few-shot transfer learning for intelligent fault diagnosis of machine[J]. Measurement, 2020, 166: 108202.

[12] WANG H, BAI X, TAN J, et al. Deep prototypical networks based domain adaptation for fault diagnosis[J]. Journal of Intelligent Manufacturing, 2022, 33(4): 973-983.

[13] RAMÍREZ-SANZ J M, MAESTRO-PRIETO J A, ARNAIZ-GONZÁLEZ Á, et al. Semi-supervised learning for industrial fault detection and diagnosis: A systemic review[J]. ISA Transactions, 2023, 143:255-270.

[14] HAN T, XIE W, PEI Z. Semi-supervised adversarial discriminative learning approach for intelligent fault diagnosis of wind turbine[J]. Information Sciences, 2023, 648: 119496.

[15] LIANG P, XU L, SHUAI H, et al. Semisupervised subdomain adaptation graph convolutional network for fault transfer diagnosis of rotating machinery under time-varying speeds [J]. IEEE/ASME Transactions on Mechatronics, 2023, 29(1): 730-741.

[16] ZHANG L, WANG B, LIANG P, et al. Semi-supervised fault diagnosis of gearbox based on feature pre-extraction mechanism and improved generative adversarial networks under limited labeled samples and noise environment[J]. Advanced Engineering Informatics, 2023, 58: 102211.

[17] ZHANG Y, SU L, LIU Z, et al. A semi-supervised learning approach for COVID-19 detection from chest CT scans[J]. Neurocomputing, 2022, 503: 314-324.

[18] ALEKSEEV A, BOBE A. GaborNet: Gabor filters with learnable parameters in deep

convolutional neural network[C]//2019 International Conference on Engineering and Telecommunication (EnT), 2019: 1-4.

[19] LI T, ZHAO Z, SUN C, et al. WaveletKernelNet: An interpretable deep neural network for industrial intelligent diagnosis[J]. IEEE Transactions on Systems, Man, and Cybernetics: Systems, 2021, 52(4): 2302-2312.

[20] LIU C, QIN C, SHI X, et al. TScatNet: An interpretable cross-domain intelligent diagnosis model with antinoise and few-shot learning capability[J]. IEEE Transactions on Instrumentation and Measurement, 2020, 70: 1-10.

[21] WU H, PRASAD S. Semi-supervised deep learning using pseudo labels for hyperspectral image classification[J]. IEEE Transactions on Image Processing, 2017, 27 (3): 1259-1270.

[22] WU X, ZHANG Y, CHENG C, et al. A hybrid classification autoencoder for semi-supervised fault diagnosis in rotating machinery[J]. Mechanical Systems and Signal Processing, 2021, 149: 107327.

[23] ZHANG Y, YU K, LEI Z, et al. Integrated intelligent fault diagnosis approach of offshore wind turbine bearing based on information stream fusion and semi-supervised learning[J]. Expert Systems with Applications, 2023, 232: 120854.

[24] ZHOU K, DIEHL E, TANG J. Deep convolutional generative adversarial network with semi-supervised learning enabled physics elucidation for extended gear fault diagnosis under data limitations[J]. Mechanical Systems and Signal Processing, 2023, 185: 109772.

[25] FENG Y, CHEN J, ZHANG T, et al. Semi-supervised meta-learning networks with squeeze-and-excitation attention for few-shot fault diagnosis[J]. ISA Transactions, 2022, 120: 383-401.

[26] FENG Y, CHEN J, XIE J, et al. Meta-learning as a promising approach for few-shot cross-domain fault diagnosis: Algorithms, applications, and prospects[J]. Knowledge-based Systems, 2022, 235: 107646.

[27] HU J, LI W, ZHENG X, et al. Prior knowledge-based residuals shrinkage prototype networks for cross-domain fault diagnosis[J]. Measurement Science and Technology, 2023, 34(10): 105011.

[28] WANG H, BAI X, TAN J, et al. Deep prototypical networks based domain adaptation for fault diagnosis[J]. Journal of Intelligent Manufacturing, 2022, 33: 973-983.

[29] ZHANG K, TANG B, DENG L, et al. A fault diagnosis method for wind turbines gearbox based on adaptive loss weighted meta-ResNet under noisy labels[J]. Mechanical Systems and Signal Processing, 2021, 161: 107963.

[30] LU W, LIANG B, CHENG Y, et al. Deep model based domain adaptation for fault

diagnosis[J]. IEEE Transactions on Industrial Electronics, 2016, 64(3): 2296-2305.

[31] SNELL J, SWERSKY K, ZEMEL R. Prototypical networks for few-shot learning [EB/OL]. (2017-06-19)[2025-04-10]. https://arxiv.org/abs/1703.05175.

[32] LU W, LIANG B, CHENG Y, et al. Deep model based domain adaptation for fault diagnosis[J]. IEEE Transactions on Industrial Electronics, 2016, 64(3): 2296-2305.

[33] ZHANG S, TANG J. Integrating angle-frequency domain synchronous averaging technique with feature extraction for gear fault diagnosis[J]. Mechanical Systems and Signal Processing, 2018, 99: 711-729.

[34] RUAN H, WANG Y, LI X, et al. A relation-based semisupervised method for gearbox fault diagnosis with limited labeled samples[J]. IEEE Transactions on Instrumentation and Measurement, 2021, 70: 1-13.

[35] SHAO S, MCALEER S, YAN R, et al. Highly accurate machine fault diagnosis using deep transfer learning[J]. IEEE Transactions on Industrial Informatics, 2018, 15(4): 2446-2455.

[36] AL-RAHEEM K F, ROY A, RAMACHANDRAN K P, et al. Application of the Laplace-wavelet combined with ANN for rolling bearing fault diagnosis[J]. Journal of Vibration and Acoustics, 2008, 130(5): 051007.

[37] ARGÜESO F, SANZ J L, BARREIRO R B, et al. The Mexican hat wavelet family. Application to the study of non-Gaussianity in cosmic microwave background maps [C]// 2006 14th European Signal Processing Conference, 2006: 1-5.

第9章 基于半监督原型优化的小样本故障诊断

9.1 引　言

　　由于实际场景中标签故障数据非常有限,故障诊断模型往往面临着过拟合和精度不足的问题。目前基于度量学习的原型网络在小样本学习领域已经取得了较好的成果,但是由于标签样本有限,训练得到的类别原型无法较好地表征大部分数据,因此很多方法在原型网络的基础上引入了半监督学习,将大量无标签样本用于模型的训练,利用半监督学习中伪标签的方法实现有效训练数据的扩充,从而训练泛化性能更好的特征提取器和类别原型。但是半监督学习利用的大量无标签样本中可能存在部分异常数据,这部分异常数据不属于该工况下的任何故障类别,可能是数据采集或者人为造成的,而这部分异常数据将会影响半监督原型网络中的原型精度,从而导致故障诊断错误。

　　为了解决这一问题,度量元学习和对比学习技术得到了大量的关注,并被广泛用于小样本学习任务。例如,Hou 等[1]提出了一个基于原型网络的多任务模型,在训练过程中结合相对距离损失函数,来减小类内距离,增大类间距离,从而提高模型性能。Zhang 等[2]介绍了一种域差分引导下的对比学习方法,该方法通过在不同的操作条件下构造样本对来学习域不变特征并提取故障域特征,利用样本相似性进行对比学习。总的来说,这些最新的进展证明了对比学习和度量元学习在解决小样本故障诊断问题方面的有效性。

　　半监督学习已被证明是应对数据稀缺性的一种非常有效的方法,特别是在标记数据有限,且存在大量未标记数据的情况下。通过利用大量的未标记数据,半监督学习方法显著提高了模型的泛化能力。Zhang 等[3]提出了一种用于故障诊断的半监督动量原型网络方法,通过伪标签学习解决过拟合问题,并利用阈值选择策略提高伪标签的可靠性。Feng[4] 等提出了一种具有挤压和激励注意力的半监督元学习网络,该网络利用未标记数据对原型进行优化,通过挤压和激励注意力增强了特征提取能力,提高了故障识别性能。这些方法通过结合半监督学习的原理,有效地利用了未标记的数据,并在小样本问题上取得了显著的效果。

　　为了解决标签样本不足导致的模型诊断性能不佳的问题,本章提出了一种基于半监督原型优化的故障诊断方法。首先,利用有限的标签样本来构建正负样本对,并使用对比学习预训练自动编码器来捕获标签样本的特征分布;其次,将自动编码器作为原型网络的特征映射函数,并通过有限的标签样本获得原型。进一步,针对半监督学习中异常样本对原型计算的干扰问题,提出了一种基于样本权重和类别贡献度的原型优化方法,通过无标签数据来对原型进行微调,减小异常数据对原型的影响,以获得更稳定和准确的原型。最后,在齿轮箱故障数据集上验证了所提出方法的有效性。

9.2　基础知识

9.2.1　监督对比学习

对比学习是一种利用样本之间的相似性来学习样本嵌入特征的方法。近年来,对比学习已成为机器学习和数据挖掘的一个热门方向。本章使用的对比学习过程如图 9.1 所示。直观地说,对比学习可以通过相似度比较来学习,与学习样本映射到某些标签的判别模型和重构输入样本的生成模型不同,对比学习是通过比较输入样本来学习特征表示的,可以在"相似"的正输入对和"不同"的负输入对之间进行比较。对比学习可分为监督学习和无监督学习,无监督学习不需要样本标签,直接学习多个样本的分布模型,而不是通过监督任务利用标签去计算模型损失,利用样本数据进行增强,然后利用构建的样本对来训练模型,从而优化模型参数。如果提供了样本的标签,则这些标签也可以集成到对比框架的相似性和差异性中,通过样本标签直接确定正负样本,让特征提取模块直接学习映射所需的故障不变性特性和判别性特征。因此,对比学习方法提供了一种简单而强大的方法来学习有监督或无监督条件下的判别表征。

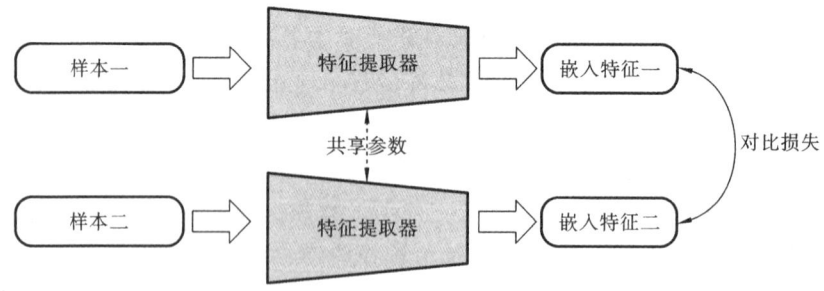

图 9.1　对比学习过程示意图

本章采用的对比学习训练框架采用基于监督学习的样本对构建方法,采用基于双支路参数共享的结构,学习过程分为样本对构建和训练两步。对于给定训练集样本,正样本集是将相同标签的样本进行组合,负样本集是将不同标签的样本进行组合。另外,样本集还使用数据增强的方式进行构造,以进一步增强特征提取模块的鲁棒性。从正样本集和负样本集中随机采样出正样本对和负样本对,在对比学习训练框架的训练过程中,使正样本对的距离最小化,负样本对的距离最大化,训练目的是获得一个能提取样本判别特征的特征映射网络,训练后的特征映射网络可以根据下游的具体任务进行微调,以达到快速适应新任务的效果。

9.2.2　原型网络

原型网络(ProtoNet)方法是一种专门用于小样本分类任务的深度学习方法,其目标是使模型学习一个嵌入空间来实现分类任务,它假设每个类别都有一个嵌入表示,称为样本原型。原型对相应类别的特征进行聚类,并根据样本与原型的相似性对样本进行分类。原型网络的优点是不需要对目标样本和每个样本之间的相似度进行遍历,而是计算样本对每个原型的相似度,从而分析目标样本的类别。图 9.2 展示了小样本场景下原型的计算过程,其中 C1、C2、C3 代表三种不同的类别,每一类原型分别由该类别的样本特征的平均值计算得到,其中白色样本为测试目标样本。

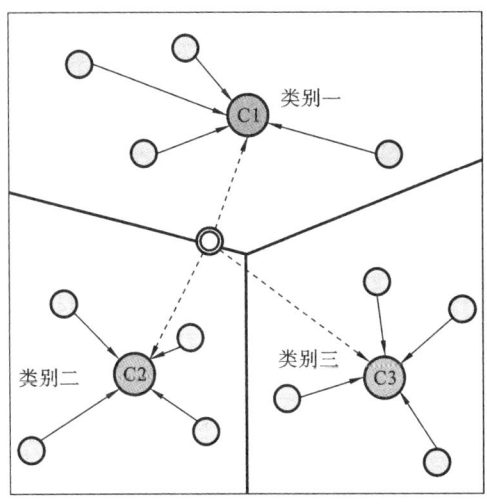

图 9.2　原型网络示意图

原型网络的一般结构由特征提取模块和相似性度量模块组成。特征提取模块将输入数据映射到低维度的嵌入空间,嵌入空间的特征用于计算特征原型,将每个类别的嵌入特征的均值作为类别的原型。相似性度量模块明确了该模型内部使用的度量方式,用来实现样本之间的相似性度量。

原型网络工作过程分为训练和测试阶段。具体来讲,在训练阶段,数据集被分为支持集和查询集,原型网络会根据支持集和查询集确定类别原型和特征提取器参数,该特征提取器可以获得原始数据的嵌入特征表示,使相同类别样本的嵌入特征距离更近,而不同类别样本的嵌入特征距离更大。在测试阶段,原型网络通过提取样本的嵌入特征并计算其到各个原型的距离来进行分类。

在原型网络中,支持集通过特征提取器得到不同类别样本的嵌入特征表示,并计算类别原型,类别为 k 的原型计算公式如下:

$$c_k = \frac{1}{N_S^k} \sum_{i=0}^{N_S^k} F_\phi(x_i^S) \tag{9-1}$$

式中:k 代表一种样本类别;N_S^k 代表支持集中属于 k 类的样本数;$F_\phi(\cdot)$ 为特征提取器函数;ϕ 为特征提取器网络参数,也是原型网络的参数;c_k 代表第 k 类样本的原型;x_i^S 代表支持集中第 k 类的第 i 个样本。

在计算得到各类原型之后,将查询集中的样本输入特征提取器得到嵌入特征向量,然后计算嵌入特征向量与各类原型的距离,最后利用 Softmax 计算该样本属于类别 k 的概率,计算过程如下:

$$p(y = k \mid x) = \frac{\exp(-d(F_\phi(x), c_k))}{\sum_{j=0}^{k} \exp(-d(F_\phi(x), c_j))} \tag{9-2}$$

式中:p 表示样本 x 属于 k 类的概率;d 为距离度量函数;c_k 为第 k 类样本的原型。

查询集被用于更新原型网络的损失,并通过最小化负对数概率进行学习。对于查询集中标签为 k 的样本,损失函数如下:

$$L(\phi) = \sum_{i=0}^{N_q} -\lg(p_\phi(y = y_i^q \mid x_i^q)) \tag{9-3}$$

式中:N_q 代表查询集的样本数。

9.3　基于半监督原型优化的小样本故障诊断算法

本章针对设备故障数据稀缺、难以提取有效原型的问题,提出了一种半监督故障诊断模型,称为半监督改进自动编码原型网络(semi-supervised modified autoencoder prototype network,SSMAE-PN)。该原型网络通过构建样本对和加入对比损失,提升对标签样本的特征分布的捕获能力,并在网络中加入注意力机制,提高特征筛选能力。最后进行无标签样本权重的计算,避免异常样本对原型优化产生影响。本章将详细介绍所提出的故障诊断模型的网络架构和学习模式。如图 9.3 所示,分三部分介绍本章所提出的方法:① 数据集构造;② 基于对比学习的预训练;③ 基于半监督的原型计算和优化。

9.3.1　数据集构造

本小节将介绍训练数据集的构造,首先构建基于正负样本对的预训练数据集,然后构建

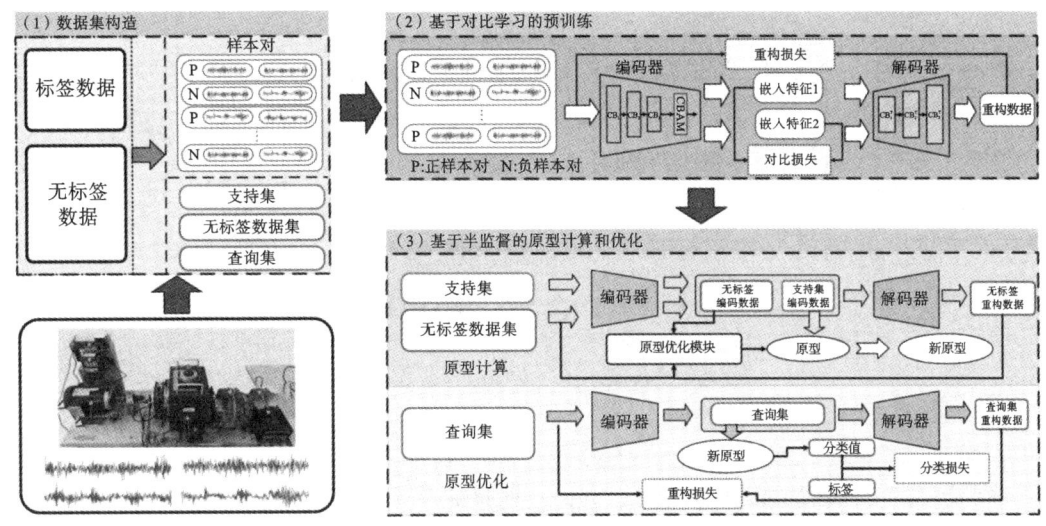

图 9.3　提出的 SSMAE-PN 的故障诊断流程

小样本学习任务数据集。

（1）基于对比学习的预训练方法不需要额外生成数据，而是通过已有标签数据构建训练集，首先收集所有标签样本和标签，将其中任意两个样本组成一个样本对，如果标签不同则此样本对为负样本对，否则为正样本对。

（2）所提出的方法将以元任务为基础单元，每个任务的数据包含支持集、查询集和无标签数据集三部分。具体来说，先从标签数据中随机采样出 $N_s \times k$ 个样本作为支持集，其中 k 为类别的数目，然后将从剩下数据中随机采样出的样本作为查询集，其余的无标签样本作为无标签数据集。

9.3.2　基于对比学习的预训练

在获得样本对预训练数据集后，将其输入改进自动编码器（MAE）中进行预训练，以获得泛化性能良好的特征提取器。下面将介绍改进自动编码器的结构和对比学习训练框架，如图 9.4 所示。

（1）改进自动编码器：改进自动编码器由自动编码器、混合注意力模块两部分组成。本小节在隐藏层输出前添加 CBAM[5] 以提高特征筛选能力，编码器对原始输入数据进行降维，获得低维度的故障信息，即嵌入特征，解码器由三层反卷积模块组成，对嵌入特征进行数据重构。

CBAM 由一个通道注意力模块和空间注意力模块串联组成，依次沿通道和空间两个维度计算注意力图，然后将注意力图乘以输入特征图进行自适应特征筛选。结合 CBAM 的编码器和解码器的计算过程如下。

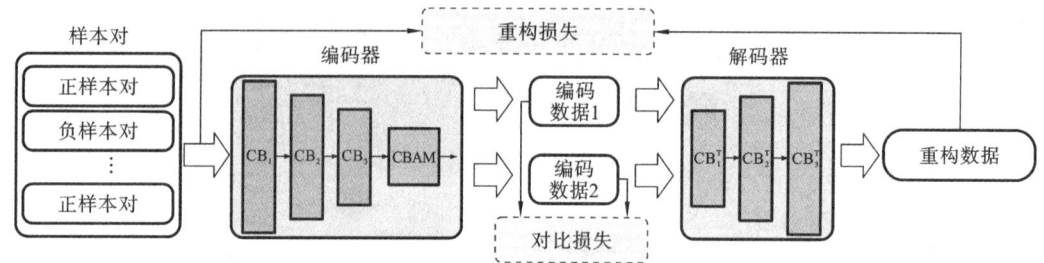

图 9.4　基于对比学习的预训练框架

$$F(x_s) = f_{\text{CBAM}}(f_{\text{CB}_3}(f_{\text{CB}_2}(f_{\text{CB}_1}(x_s)))) \tag{9-4}$$

$$G(x_e) = f_{\text{CB}_3^{\text{T}}}(f_{\text{CB}_2^{\text{T}}}(f_{\text{CB}_1^{\text{T}}}(x_e))) \tag{9-5}$$

式中：$x_s \in \mathbb{R}^{C \times W}$ 为输入的原始样本；$F(x_s)$ 为编码器映射函数；f_{CBAM} 表示 CBAM 模块；$f_{\text{CB}}(\bullet)$ 为一个卷积模块，由卷积层（Conv）、批量归一化（batch normalization，BN）层和 ReLU 激活函数组成；x_e 为编码器输出；$G(\bullet)$ 为解码器映射函数；$f_{\text{CB}^{\text{T}}}(\bullet)$ 为反卷积模块，由反卷积层、批量归一化层和激活函数组成。

　　自动编码器的训练主要通过重构误差和监督对比误差联合进行，其中重构误差 loss_{rc} 计算公式如下：

$$\text{loss}_{\text{rc}}(x_i) = \sum_{i=0}^{N} \| x_i - G(F(x_i)) \|^2 \tag{9-6}$$

　　（2）基于样本对构建的对比学习训练框架：首先将构造的样本对 $\{x_i, x_j\}$ 输入改进自动编码器，将得到一对由编码器输出的嵌入特征 $\{z_i, z_j\}$，具体计算如下：

$$\{z_i, z_j\} = F(\{x_i, x_j\}) \tag{9-7}$$

得到基本的嵌入特征对后，使用欧氏距离度量函数 $d(z_i, z_j)$ 来计算两嵌入特征的差异性。模型训练的目标是最小化正样本对的差异性，即最小化正样本对特征的欧氏距离。正样本对的损失函数 $\text{Loss}_{\text{positive}}$ 如下：

$$\text{Loss}_{\text{positive}}(X_{ij}) = \{\min(d(F(x_i), F(x_j)))\}^2, \quad X_{ij} = \{x_i, x_j\} \tag{9-8}$$

　　对于负样本对，模型训练的目标是最大化特征差异性，即最大化欧氏距离。负样本对的损失函数 $\text{Loss}_{\text{negative}}$ 如下：

$$\text{Loss}_{\text{negative}}(X_{ij}) = \{\max(0, 1 - d(F(x_i), F(x_j)))\}^2, \quad X_{ij} = \{x_i, x_j\} \tag{9-9}$$

　　结合正样本对和负样本对的损失函数，最后得到的对比学习训练的损失函数 $\text{Loss}_{\text{contrastive}}$ 如下：

$$\text{Loss}_{\text{contrastive}} = \sum_{i=0}^{N_+} \text{Loss}_{\text{positive}}(X_i) + \sum_{j=0}^{N_-} \text{Loss}_{\text{negative}}(X_j) \tag{9-10}$$

式中：N_+ 为正样本对数目；N_- 为负样本对数目。

9.3.3　基于半监督的原型计算和优化

　　每个训练任务中都包含支持集 D_s、查询集 D_q 和无标签数据集 D_u。当 N_s 个样本数量过少,无法充分代表每个类别分布时,原型将无法准确反映类别原型。为解决这个问题,将无标签数据引入训练过程来帮助优化原型。然而,无标签数据中可能存在异常样本,盲目相信所有的无标签样本会导致类别原型偏移,进而放大故障数据的分类误差。为了减小无标签样本中异常数据对原型的干扰,设计一种原型优化方法,利用自动编码器的重构损失来计算样本的异常权重,将与标签数据差异较大的样本赋予低权重,最后结合样本到各类别原型的距离得到样本对各个类别原型的贡献度。

　　SSMAE-PN 将改进自动编码器作为特征映射函数,原型网络用于计算和优化原型,距离度量模块用于计算故障类别。接下来将分别对改进原型网络和原型优化进行详细描述,具体流程如图 9.5 所示。

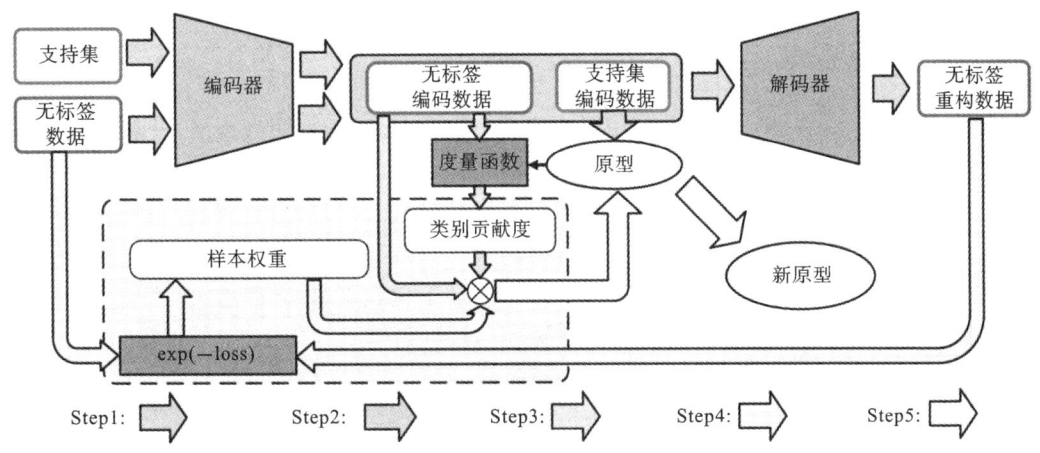

图 9.5　原型优化流程

　　原型计算:首先,使用编码器从输入数据中获取低维嵌入特征,然后计算每个类别特征的均值,均值代表各个类别的原型,对应图 9.5 中的 Step 1,原型的计算过程为

$$p_c = \frac{1}{N_s^c} \sum_{i=0}^{N_s^c} F(x_i) \tag{9-11}$$

式中:c 表示一种故障类别;N_s^c 表示支持集中类别为 c 的样本数目。

　　无标签样本对各个类别的贡献度计算:首先计算无标签样本的嵌入特征和解码器输出向量,对应图 9.5 中的 Step 2,然后利用欧氏距离度量函数 $d(\bullet)$ 计算嵌入特征到原型的距离,最后利用 Softmax 计算得到贡献度 $C_{x_u,c}$,对应图 9.5 中的 Step 3。计算过程如下:

$$C_{x_u,c} = \frac{\exp(-d(F_\phi(x_{u,i}), p_c))}{\sum_{j=0}^{N_c} \exp(-d(F_\phi(x_{u,i}), p_j))} \tag{9-12}$$

式中:$x_{u,i}$ 为无标签样本;$d(\bullet)$ 表示欧氏距离度量函数。

　　无标签样本权重 w 计算:首先,使用自动编码器计算无标签样本的重构误差。这个误差反映了异常或故障偏离正常样本的程度,误差越大说明异常程度越高(图 9.5 中的 Step 4)。通常情况下,权重与重构误差大小成反比,这意味着误差较大的样本将被赋予较小的权重。

权重计算过程如下：

$$w_{x_u} = e^{-\text{loss}_{rc}(x_u)} \tag{9-13}$$

$$\text{loss}_{rc} = \text{MSE}(x_u, G(F(x_u))) \tag{9-14}$$

原型优化：原型的优化过程包括将无标签样本的重要性与类别的贡献度相结合，表示为 w_{x_u, p_c}。这种结合既考虑了类别的贡献，也考虑了样本的权重，计算过程如下：

$$w_{x_u, p_c} = C_{x_u, c} \cdot w_{x_u} \tag{9-15}$$

然后再利用无标签数据的嵌入特征微调类别原型，对应图 9.5 中的 Step 5，计算过程如下：

$$p_c^{\text{new}} = \frac{\sum_{j=0}^{N_s} F_\phi(x_{s,j}) + \sum_{i=0}^{N_u} F_\phi(x_{u,i}) \cdot w_{i, p_c}}{N_s + \sum_{i=0}^{N_u} w_{i, p_c}} \tag{9-16}$$

原型网络利用欧氏距离度量函数 $d(\cdot)$ 得到样本 x_s 属于类别 c 的概率，计算过程如下：

$$p(y = c \mid x_s) = \frac{\exp(-d(F_\phi(x_s), p_c))}{\sum_{j=0}^{N_c} \exp(-d(F_\phi(x_s), p_j))} \tag{9-17}$$

原型网络的分类损失通过查询集计算，并通过最小化负对数概率进行训练。损失函数计算过程如下：

$$\text{loss}_{cls} = \sum_{i=0}^{N} -\lg(p(y = y_i \mid x_i)) \tag{9-18}$$

算法 9.1 提供了用于训练改进的半监督原型网络的伪代码。

算法 9.1：SSMAE-PN 的预训练损失计算和优化。Randomsample (D) 表示从集合 D 中随机地、不重复地抽取两个集合。

输入：无标签数据集 $D_u = \{x_1, x_2, \cdots, x_{N_u}\}$，有标签数据集 $D_l = \{(x_1, y_1), (x_2, y_2), \cdots, (x_{N_l}, y_{N_l})\}$。

输出：预训练自动编码器和原型网络。

for $i \leftarrow 1$ **to** N_l **do**

　　for $j \leftarrow 1$ **to** N_l **do**

　　　　if $y_i == y_j$ **then**

　　　　　　add $(X = \{x_i, x_j\}, Y = 1)$ **to the** D_p;

　　　　else

　　　　　　add $(X = \{x_i, x_j\}, Y = 0)$ **to the** D_N;

　　　　end

　　end

end

for $\text{epoch}_1 \leftarrow 1$ **to** Epoch_1 **do**

　　$z_q \leftarrow D_p$ **by** 公式 (9-4);

$\text{Loss}_{rc} \leftarrow z_q$ **by** 公式(9-6);

$\text{Loss}_{ctr} \leftarrow z_q$ **by** 公式(9-10);

$\text{Loss}_{total} \leftarrow \alpha \text{Loss}_{ctr} + \beta \text{Loss}_{rc}$,使用优化器更新自动编码器网络参数 ϕ;

end

　　for $\text{epoch}_2 \leftarrow 1$ **to** Epoch_2 **do**

　　$p_k \leftarrow D_s$ **by** 公式(9-11);

　　$C_{D_u, k} \leftarrow D_u$ **by** 公式(9-12);

　　$w_{D_u} \leftarrow D_u$ **by** 公式(9-13);

　　$p_k^{\text{new}} \leftarrow C_{D_u, k}$ **and** w_{D_u} **by** 公式(9-16);

　　for $\text{epoch}_3 \leftarrow 1$ **to** Epoch_3 **do**

　　$\text{Loss}_{clf} \leftarrow D_q$ **by** 公式(9-18);

　　$\text{Loss}_{rc} \leftarrow D_q$ **by** 公式(9-14);

　　$\text{Loss}_{total} \leftarrow \alpha \text{Loss}_{clf} + \beta \text{Loss}_{rc}$,使用优化器更新自动编码器网络参数 ϕ;

　　end

end

9.4　实　例　验　证

　　为了验证所提出的改进半监督原型网络的有效性,本节在公开数据集上,将其与其他相关小样本方法进行了对比。实例验证过程如下:首先对使用的数据集进行介绍,然后将本章提出的方法与其他方法进行对比实验,并对本章提出的方法进行消融实验,最后分析不同比例异常样本对模型诊断精度的影响。

9.4.1　数据集介绍

　　实例验证采用东南大学(SEU)齿轮箱故障数据集,该数据集在 DDS 上获得,SEU 数据集包含两种不同的工况。该实验平台如图 3.9 所示,可模拟分析各种齿轮箱振动特性、噪声特性并可进行健康监测。该实验平台可模拟齿轮箱的振动信号和多种单一故障,同时还可以模拟多故障耦合情况的场景。

　　数据集包括两种运行工况和五种故障状态,有 20 Hz-0 V 和 30 Hz-2 V 两种工况,分别设置为 A 工况和 B 工况,有正常、缺损、断齿、齿根磨损和齿面磨损五种故障状态。在每个数据文件中,有八列信号,在本实验中选取 1024 个采样点为一个样本,每种故障选取 1023

个样本,数据集总共包含 5115 个样本。实验中对每种故障状态分别抽取 15 个样本作为训练集,在剩余样本中每类抽取 600 个样本作为测试集,其余数据将作为无标签数据集。

9.4.2　对比实验

为了验证所提出方法诊断性能的优越性,在相同数据集条件下,将 SSMAE-PN 与其他四种小样本经典方法进行比较,包括 SiaNet[6]、MatchNet[7]、RelaNet[8] 和 ProtoNet[9]。为了保证实验的公平性,在其他几种方法中都采用了与所提出方法相同结构的特征提取器。不同方法的诊断准确率如表 9.1 和表 9.2 所示,其中表 9.1 为 A 工况下的实验结果,表 9.2 为 B 工况下的实验结果。

表 9.1　A 工况下不同方法的诊断准确率

方　法	准确率/(%)		
	1-shot	5-shot	10-shot
RelaNet	71.1	76.2	77.1
SiaNet	85.4	89.4	95.2
MatchNet	90.4	92.8	96.3
ProtoNet	89.2	91.9	94.3
SSMAE-PN(预训练)	90.3	95.1	98.8

表 9.2　B 工况下不同方法的诊断准确率

方　法	准确率/(%)		
	1-shot	5-shot	10-shot
RelaNet	70.4	76.3	77.7
SiaNet	85.7	88.9	96.3
MatchNet	89.2	91.9	96.7
ProtoNet	87.1	91.0	95.2
SSMAE-PN(预训练)	89.3	92.1	99.6

由表中的诊断结果可以发现,本章所提出的方法在两种工况和多种不同数量的训练样本中表现最好,相比之下,其他四种方法的整体平均准确率都低于本章所提出的方法。图 9.6 提供了本章所提出方法的诊断性能混淆矩阵。

本章所提出方法的训练精度和损失趋势如图 9.7 所示。从图 9.7(a)中可以看出,在前 50 次迭代中,模型准确率明显波动,在准确率收敛到 90% 左右的稳定值后波动逐渐放缓。从图 9.7(b)中可以发现,模型在经过大约 40 次迭代后接近稳定。图 9.7(c)所示是模型在 10-shot 情况下的结果,模型在约 20 次迭代后实现了稳定收敛,并且最终表现优秀。由于在

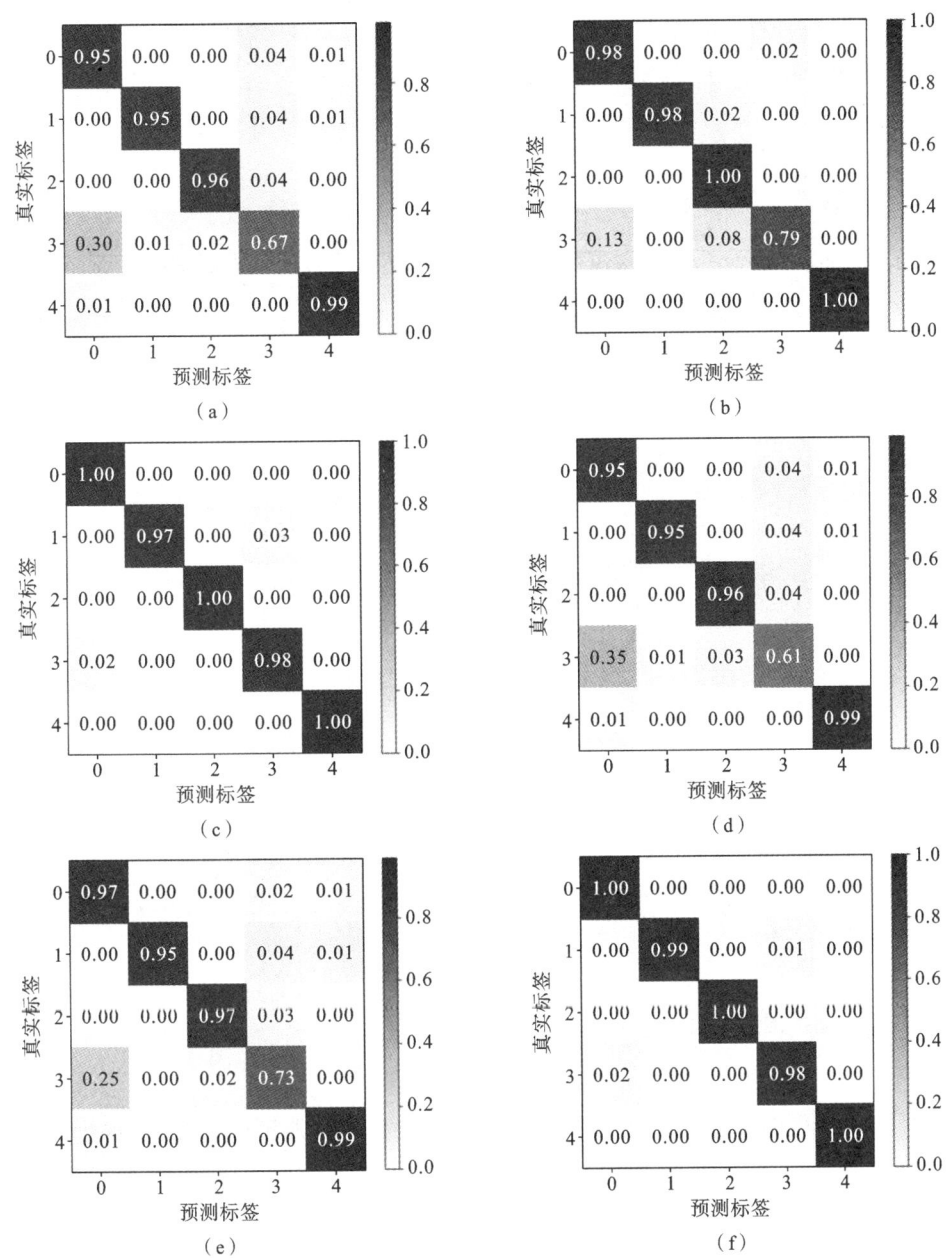

图 9.6 不同数量训练样本诊断性能混淆矩阵

(a) A 工况 1-shot；(b) A 工况 5-shot；(c) A 工况 10-shot；(d) B 工况 1-shot；(e) B 工况 5-shot；(f) B 工况 10-shot

图 9.7(b)、图 9.7(c)对应的实验中，每个类别有更多的训练样本，因此实现了更好的诊断效果。总之，当每个类别有更多的训练样本时，对比学习预训练可以充分捕捉故障信息，使模型的特征表征能力更强。此外，由于样本量的增加，原型网络的收敛速度也加快，从而提高了训练效率。

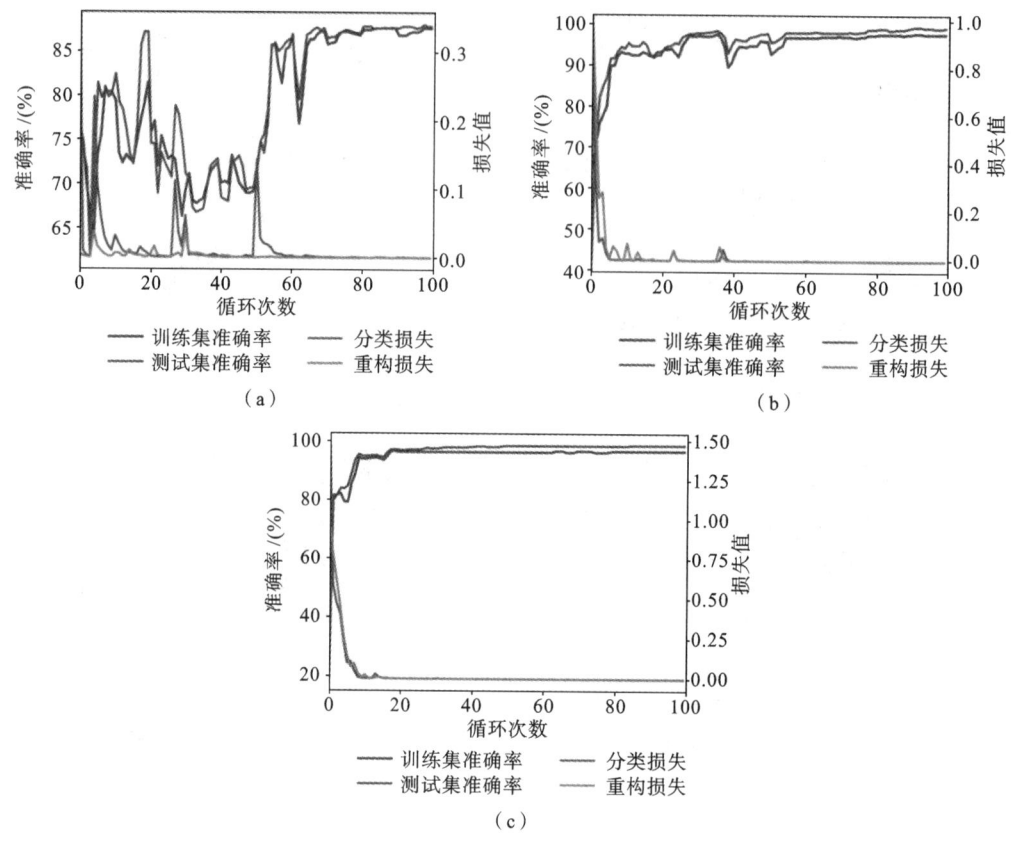

图 9.7　不同数量训练样本诊断的准确率和损失值变化曲线

(a) 5-way 1-shot；(b) 5-way 5-shot；(c) 5-way 10-shot

9.4.3　消融实验

本小节将讨论 SSMAE-PN 的预训练框架、MAE 模块和原型优化算法对故障诊断性能的影响。实验比较了三种网络结构：① SSAE-PN，去除 MAE 中的混合注意力模块；② MAE-PN，去掉半监督原型优化算法的原型网络；③ SSMAE-PN，对特征提取模块不进行预训练。四种方法的诊断准确率如表 9.3 和表 9.4 所示。其中，表 9.3 是 A 工况下的结果，表 9.4 是 B 工况下的结果。

从表 9.3 和表 9.4 中可以得到以下结论：

（1）综合考虑 1-shot、5-shot 和 10-shot 三种情况，A 工况下，包含预训练环节的 SS-MAE-PN 平均精度比 SSMAE-PN 高出 1.97 个百分点，表明了基于对比学习的预训练可以优化特征映射，提高模型性能；

（2）A 工况下，SSMAE-PN（预训练）的平均精度比 SSAE-PN 平均高出约 8.03 个百分点，说明改进自动编码器具有优秀的特征提取能力；

表 9.3　工况 A 下不同训练样本消融实验的准确率

方　　法	特征提取	半监督学习	预训练	准确率/(%)		
				1-shot	5-shot	10-shot
SSAE-PN	AE	√	√	83.3	87.6	89.2
MAE-PN	MAE	×	√	89.2	92.4	96.8
SSMAE-PN	MAE	√	×	90.1	93.1	95.1
SSMAE-PN(预训练)	MAE	√	√	90.3	95.1	98.8

表 9.4　工况 B 下不同训练样本消融实验的准确率

方　　法	特征提取	半监督学习	预训练	准确率/(%)		
				1-shot	5-shot	10-shot
SSAE-PN	AE	√	√	85.2	89.4	92.3
MAE-PN	MAE	×	√	87.1	91.6	95.8
SSMAE-PN	MAE	√	×	88.3	90.3	97.1
SSMAE-PN(预训练)	MAE	√	√	89.3	92.1	99.6

（3）A 工况下,SSMAE-PN(预训练)比 MAE-PN 的平均精度高 1.93 个百分点,表明了基于半监督学习的原型模块在一定程度上提高了原型的准确性。

B 工况下的情况类似,总的来说,消融对比实验证明了不同模块对诊断精度有不同的影响,所提出的方法具有最好的诊断准确性。

9.4.4　异常样本干扰实验

为了验证本章所提出方法对异常数据的抗干扰性能,在训练集的无标签数据中加入不同比例的其他工况故障数据,这些故障数据对训练工况来说是异常数据,不属于任意一种故障类别。实验中训练样本为 5 个,异常数据比例从 0.01 到 0.20,设置 10 个等比例间隔。图 9.8 所示是在不同异常样本比例下各诊断模型的准确率。

由图 9.8 可以看出,不同方法在不同异常样本比例和不同小样本实验条件下具有不同的准确率变化曲线,其中 MAE-PN 在异常样本比例不断增加的条件下,准确率迅速下降,并且相对其他的半监督模型,变化幅度非常大。由此可以证明半监督模型中原型优化方法的有效性,在异常样本比例不断增加的情况下,本章所提算法模型的诊断准确率变化较小,有效地缓解了异常数据对原型网络中原型计算的影响。

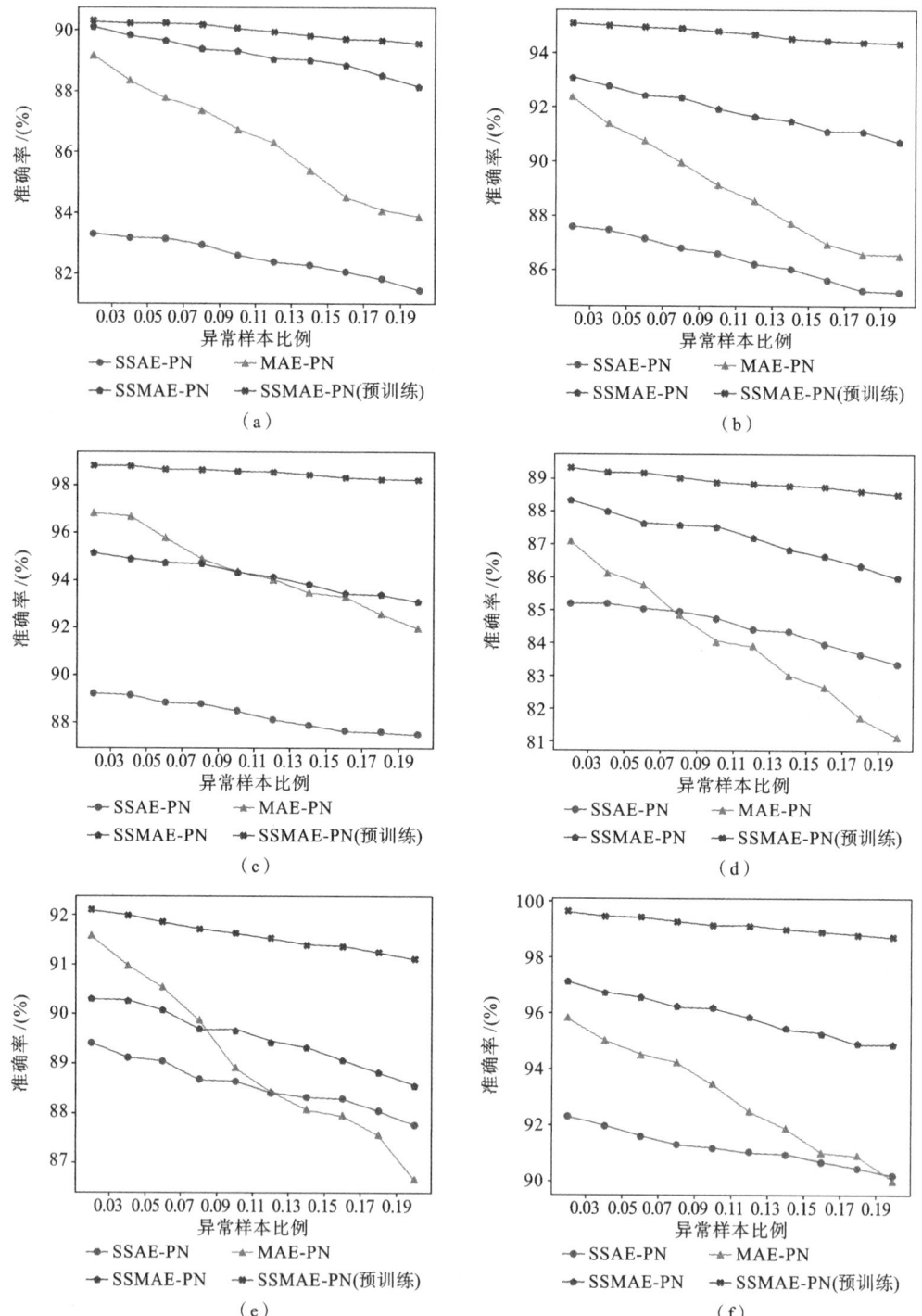

图 9.8　不同方法在不同异常样本比例下的诊断准确率变化曲线

(a) A 工况 1-shot;(b) A 工况 5-shot;(c) A 工况 10-shot;(d) B 工况 1-shot;(e) B 工况 5-shot;(f) B 工况 10-shot

9.5　本 章 小 结

　　实际场景中的标签数据稀缺,会导致监督模型过拟合和性能不佳。本章针对齿轮箱的小样本故障诊断问题,提出了基于改进半监督原型网络的小样本故障诊断方法。首先引入融合注意力机制的自动编码器作为特征提取模块,该模块增强了模型的特征提取能力,能够有选择性地突出必要的特征,抑制不相关的特征。其次采用基于对比学习的预训练方法,通过正负样本对提取故障信息,无须生成新数据实现数据增强,使初始模型具备一定的泛化能力。最后提出了一种新的半监督学习框架,利用无标签数据的样本权重和类别贡献度,在抑制异常数据干扰的同时优化类别原型,从而提高了分类准确率。在齿轮箱故障数据集的两种工况上对本章所提出的方法进行了验证,并且进行了不同比例异常样本对诊断精度的影响实验,验证了所提出的原型优化方法的有效性。

本 章 参 考 文 献

[1] HUO Z, YANG X, YANG T, et al. A prototypical networks-based multi-task model for few-shot fault diagnosis[C]//2022 IEEE 11th Data Driven Control and Learning Systems Conference (DDCLS), 2022: 996-1001.

[2] ZHANG T, CHEN J, LIU S, et al. Domain discrepancy-guided contrastive feature learning for few-shot industrial fault diagnosis under variable working conditions[J]. IEEE Transactions on Industrial Informatics, 2023, 19(10): 10277-10287.

[3] ZHANG X, SU Z, HU X, et al. Semisupervised momentum prototype network for gearbox fault diagnosis under limited labeled samples[J]. IEEE Transactions on Industrial Informatics, 2022, 18(9): 6203-6213.

[4] FENG Y, CHEN J, ZHANG T, et al. Semi-supervised meta-learning networks with squeeze-and-excitation attention for few-shot fault diagnosis[J]. ISA Transactions, 2022, 120: 383-401.

[5] WOO S, PARK J, LEE J Y, et al. CBAM: Convolutional block attention module [C]//FERRARI V, HEBERT M, SMINCHISESCU C. Computer Vision-ECCV. Cham: Springer Cham, 2018: 3-19.

[6] BROMLEY J, GUYON I, LECUN Y, et al. Signature verification using a "siamese" time delay neural network[C]// NIPS'93: Proceedings of the 7th International Conference on Neural Information Processing Systems, 1993: 737-744.

［7］VINYALS O，BLUNDELL C，LILLICRAP T，et al. Matching networks for one shot learning［C］//NIPS'16：Proceedings of the 30th International Conference on Neural Information Processing Systems，2016：3637-3645.

［8］SUNG F，YANG Y，ZHANG L，et al. Learning to compare：Relation network for few-shot learning［C］//Proceedings of the IEEE Conference on Computer Vision and Pattern Recognition，2018：1199-1208.

［9］SNELL J，SWERSKY K，ZEMEL R. Prototypical networks for few-shot learning ［C］// NIPS'17：Proceedings of the 31st International Conference on Neural Information Processing Systems，2017：.4080-4090.

第10章 半监督对比学习的多工况小样本故障诊断

10.1 引   言

本章在第9章关于齿轮箱的小样本故障诊断的基础上进一步展开研究。在设备实际工作场景中,由于工作负载、运行速度的变化和环境噪声的干扰,设备运行环境往往具有多工况和高噪声的特点,并且工况之间的数据特征分布可能不同,使用单一工况故障诊断方法,无法较好地解决复杂多变的多工况故障诊断问题,特别是还存在小样本的情况。此外,针对每个工况重新训练网络将会耗费大量额外的时间和成本。

一些学者基于元学习方法建立了不同的诊断模型,以解决不同工作条件下的小样本工业故障问题。例如,Long 等[1]通过广泛的领域特征中的嵌入知识来学习可学习的方差,从而提高了模型的小样本故障诊断能力。Hu 等[2]提出了一个基于监督学习和元学习的小样本跨域诊断任务的模型。Zhang 等[3]通过监测大量未标记样本,来辅助具有有限标记样本的齿轮箱进行故障诊断。Feng 等[4]基于元学习和对抗性领域自适应,实现了不同工作条件和不同工作平台下的跨域故障识别。Hu 等[5]通过关联迁移学习和元学习,实现了小样本轴承数据的跨域故障诊断。然而,上述大多数元学习场景都需要大量的有标记的训练数据,这样才能利用学习到的元知识对新类小样本进行分类。此外,通过上述研究发现,适应不同工作条件所带来的诊断任务的变化具有挑战性。

近年来,对比学习被引入故障诊断领域,以提高模型性能[6]。其关键思想是特征学习表示,这样相似的样本(即正样本对)被拉得更近,而不同的样本(即负样本对)被尽可能地拉远[7,8]。然而,大多数现有的对比学习方法严重依赖域增强来构建样本对。对于同一轴承故障,不同速度下的振动数据引起的分布差异可以看作数据的自然增强[9]。受此启发,我们在元训练阶段引入对比学习,使同一类别的特征嵌入尽可能接近,而不同类别的特征嵌入尽可能远。

针对上述数据稀缺前提下的多工况和噪声的问题,本章在多工况条件下提出了一种利用半监督对比学习(semi-supervised contrast learning,SSCL)的小样本故障诊断方法。首先利用大量无标签样本和少量源域标记样本预训练一个双支路对比网络,其中使用无标签样本对网络的特征提取模块进行训练,使用极少量标记样本对模型分类模块进行训练,其次融合监督分类学习损失和无监督对比学习损失进行网络参数的优化,并且在网络输入前加入混合数据增强模块,进一步,在特征提取模块中采用残差收缩模块,提高网络的泛化性能和抗噪声能力,最后利用目标域少量标记样本来微调分类网络,实现对新任务的快速适应。

10.2　时序数据增强方法

数据增强是对比学习方法中的关键部分。对比学习方法试图最大化相同样本的不同视图之间的相似性,同时最小化不同样本的相似性。因此,为对比学习方法设计适当的数据增强器非常重要。现在许多类型的数据增强方法已被广泛用于图像识别任务,针对振动数据的时间序列增强方法相比要少很多。

通常,无监督对比学习中的数据增强模块用来对同一样本进行两种增强,一般使用强弱两种增强方式。将增强的数据组成一个正样本对数据,而单次批量内其他数据则属于负样本对数据,通过特征提取网络提取两个增强样本的嵌入特征,最终的训练目的就是减小正样本对的相似性差异,增大负样本对的相似性差异。数据增强的方式也会影响对比学习网络最终的特征提取能力和分类性能。本章将介绍几种时序数据中常用的数据增强方式,数据增强前后对比如图 10.1 所示。增强的数据用来辅助后续对比学习网络的构建,主要对象为工业故障诊断中常见的振动信号数据。

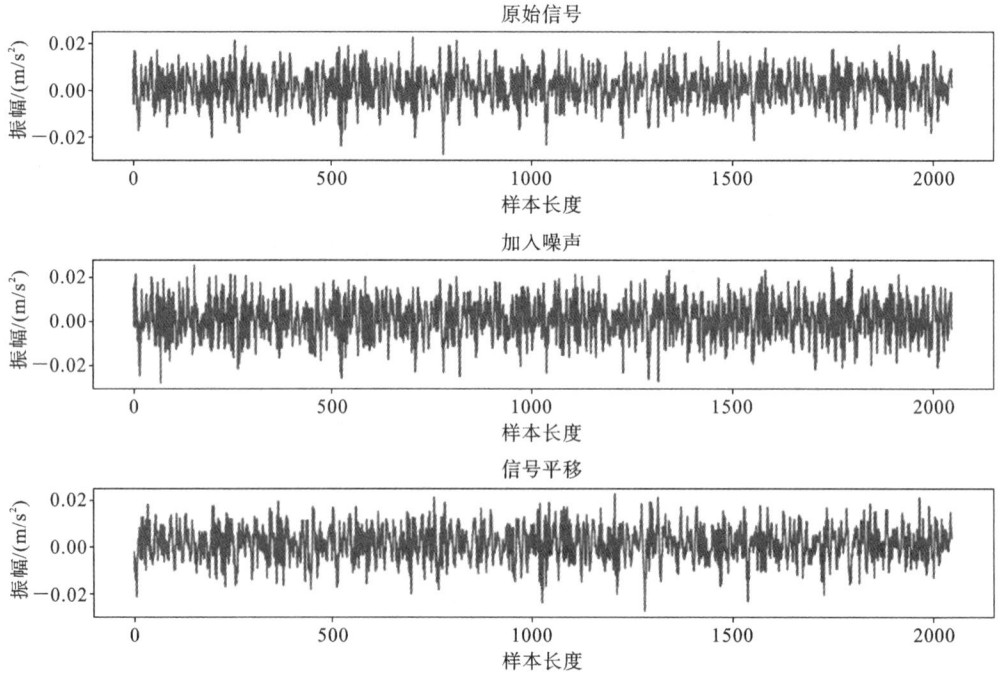

图 10.1　原始信号数据增强前后的对比图

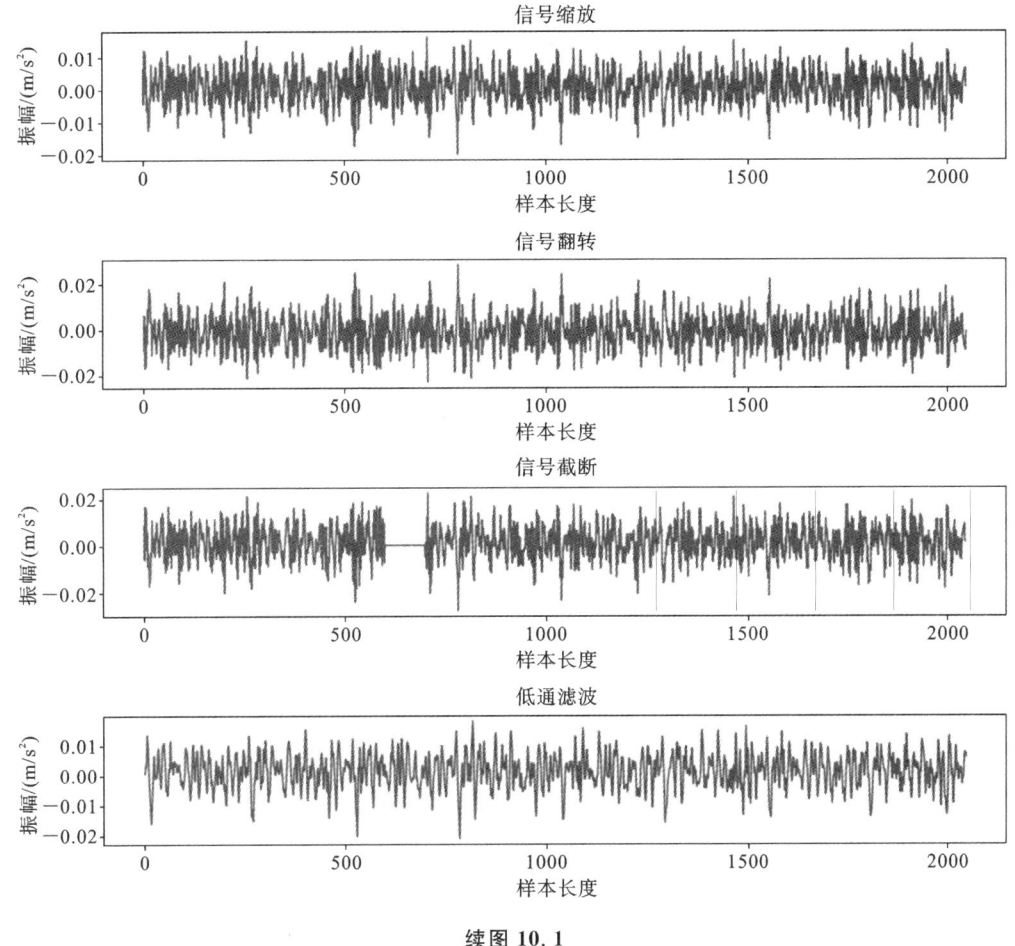

续图 10.1

（1）加入噪声：添加一个确定噪声参数的随机采样序列来进行样本增强。

（2）信号平移：信号被随机地向前或者向后平移，移动方向中缺失的数据点由移动溢出的数据点进行填充。

（3）信号缩放：将信号乘以一个倍率，对幅值进行放大或者缩小。

（4）信号翻转：对时间序列信号进行轴翻转，将幅值的正负进行翻转。

（5）数据截断：将信号样本的局部测量值设置为零。

（6）低通滤波：构建一个低通滤波器，对信号进行滤波处理。

10.3　无监督对比网络

BYOL[10]（bootstrap your own latent）是一种具有双支路结构的无监督学习网络，其目标是学习一个可以用于其他下游任务的特征表示函数。BYOL 在 MoCO[11] 动量网络的基础上添加了一个多层感知器(MLP)作为预测器,而不使用完全对称架构,在损失函数方面,其使用归一化 L_2 损失,无须输入负例,且对不同批量大小的数据、不同数据增强方法的适配性更强。BYOL 网络详细结构如图 10.2 所示。它由两个神经网络组成,分别称为在线网络和目标网络。在线网络由一组权重 θ 定义,目标网络具有与在线网络相同的结构,包含数据增强模块 $t(\cdot)$、特征提取器 $f(\cdot)$、投影头 $g(\cdot)$,但使用不同的权重 ξ,并且在线网络多一个预测器 $q_\theta(\cdot)$,预测器 $q_\theta(\cdot)$ 和 $g_\theta(\cdot)$ 均由多层感知器组成,输出向量维度相同。

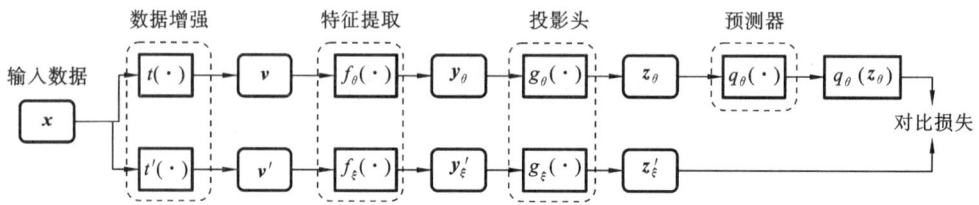

图 10.2　BYOL 网络结构

首先,BYOL 分别通过加入的数据增强模块 $t(\cdot)$ 和 $t'(\cdot)$,由输入样本 x 生成两个增强的向量 v 和 v'。然后,特征提取器 $f_\theta(\cdot)$ 和 $f_\xi(\cdot)$ 分别通过 v 和 v' 输出潜在特征表示 y_θ 和 y'_ξ,最后通过投影头 $g_\theta(\cdot)$ 和 $g_\xi(\cdot)$ 输出 z_θ 和 z'_ξ,另外在线网络部分还需要将 z_θ 输入预测器 $q_\theta(\cdot)$ 计算出 $q_\theta(z_\theta)$。

随后,BYOL 利用 $q_\theta(z_\theta)$ 和 $g_\xi(y'_\xi)$ 来计算网络训练损失。它需要 L_2 标准化的 $q_\theta(z_\theta)$ 和 z'_ξ。定义 $q_\theta(z_\theta) = \dfrac{q_\theta(z_\theta)}{\|q_\theta(z_\theta)\|^2}$,$g_\xi(y'_\xi) = \dfrac{g_\xi(y'_\xi)}{\|2g_\xi(y'_\xi)\|^2}$,然后,将 BYOL 网络的损失函数定义为归一化预测 $q_\theta(z_\theta)$ 和归一化表示 $g_\xi(y'_\xi)$ 之间的均方误差,即

$$L_{\theta,\xi} = \|q_\theta(z) - z'_\xi\|^2 = 2 - 2\frac{1}{\|q_\theta(z_\theta)\|^2 \cdot \|z'_\xi\|^2} \tag{10-1}$$

需要将 v 和 v' 分别输入在线网络和目标网络来计算损失 $L_{\theta,\xi}$。BYOL 的更新过程可以归纳为两个步骤。第一步是利用梯度来更新权重 θ。第二步是利用更新后的 θ 来更新权重 ξ。这种更新方法可以用以下公式来描述:

$$\theta = \text{optimizer}(\theta, \xi, \eta) \tag{10-2}$$

$$\xi = \tau\xi + (1-\tau)\theta \tag{10-3}$$

式中:η 为网络优化器的学习速率;τ 为目标网络移动平均更新超参数。

BYOL 网络依赖最小化 $L_{\theta,\xi}$ 来减小输入 v 和 v' 的潜在表示的分布距离,并学习训练数据样本的深层次表征。

10.4　诊断模型介绍

在复杂工况下,不同工况的故障数据分布差异大,且数据包含噪声信息,普通的单一工

况的故障诊断方法无法有效区分不同工况下的故障类型。针对以上问题,本章提出一种基于 BYOL 的半监督对比学习框架,通过大量无标签样本和少量源域标记样本来构建半监督损失函数以联合训练网络,从而提升特征提取器的特征提取能力和分类器的分类性能,最后利用目标域少量标记样本微调模型以提升对其他工况的鲁棒性和泛化性能。本节将分为三个部分进行介绍:① 对比学习网络结构;② 半监督学习损失构建;③ 算法流程。

10.4.1　对比学习网络结构

半监督对比学习网络属于双支路结构,该算法的故障诊断流程如图 10.3 所示。与自监督的 BYOL 不同,本节提出了双支路半监督损失的概念,保留原有的自监督学习可在数据增强样本中学习更多域不变特征的特点,再加入监督损失,提升网络的分类性能。对比网络的整体架构分为在线网络和目标网络,其中目标网络包含数据增强模块 $t(\cdot)$、特征提取器 $f(\cdot)$、投影头 $g(\cdot)$,而在线网络相对目标网络添加了一个预测器 $q(\cdot)$ 和分类器 $c(\cdot)$,具体结构如图 10.4 所示。本小节将详细介绍各个模块的结构。

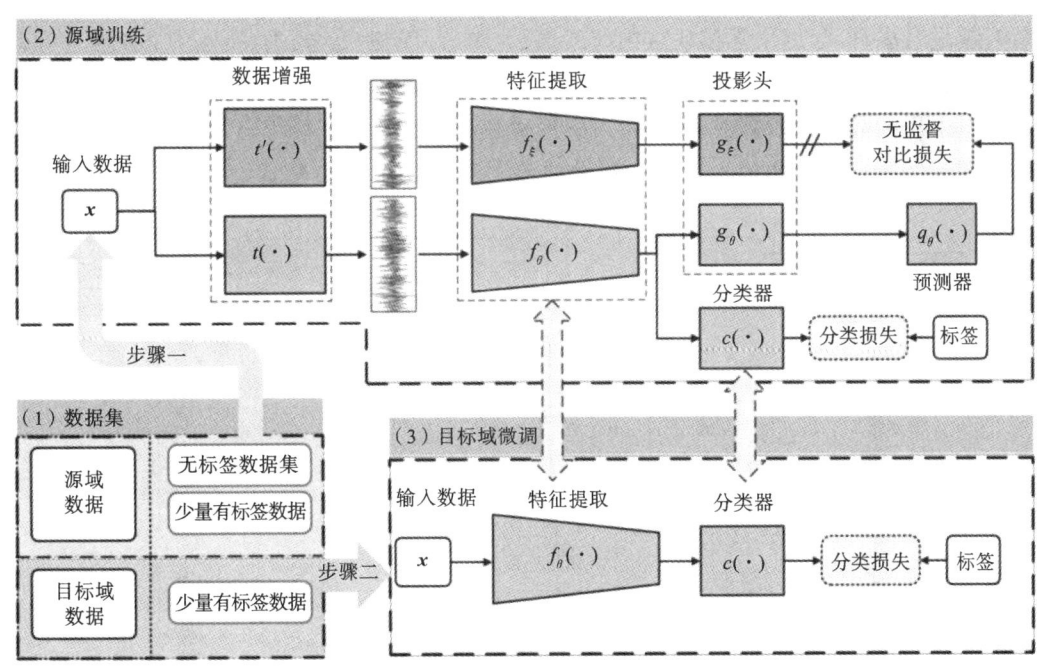

图 10.3　基于半监督对比学习的故障诊断流程

1. 数据增强模块

正样本对在对比学习网络中非常重要,这些正样本对是通过数据增强方法生成的。而数据增强的方式会直接影响特征提取器在特征提取方面的性能。在已有的一些数据增强方法对对比学习分类效果的影响研究中,有一些使用强弱增强的方法,用于输出两种强弱样本

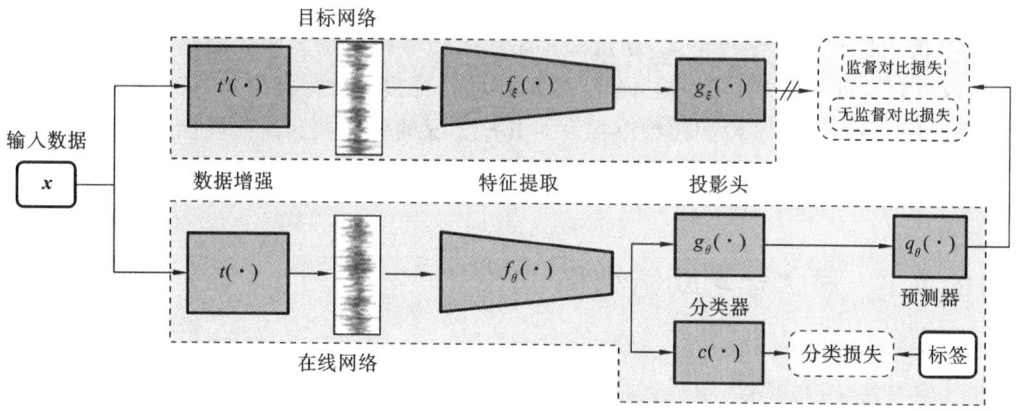

图 10.4 半监督对比学习网络结构

对,也有混合数据增强方式对最终分类精度的影响的研究。实验表明,多种数据增强方法组合起来更有利于特征提取器的训练。

本小节分别采用两种混合的随机数据增强组合方式,其中两种数据增强组合方式是固定的,但是每种数据增强方法的强度随机,通过随机采样的方式给每种增强方法分配等级,最后对其进行融合,数据增强模块结构如图 10.5 所示。这种混合数据增强方式的优点是输入相同的数据也可以得到不一样的输出数据,一定程度上扩充了训练集,提升了数据多样性。针对采用的数据增强方法,添加噪声的信噪比分别为 0 dB、2 dB、4 dB 和 8 dB;信号平移的长度比例为 0.9、0.8、0.7 和 0.6;信号翻转设置为 1,信号不翻转设置为 0;信号截断的

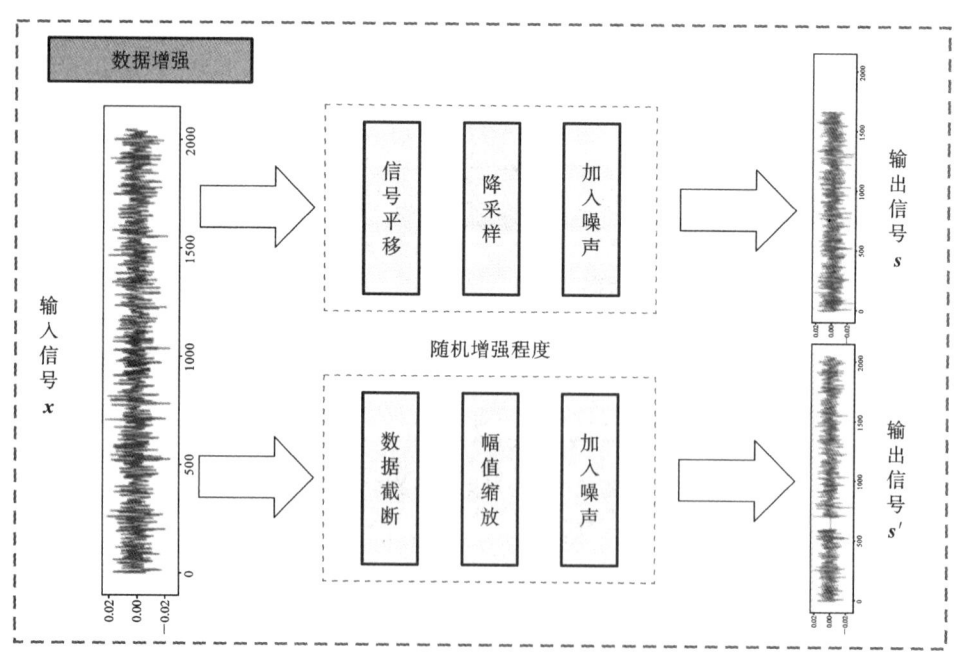

图 10.5 数据增强模块结构

比例为 0.05、0.08、0.11 和 0.13;幅值缩放率为 0.8、1.1、1.3 和 1.5。给定一个输入样本,在第一种数据增强组合中,先对信号进行局部平移,然后进行降采样,最后加入高斯噪声。在第二种数据增强组合中,先对数据进行部分截断,然后进行幅值缩放,最后加入噪声。最终,可得到来自同一输入样本的一对增强样本。

2. 特征提取器

实际场景中收集的振动信号通常包含大量噪声,在处理高噪声振动信号时,基于残差网络的特征受噪声的干扰后,可能无法检测到与故障相关的特征。在特征提取器上,本小节以残差收缩模块为基础,深度残差收缩网络(deep residual shrinkage network,DRSN)使用了一种嵌入的软阈值模块,可以通过网络训练自适应地确定阈值,以提高网络在噪声振动信号中的特征学习能力,最终达到提高诊断精度的目的。软阈值和深度学习的结合可以成为消除噪声信息和构建高判别特征的一种很高效的方法。x 为输入信号,y 为输出特征,ε 为阈值,软阈值的函数表达式如下:

$$y=\begin{cases} x-\varepsilon & x>\varepsilon>0 \\ 0 & -\varepsilon\leqslant x\leqslant\varepsilon \\ x+\varepsilon & x<-\varepsilon \end{cases} \tag{10-4}$$

深度残差收缩网络中具有用于估计软阈值的软阈值确定模块。在模块中,首先利用全局平均池化,获得输入向量的全局平均参数。同时,将输入向量输入两层全连接层,获得一个估计阈值参数,并利用 Sigmoid 函数将其缩放到 0～1 的大小,最后将估计阈值参数和全局平均参数相乘得到阈值 ε。由于标记样本有限,因此选择通道共享软阈值的方式来降低网络的计算复杂度。详细的特征提取网络如图 10.6 所示。其中,CB 代表卷积模块,由卷积层、批量归一化层和 ReLU 激活函数组成;GAP 代表全局平均池化;FC 代表全连接层。

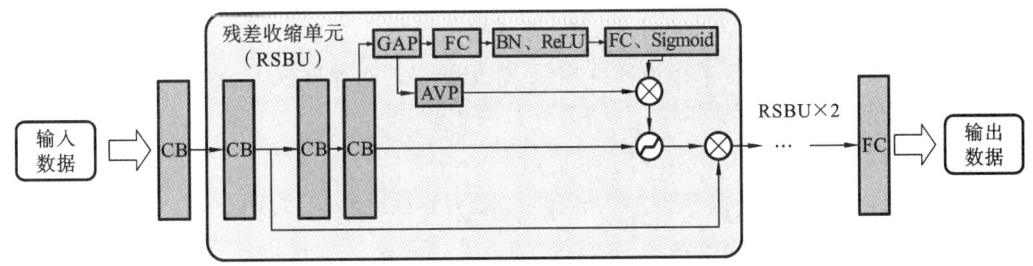

图 10.6　特征提取网络

3. 投影头、预测器和分类器

在线网络和目标网络的投影头和预测器均使用多层感知器,并且投影头输出维度低于输入维数,预测器的输出维度等于输入维度。在线网络的预测器的作用是保证在线网络和目标网络的不对称性。分类器部分使用一个全连接层,针对不同分类任务的类别数目设置输出大小。投影头、预测器及分类器结构如图 10.7 所示。

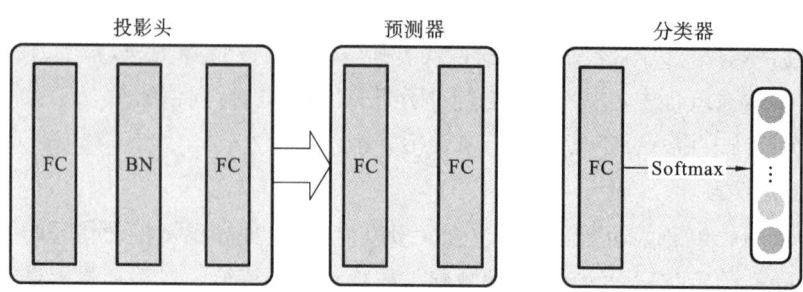

图 10.7　投影头、预测器及分类器结构

10.4.2　半监督学习损失构建

为了更好地优化对比学习网络的分类能力,可通过设计半监督损失函数来改进对比学习过程。与最初的对比学习只在网络的最终输出上对未标记样本进行对比学习不同,SSCL网络对标记和未标记样本进行双重对比,整体损失可以分为标记样本损失和无标记样本损失。无标记样本损失与自监督对比学习损失的计算过程一致,通过数据增强方式获得大小一致的输出向量,然后将向量依次通过在线网络和目标网络,并将输出向量用于构建对比损失,具体的计算过程如下:

$$L_{uld} = \| q_\theta(\boldsymbol{y}_\theta) - \boldsymbol{y}_\xi \|_2^2 \tag{10-5}$$

$$L_{uld}^{CL} = L_{uld} + \widetilde{L}_{uld} \tag{10-6}$$

式中:$\boldsymbol{y}_\theta$ 为无标签数据在线网络投影头的输出;$q_\theta(\cdot)$ 为预测器模块;$\boldsymbol{y}_\xi$ 为目标网络的投影头输出;L_{uld} 表示未标记样本 $\boldsymbol{x}$ 输入至对比网络的损失;$\widetilde{L}_{uld}$ 是将输入样本 $\boldsymbol{x}$ 数据增强后得到的样本 s 和 s' 进行调换,并再次输入网络得到的损失函数。

标记样本的对比损失与未标记样本相似,标记样本的对比度损失函数 L_{ld}^{CL} 如下:

$$L_{ld}^{CL} = L_{ld} + \widetilde{L}_{ld} \tag{10-7}$$

$$L_{ld} = \| q_\theta(\widetilde{\boldsymbol{y}}_\theta) - \widetilde{\boldsymbol{y}}_\xi \|_2^2 \tag{10-8}$$

式中:$\widetilde{\boldsymbol{y}}_\theta$ 为有标签数据在线网络投影头的输出;$\widetilde{\boldsymbol{y}}_\xi$ 为有标签数据目标网络投影头输出;L_{ld} 表示标记样本 $\widetilde{\boldsymbol{x}}$ 输入至对比网络的损失;$\widetilde{L}_{ld}$ 是将输入样本 $\widetilde{\boldsymbol{x}}$ 数据增强后得到的样本 $\widetilde{s}$ 和 s' 进行调换,并再次输入网络得到的损失函数。

标记样本的最终目的是解决故障诊断问题,所以在训练过程中利用少量的标记样本和标签,协助监督对比学习,在以上对比学习的基础上加入交叉熵损失函数,以确保特征提取器具有良好的故障区分能力,同时优化在线网络的故障分类器,具体的监督损失函数如下:

$$L_{ld}^{SL} = -\frac{1}{N} \sum_i \sum_{c=1}^{M} Y_{ic} \lg(p_{ic}) \tag{10-9}$$

式中:M 代表类别数目;i 代表样本编号;Y_{ic} 用于判断该样本是否属于类别 i,$Y_{ic}=1$,表示属于同一类,$Y_{ic}=0$,表示不属于同一类;p_{ic} 代表观测样本 i 属于类别 c 的预测概率。

半监督对比学习网络的优化过程使用基于移动平均更新的方式,更新过程可以分为两个步骤。第一步是利用梯度来更新在线网络参数 θ;第二步是利用参数 θ 来更新目标网络参数 ξ。具体更新公式如下:

$$\theta = \text{optimizer}(\theta, \xi, \eta) \tag{10-10}$$

$$\xi = \tau\xi + (1-\tau)\theta \tag{10-11}$$

式中:η 为优化器的学习速率;τ 为目标网络移动平均更新的超参数。

10.4.3　算法流程

SSCL 故障诊断流程主要包括数据处理、源域训练、目标域微调和故障诊断四个阶段。具体的故障诊断流程如下。

(1) 数据处理:将源域和目标域数据分为训练集和测试集,两者均是标记样本,通过样本对批量的输入信号进行随机数据增强,生成两种不同的一维向量并输入在线网络和目标网络。

(2) 源域训练:将所有未标记数据和源域训练集数据输入在线网络和目标网络进行半监督预训练,采用 10.4.2 节的对比损失和交叉熵损失进行计算,然后利用动量更新方式来更新 θ 和 ξ,以获得源域上表现优秀的特征提取器和分类器。

(3) 目标域微调:利用目标域的训练集来微调在线网络中的分类器,此部分损失仍然使用对比损失和半监督损失来计算,但是只使用少量的标记样本进行训练,以快速适应目标域数据的故障诊断任务,最终只保留在线网络的特征提取器和分类器作为故障诊断模型。

(4) 故障诊断:利用测试数据对故障诊断模型进行测试,并得到最终的故障诊断结果。

用于训练该模型的伪代码如算法 10.1 所示。

算法 10.1:SSCL 网络的训练损失计算和优化。Randomsample(D_1, D_2) 表示从集合 D_1 和 D_2 中随机、不重复地抽取一个批次的样本。

输入:源域无标签数据集 $D_u^s = \{x_1, x_2, \cdots, x_{N_u^s}\}$;

　　　源域标签数据集 $D_l^s = \{x_1, x_2, \cdots, x_{N_l^s}\}$;

　　　目标域无标签数据集 $D_u^t = \{x_1, x_2, \cdots, x_{N_u^t}\}$;

　　　目标域标签数据集 $D_l^t = \{x_1, x_2, \cdots, x_{N_l^t}\}$。

输出:特征提取器及分类器。

for $\text{epoch}_1 \leftarrow 1$ **to** Epoch_1 **do**

　　$x_u^s, x_l^s = \text{Randomsample}(D_u^s, D_l^s)$;

　　$v_u^s = t(x_u^s), v'^s_u = t'(x'^s_u)$;

　　$v_l^s = t(x_l^s), v'^s_l = t'(x'^s_l)$;

　　$z_u^s = q_\theta(g_\theta(f_\theta(v_u^s))), z'^s_u = g_\theta(f_\theta(v'^s_u))$;

$z_l^s = q_\theta(g_\theta(f_\theta(v_l^s)))$，$z_l^{s\prime} = g_\theta(f_\theta(v_l^{s\prime}))$；

$L_{\mathrm{uld}}^{\mathrm{CL}} \leftarrow z_u^s, z_u^{s\prime}$ by 公式(10-6)；

$L_{\mathrm{ld}}^{\mathrm{CL}} \leftarrow z_l^s, z_l^{s\prime}$ by 公式(10-7)；

$L_{\mathrm{ld}}^{\mathrm{SL}} \leftarrow f_\theta(v_l^s)$ by 公式(10-9)；

$\mathrm{Loss} = \alpha L_{\mathrm{uld}}^{\mathrm{CL}} + \beta L_{\mathrm{ld}}^{\mathrm{CL}} + \gamma L_{\mathrm{ld}}^{\mathrm{SL}}$；

$\theta = \mathrm{optimizer}(\theta, \xi, \eta)$；　　　　// 使用优化器更新在线网络参数 θ；

$\xi = \tau\xi + (1-\tau)\theta$；　　　　　// 使用在线网络参数 θ 更新目标网络参数 ξ；

end

for $\mathrm{epoch}_2 \leftarrow 1$ **to** Epoch_2 **do**

$x_u^t, x_l^t = \mathrm{Randomsample}(D_u^t, D_l^t)$；

$z_l^t = f_\theta(v_l^t)$；

$\mathrm{Loss} \leftarrow z_l^t$ by 公式(10-9)；

$\theta = \mathrm{optimizer}(\theta, \xi, \eta)$；　　　　// 使用优化器更新特征提取器和分类器参数 θ；

end

10.5　实　例　验　证

为了验证本章所提出的半监督对比学习方法能够很好地解决跨域齿轮箱的故障诊断问题，本章继续使用东南大学 SEU 数据集进行验证。在实验过程中，半监督对比学习的预训练任务阶段的最大循环次数设置为 50 次，目标域任务阶段循环次数设置为 30 次。

10.5.1　单工况下模型对比实验

本章所提出的方法诊断流程有源域训练和目标域微调两阶段，首先在单工况下的源域中进行训练和验证，观察模型在单工况场景下的性能。本章还选择了一些基于度量学习和对比学习的故障诊断方法进行比较，包含：第 9 章提出的方法 SSMAE-PN、以本章提出方法作为特征提取器的深度残差网络（DRSN[12]），以及经典的对比学习算法 BYOL[10]、MoCo[11]、SimCLR[13] 和 SimSiam[14] 等。不同方法的故障诊断的准确率如表 10.1 和表 10.2 所示。

由表 10.1 和表 10.2 可以发现，本章所提出的方法在两种单工况下都表现出较好的性能。相比之下，SSMAE-PN 在单工况下的平均准确率比 SSCL 更好，其他方法的平均准确率都低于本章所提出方法。图 10.8 提供了本章所提出方法诊断结果的详细信息，实验结果验证了本章所提出方法在变工况条件下的故障诊断性能。

表 10.1 不同方法在工况 A 下的故障诊断准确率

方 法	准确率/(%)		
	1-shot	5-shot	10-shot
SSMAE-PN	90.3	95.1	98.8
DRSN	73.2	76.5	81.0
SimCLR	81.2	84.1	90.5
SimSiam	85.6	89.7	95.1
MoCo	84.4	86.7	89.1
BYOL	82.1	89.3	92.2
SSCL	89.1	95.1	98.1

表 10.2 不同方法在工况 B 下的故障诊断准确率

方 法	准确率/(%)		
	1-shot	5-shot	10-shot
SSMAE-PN	89.3	92.1	99.6
DRSN	70.3	75.1	80.9
SimCLR	83.1	86.9	91.3
SimSiam	84.2	87.9	94.4
MoCo	82.2	84.0	87.3
BYOL	82.0	88.3	91.4
SSCL	88.7	91.4	98.4

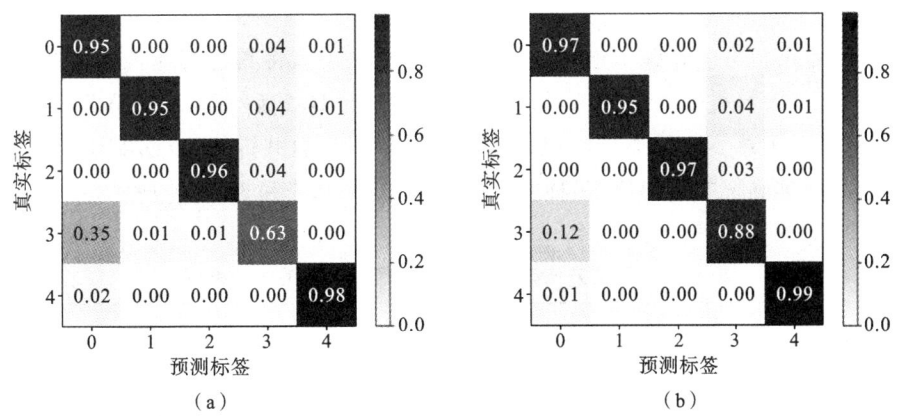

(a)　　　　　　　　　　　　　(b)

图 10.8 不同工况下故障诊断的混淆矩阵

(a) A 工况 1-shot；(b) A 工况 5-shot；(c) A 工况 10-shot；(d) B 工况 1-shot；(e) B 工况 5-shot；(f) B 工况 10-shot

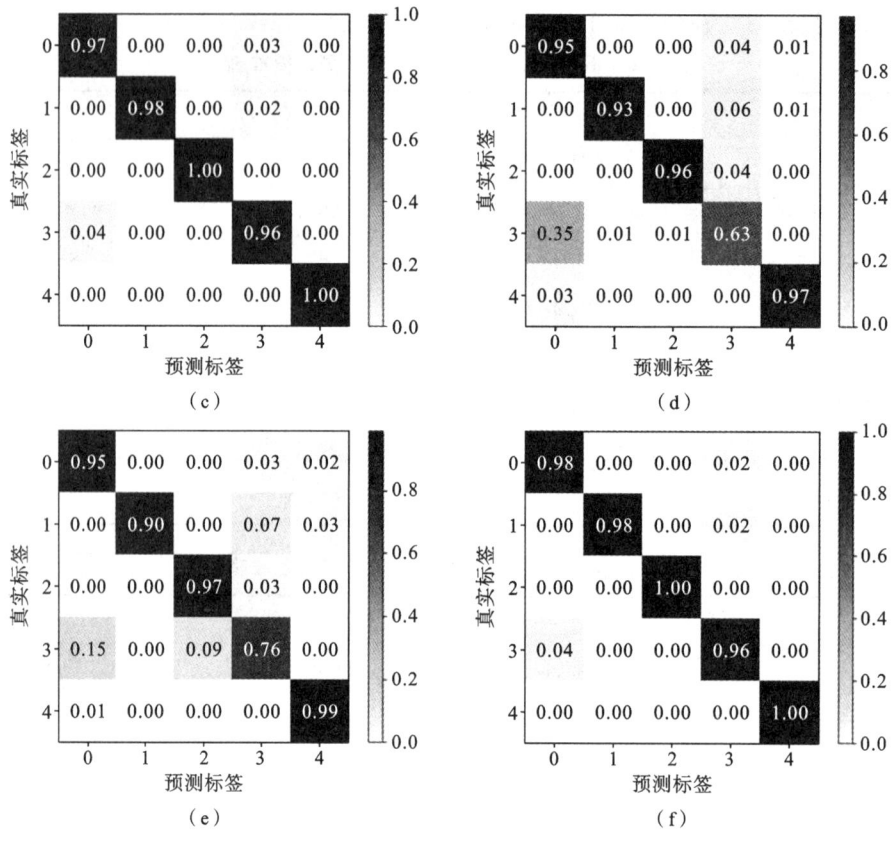

续图 10.8

10.5.2　跨工况下模型对比实验

为验证本章所提方法在跨域诊断条件下的性能,本小节将其与其他常用网络进行了对比。实验中,先将源域设置为工况 A,目标域设置为工况 B,然后将源域设置为工况 B,目标域设置为工况 A,训练集中每类故障包含 10 个标记样本,总共进行 10 次实验,最终结果取每个故障类型下准确率的平均值,两种实验的结果如表 10.3 和表 10.4 所示,不同方法跨域的平均准确率如图 10.9 所示。

表 10.3　不同方法在工况 A 跨域到工况 B 的诊断精度

方　　法	准确率/(%)					
	正常	缺损	断齿	齿面磨损	齿根磨损	平均值
ResNet	72.49	73.61	74.55	72.20	70.28	72.63
DRSN	81.45	83.30	81.25	82.90	83.98	82.57
SimCLR	88.81	90.66	88.61	90.26	91.34	89.93

续表

方　　法	准确率/（％）					
	正常	缺损	断齿	齿面磨损	齿根磨损	平均值
SimSiam	91.50	90.35	91.30	90.95	90.03	90.83
MoCo	93.30	92.15	93.10	93.75	93.83	93.23
BYOL	94.71	94.55	94.50	94.15	95.23	94.63
SSCL	97.21	97.05	95.89	98.65	98.73	97.51

表 10.4　不同方法在工况 B 跨域到工况 A 的诊断精度

方　　法	准确率/（％）					
	正常	缺损	断齿	齿面磨损	齿根磨损	平均值
ResNet	71.58	73.20	71.41	72.85	73.80	72.57
DRSN	81.49	83.11	81.32	82.76	83.71	82.48
SimCLR	88.85	90.47	88.68	90.12	91.07	89.84
SimSiam	89.74	91.36	89.57	91.01	91.96	90.73
MoCo	92.24	93.86	92.07	93.51	94.46	93.23
BYOL	93.54	95.16	93.37	94.81	95.76	94.53
SSCL	95.42	97.04	95.25	96.69	97.64	96.41

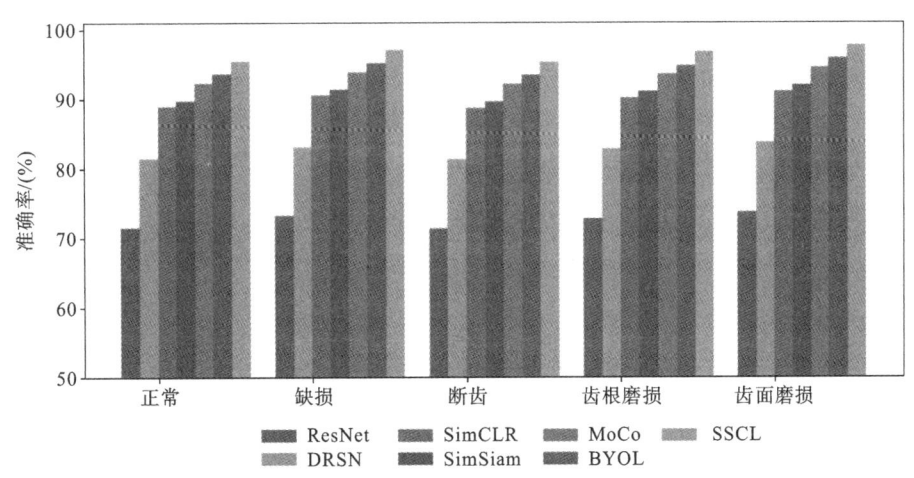

图 10.9　不同方法跨域的平均准确率对比

　　可以发现,在训练集中每个类别仅使用 5 个标记样本的情况下,本章所提出的方法在跨域诊断场景下的平均准确率约为 96％,无论是与 ResNet 和 DRSN 等常用深度方法相比,还是与基于度量元学习和对比学习的小样本方法相比,本章所提出的方法都能够取得优秀的结果。可以发现,在几种方法中,BYOL 方法具有良好的效果,这得益于 BYOL 方法强大的对比学习能力。以上实验均在源域中进行训练,并在目标域中进行测试,部分网络的分类模块需要在目标域上进行微调,通过结果可以看出本章所提出的方法能够在少量标记样本场景下实现跨域的高诊断精度。

10.5.3　样本标签率对比实验

为了进一步验证本章所提出方法中半监督学习的有效性,本小节进行了训练集中不同的标签率对诊断精度的影响实验。在确定训练集样本数的情况下,比较在源域训练中使用不同标签率的无标签数据对模型性能的影响。具体的实验结果如表 10.5 和表 10.6 所示。

表 10.5　工况 A 下不同方法在不同标签率下的诊断精度

方　　法	准确率/(%)				
	0.05	0.10	0.15	0.20	0.25
ResNet	70.97	72.63	76.53	77.03	80.88
DRSN	81.09	82.57	83.42	84.21	85.03
SimCLR	88.23	89.93	90.04	91.81	92.88
SimSiam	89.37	90.83	91.88	92.46	93.61
MoCo	91.88	93.23	93.99	94.21	94.52
BYOL	90.12	94.63	95.32	96.39	96.81
SSCL	96.97	97.51	97.61	98.80	99.97

表 10.6　工况 B 下不同方法在不同标签率下的诊断精度

方　　法	准确率/(%)				
	0.05	0.10	0.15	0.20	0.25
ResNet	71.02	72.57	73.43	75.32	79.09
DRSN	81.54	82.48	82.97	84.08	85.62
SimCLR	87.32	89.84	90.14	91.79	92.33
SimSiam	88.87	90.73	91.68	92.37	93.29
MoCo	92.03	93.23	93.87	94.32	94.78
BYOL	92.87	94.53	94.99	96.57	96.97
SSCL	95.45	96.41	96.89	97.63	98.71

训练集样本标签率实验总共进行了 5 组,每组的标签率在 0.05～0.25 之间,图 10.10 展示了准确率随样本标签率变化的折线图,可以更加直观地发现本章所提出的方法相对其他方法具有明显优势。在所有实验情况中,无论是从 A 工况迁移至 B 工况还是从 B 工况迁

移到 A 工况,SSCL 都获得了最佳结果。结果表明,SSCL 模型在数据有限和变工况条件下都具有优秀的诊断性能。

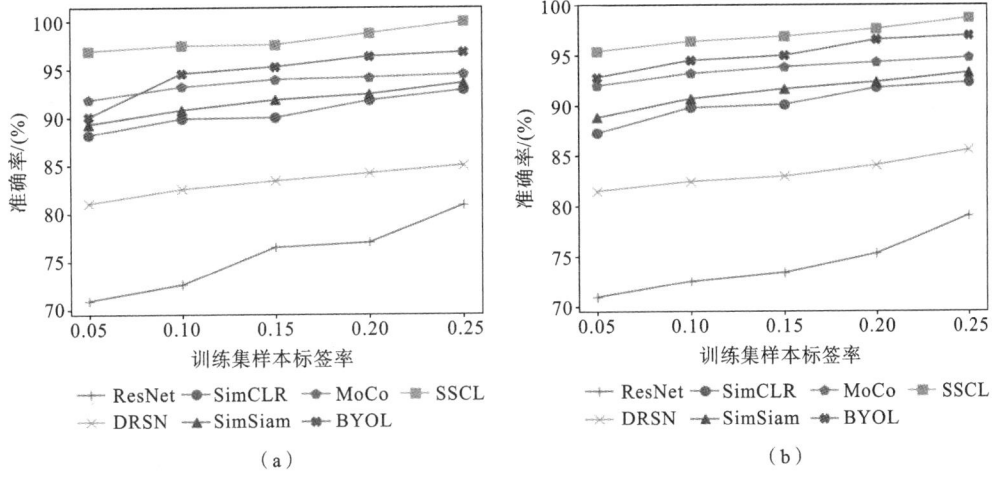

图 10.10　不同方法在不同标签率情况下的准确率变化曲线

(a) A 工况为源域,B 工况为目标域;(b) A 工况为目标域,B 工况为源域

10.5.4　噪声干扰实验

为了进一步验证 SSCL 的抗噪声性能,以证明其在不同信噪比条件下的鲁棒性,本小节进行噪声干扰实验。使用的训练集中每类包含 10 个标签样本,对每种方法总共进行 6 组信噪比从 0 dB 到 10 dB 的实验,结果如表 10.7 所示。由表 10.7 可知,SSCL 的效果最好;即使在 0 dB 的强噪声情况下,它也可以实现大约 93% 的准确率,证明了它在不同强度噪声情况下的有效性。

表 10.7　不同方法在不同强度噪声情况下的诊断准确率

方　法	准确率/(%)					
	0 dB	2 dB	4 dB	6 dB	8 dB	10 dB
DRSN	77.45	78.93	79.71	80.32	80.60	81.09
SimCLR	75.10	78.24	81.71	85.72	89.23	90.53
SimSiam	81.02	87.99	89.36	92.08	93.01	95.14
MoCo	79.42	80.31	82.72	87.81	88.00	89.11
BYOL	83.31	84.26	87.06	90.16	91.26	92.23
SSCL	92.69	93.15	96.01	96.31	97.74	98.14

10.5.5　模型微调前后对比实验

　　为了更加直观地证明网络微调的作用,使用工况 A 迁移到工况 B 的场景,对网络进行预训练,然后将源域的预训练网络应用至目标域数据,使用 t-SNE 逐步对分类器中的第一层网络输出进行可视化分析,目标域数据的输出分布对比图如图 10.11 所示。

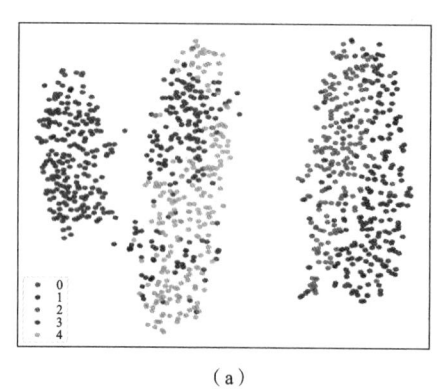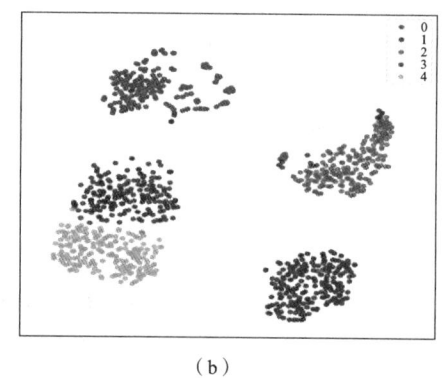

（a）　　　　　　　　　　　　　　　　　　　（b）

图 10.11　分类器中特征可视化对比

（a）源域预训练后没有微调的可视化效果；（b）源域预训练之后,目标域微调之后的可视化结果

　　图 10.11(a)所示是网络没有微调直接应用在目标域测试集上的效果,图 10.11(b)所示是网络微调之后的输出向量的降维可视化效果,类别 0、1、2、3、4 分别代表正常、缺损、断齿、齿根磨损和齿面磨损这五种故障状态。可以发现在没有微调的情况下,网络也可以对部分故障类别进行分类,但是存在类别混淆的情况,例如,类别 1 和类别 2、类别 3 和类别 4。而微调后的网络输出区分度明显更高。由此可以发现网络微调后能在源域数据信息的基础上快速学习目标域数据信息,将目标域中的混叠故障类别进行区分,实现跨工况诊断任务的快速适应。

10.6　本 章 小 结

　　本章针对不同工况下小样本故障诊断问题进行了研究。在不同工况下,由于数据包含噪声且存在分布偏移问题,在源域和目标域的样本标签率都极低的情况下,很难训练得到性能良好的模型。针对此问题,本章提出了基于对比学习的跨域小样本故障诊断方法。首先在源域训练阶段,对原始振动信号进行随机数据增强,以获得两种增强后的数据,分别输入在线网络和目标网络,利用深度残差收缩模块降低噪声对数据的干扰;然后针对标记数据和未标记数据分别构建对比损失和分类损失,联合训练源域网络和目标域网络权重;最后将在线网络中的预训练完成的特征提取器和分类器组成目标域故障诊断模型,并利用目标域少量的标记数据进行微调训练,达到快速适应新任务的效果。对本章所提出方法在齿轮箱故障数据集上进行了验证,分别验证了单工况、多工况下的小样本故障诊断精度,并且还进行了不同标签率的对比实验,为实际场景中跨工况的小样本故障诊断提供了参考。

本章参考文献

[1] LONG J，CHEN Y，HUANG H，et al. Multidomain variance-learnable prototypical network for few-shot diagnosis of novel faults[J]. Journal of Intelligent Manufacturing，2024，35(4)：1455-1467.

[2] HU J，LI W，ZHENG X，et al. Prior knowledge-based residuals shrinkage prototype networks for cross-domain fault diagnosis[J]. Measurement Science and Technology，2023，34(10)：105011.

[3] ZHANG X，SU Z，HU X，et al. Semisupervised momentum prototype network for gearbox fault diagnosis under limited labeled samples[J]. IEEE Transactions on Industrial Informatics，2022，18(9)：6203-6213.

[4] FENG Y，CHEN J，YANG Z，et al. Similarity-based meta-learning network with adversarial domain adaptation for cross-domain fault identification[J]. Knowledge-based Systems，2021，217：106829.

[5] HU J，LI W，WU A，et al. Novel joint transfer fine-grained metric network for cross-domain few-shot fault diagnosis[J]. Knowledge-based Systems，2023，279：110958.

[6] HU C，WU J，SUN C，et al. Inter-instance and intra-temporal self-supervised learning with few labeled data for fault diagnosis[J]. IEEE Transactions on Industrial Informatics，2022,19 (5)：6502-6512.

[7] PENG P，LU J，XIE T，et al. Open-set fault diagnosis via supervised contrastive learning with negative out-of-distribution data augmentation[J]. IEEE Transactions on Industrial Informatics，2022，19(3)：2463-2473.

[8] WANG C，WANG Z，MA L，et al. A novel contrastive adversarial network for minor-class data augmentation：Applications to pipeline fault diagnosis[J]. Knowledge-based Systems，2023，271：110516.

[9] ZHANG T，CHEN J，LIU S，et al. Domain discrepancy-guided contrastive feature learning for few-shot industrial fault diagnosis under variable working conditions[J]. IEEE Transactions on Industrial Informatics，2023,19 (10)：10277-10287.

[10] GRILL J B，STRUB F，ALTCHÉ F，et al. Bootstrap your own latent—a new approach to self-supervised learning[C]//NIPS'20：Proceedings of the 34th Interna-

tional Conference on Neural Information Processing Systems，2020：21271-21284.

[11] HE K，FAN H，WU Y，et al. Momentum contrast for unsupervised visual represen-tation learning[C]//Proceedings of the IEEE/CVF Conference on Computer Vision and Pattern Recognition，2020：9729-9738.

[12] ZHAO M H，ZHONG S S，FU X Y，et al. Deep residual shrinkage networks for fault diagnosis[J]. IEEE Transactions on Industrial Informatics，2019，16(7)：4681-4690.

[13] CHEN T，KORNBLITH S，NOROUZI M，et al. A simple framework for contras-tive learning of visual representations[C] //ICML'20：Proceedings of the 37th Inter-national Conference on Machine Learning，2020：1597-1607.

[14] CHEN X L，HE K M. Exploring simple siamese representation learning[C] //2021 IEEE/CVF Conference on Computer Vision and Pattern Recognition (CVPR)，2021：15750-15758.

第 11 章 智能诊断技术的挑战

11.1 引 言

工业是国民经济的基础,随着技术的进步,特别是人工智能(artificial intelligence,AI)取得了快速的发展,标志着第四次工业革命的到来。党的二十大报告提出,要"打造具有国际竞争力的数字产业集群"。2024 年召开的中央经济工作会议指出,"要大力推进新型工业化,发展数字经济,加快推动人工智能发展"。在工业过程中,大多数机器都由旋转部件组成(被称为旋转机器),主要由转子和定子组成[1,2]。在工业工艺中,旋转的机器被用来运输固体、液体和气体[3]。工艺机械包括不同的子元件,包括驱动机器、被驱动机器、速度调节器、轴和联轴器等。驱动机器获取电力、蒸汽或流体能量,并将其转换为旋转动力,以驱动过程机器。电动机、涡轮机和往复式发动机(使用非常少)都是驱动机器的例子。被驱动的工艺机器在给定的流量和压力下,将给定的工艺流体或固体输送到工艺中的特定点。泵、风扇、压缩机、输送带等是广泛使用的驱动机器。驱动器输出轴的速度可以通过速度调节器来调节,根据被驱动的工艺机器的要求而定。齿轮箱、皮带轮和皮带都是可用作速度调节器的旋转机器的例子。然而,变频驱动器(variable frequency drive,VFD)是一种可用作调速器的电子设备。轴是一种旋转机器元件,用于将能量传递到驱动机器。驱动器侧的轴,通过联轴器连接到被驱动器侧。

工程师的首要任务是维护这些关键机器,以减少计划外停机,延长机器的使用寿命。随着人工智能的发展,数据驱动的预测性维护方法朝着智能制造的方向发展。预测性维护是当前智能维护的趋势,是大多数维护工程师所关注的。

从前文的讨论中可以知道,没有旋转机器,任何制造过程都是不完整的。因此,通过部署适当的维护策略,使这些机器保持健康的运行状态至关重要[4,5]。将大数据用于旋转机器小样本故障诊断是本书的焦点。本书前面章节已经就各种不同的小样本跨域故障诊断场景提出了解决方案。但智能诊断领域仍存在需要解决的问题,对智能诊断技术其他方向的研究也是值得深入探索的。

11.2　智能诊断技术的未来工作

11.2.1　元学习在故障诊断中的未来工作

在本节中,我们将探讨元学习在故障诊断中的未来工作。

1. 有监督、半监督和无监督之间的对比

监督学习需要利用丰富的数据来获得特定任务的学习模型,而监督元学习需要学习元学习任务,从而在测试中获得只有几个样本的特定任务的学习模型。实际上,大量的元训练的小任务也需要大量的标记数据。如前所述,这在实际工程中是不容易满足的。我们需要开发半监督或无监督的元学习来利用未标记的数据。那么,未标记的数据能用来做什么呢?未标记数据可以通过聚类自动构建小样本任务,进一步有利于模型的下游任务分类[6],其中内部层优化可以完全无监督的方式进行。类似的方法是通过随机抽样和增强[7]由未标记数据构造查询样本。此外,为了解决类的区分和一致性问题,研究者开发了聚类自动构造无监督的元学习任务[8]。半监督元学习也可以辅助元学习完成较少的标记数据诊断任务[9,10]。在故障诊断中,也有一些尝试利用未标记数据的研究。半监督元学习网络(semi-supervised meta learning network,SSMN)利用未标记的数据改进了类原型,以更好地进行分类预测[11],而条件辅助分类器 GAN[12](conditional auxiliary classifier GAN,CACGAN)通过对元训练数据的无监督数据增强来增强分类器[11]。本书第 5 章结合监督学习,第 8 章、第 9 章和第 10 章结合半监督进行了一些探索。在未来的工作中,有监督学习的无监督学习或无监督学习的有监督学习将引发更多的思考。

2. 单源与多源的泛化

元学习在类似任务上具有良好的跨域性能,而领域泛化(domain generalization,DG)旨在使模型具有更强的分类能力。如果所有的任务都是由单个源域生成的,那么所获得的元知识是有限的。例如,在从轴承域到齿轮域的故障诊断中,在目标域上很难获得像在源域上一样表现良好的学习器。但如果在训练中给出多个领域,即使它们与目标域有一些不同,则元学习也可以学习不同领域的泛化能力,降低单个源域上过拟合的风险。这种方法类似于联邦迁移学习[13],利用各种工作条件下的数据来克服域偏移,并在目标域上实现泛化。然而,基于 DG 的元学习在新领域中更为普遍。它首先由 Li 等[14]提出,并通过类似于模型不可知元学习 MAML(model-agnostic meta-learning)的双层学习方式实现。最近,Zhao 等[15]提出了一个基于记忆的多源元学习框架来学习多域不变特征表示。DG 是解决工程中不同的组件不同的实验台(different-component different-testbed,DCDB)故障诊断问题的一种很有前途的、值得采用的方法,第 6 章和第 7 章均进行了一些探索。在未来的工作中,多源之间的泛化也是值得深入研究的。

3. many-class few-shot 与 few-class many-shot

对于元学习在小样本故障诊断中的应用,通常需要多类小样本(many-class few-shot)数据来生成元任务。如果有一个几个类的多样本(few-class many-shot)数据集呢? 例如,在 CWRU 中,每个工作条件至少有 10 万个点,而只包含 4 个轴承状态。注意,本书中提到的 many-shot 和 few-shot 都比普通监督方法中使用的样本要少。如果多个任务是基于几个类,那么毫无疑问,模型就有退化为通用监督模型的风险[16],即失去预期的泛化能力。Zhao 等[17]研究了 few-shot 和 many-shot 的融合学习,其中使用两阶段将 many-shot 的知识蒸馏与 few-shot 的原型网络进行融合,从而获得 few-shot 的泛化能力和 many-shot 的预测性能。这也可能是 few/many-shot 跨域故障诊断中元学习的研究方向。

4. 离线与在线

元学习通常从批处理的小样本任务中获得元知识,以快速适应新的任务,但是,元训练数据是一起给出的,是离线的。在实践中,这种训练是困难的,因为大量的数据不能一次性可用,而且通常是在设备运行中连续获取的。在线元学习[18]提供了一个解决方案,结合过去的经验与当前的任务快速适应。Li 等[19]通过在线元优化器元学习,对智能电网系统中的实时时变序列能量数据提供了准确的能耗预测,其中低级参数由使用实时数据的上层长短期记忆[20](long short-term memory,LSTM)网络自适应控制。在工程领域,机械故障诊断的最终目标是在大多数情况下在线监测和诊断设备。目前对在线故障诊断和检测的研究倾向于便携且快速诊断,如压缩机液体回流故障诊断[21]、密度峰聚类用于有杆抽油井在线诊断[22]、迁移 CNN 用于轴承故障在线诊断[23]。然而,泛化能力和数据稀缺性问题在这些工作中尚未得到解决。在线元学习可能会启发未来在线故障诊断的工作。

元学习以学习元知识为目的,针对特定的任务进行快速学习,从而很好地解决了小样本跨域故障诊断中的泛化和小样本问题。本书前面章节对故障诊断中的元学习进行了系统性的研究。首先澄清了元学习和深度学习中的一些相关概念。从数学优化的角度出发,将元学习算法分为优化型、度量型和模型型三个方面。通过各种不同的小样本场景,从不同的技术角度提出了小样本诊断方法,并与典型的方法进行对比,通过实验模拟了它们在工程中的应用和扩展;从工程应用的角度,对跨域和小样本故障诊断进行了深入分析。为了进一步推动元学习在故障诊断中的应用,本章讨论了当前研究所面临的挑战,并为最新的相关工作提供了启示和前景。我们希望这项工作将有助于读者了解元学习(meta-learning,ML)的研究现状,并启发读者对故障诊断进行探索。

11.2.2　智能故障诊断中的未来工作

本小节对小样本跨域场景智能诊断技术的研究空白和未来研究方向进行简单总结,还将提出整个智能故障诊断领域的一些其他可能的研究方向,如表 11.1 所示。需要指出的是,研究的范围仅限于一些期刊和经典的实验样本数据集,今后需拓展研究方向,并考虑更多的数据集(包括真实工业场景数据)。

表 11.1　旋转机械智能诊断的研究空白及未来发展方向

序号	研 究 空 白	未 来 发 展 方 向
1	研究人员主要关注恒定工况的小样本跨域故障诊断	在预测性维护中,需要考虑实际场景中变工况下跨域故障诊断
2	研究人员主要关注在线数据(单模态)或未考虑数据的多模态,缺乏稳健的数据集	在预测性维护中,需要使用多传感器数据融合或多模态分析来进行多故障诊断试验
3	对轴承故障有广泛的研究。然而,工业场景中旋转机械也存在不平衡、不对中、松动等故障,这些故障是相互关联的。为了完成研究,也必须考虑轴承故障	目前的研究重点在于旋转机械复合故障诊断
4	目前利用在线提供的标准数据集进行了详尽的研究,然而,实时工业条件是不断变化的	人工智能模型高度需要使用域自适应和向模型迁移学习来减小模型的域依赖性。此外,在测试设置(避免在线数据)、生成基准数据集时,必须考虑工业条件
5	大多数已发表的研究没有在实时工业环境中验证所提出的算法或模型	有必要在实时工业环境中验证所提出算法的性能
6	数字孪生+预测性维护的研究很少,仍处于发展阶段	数字孪生是一项新兴技术,在预测性维护方面非常有效,是未来研究人员面临的新挑战
7	许多研究人员使用数据驱动模型或基于模型的技术来进行故障诊断,由于单个模型的不确定性,可能存在预测错误	混合数据驱动策略与混合决策算法相结合,可以减少故障预测的错误
8	传感器工作条件变化、大型设备启动造成的中断、高频干扰等因素会污染传感器信号。因此,很难从原始信号中消除或过滤噪声。此外,数据集存在不平衡或缺失现象	基于能量相关分析和小波包变换的综合降噪方法可以克服工业传感器信号的降噪问题。GAN 也可以用于生成缺失数据或不平衡数据
9	存在模型的不确定性问题	强化学习是一种机器学习技术,模型通过反复试验来学习选择最佳方案,用于模型优化
10	云计算容易出现几个安全问题,其中 AI/ML (machine learning)模型可能会受到几种方式的攻击。为工业应用开发对抗性 AI/ML 模型仍然是一个必须解决的研究课题	云平衡、边缘计算是解决方案之一。边缘计算允许数据在本地(即在收集设备附近)进行处理,大大减小了带宽和延迟,也更安全

续表

序号	研 究 空 白	未来发展方向
11	没有研究为什么人工智能模型会做出特定的决定	可解释的人工智能是一个潜在的未来发展方向
12	未来几年,物联网设备预计将超过数万亿台,带来严重的性能和数据监控问题[24]	未来可能要研究的一个关键问题是安全性
13	能源和硬件限制是工业 4.0 中应用机器学习的两个关键的障碍	需要研究如何改善和优化物联网设备的能源使用和节约[24]。此外,可在线或增量学习的实时机器学习也可以深入研究
14	多个传感器产生的大量数据的表示具有挑战性	知识图(通过关系链接的数据点集)是一种强大的表示数据的方式,可以自动构建,然后用于探索关于一个领域的新见解[25]

11.3　本章小结

　　基于数据驱动的工业旋转机械小样本跨域故障预测维修方法是本书的重点。根据现有文献,小样本故障诊断仍然是一个发展中的领域,在工业 4.0 中有很大的发展空间。本书通过对工业旋转机械设备小样本跨工况故障诊断的数据驱动方法进行系统研究,从不同的技术角度探讨了不同的解决方案。本书系统介绍了旋转设备小样本跨工况故障诊断的基础理论和工程应用,阐述了旋转机械设备小样本故障数据驱动诊断技术和工程背景,内容包括:机械设备小样本故障诊断意义、发展及现状,旋转机械故障和小样本智能诊断技术基础理论,基于数据增强、优化元学习、度量元学习、半监督元学习等的机械设备小样本智能诊断技术。最后,作者总结了旋转机械设备小样本故障诊断空白及未来研究方向,并指出了智能诊断领域的未来研究方向。笔者试图对预测性维护中数据驱动小样本故障诊断的各种技术方法进行探究,认为本系列技术将为研究人员提供帮助,为未来的研究方向提供必要的支持,为推动国家战略性新兴产业融合集群发展、构建人工智能制造提供新的增长引擎。

本章参考文献

[1] MOHANTY A R. Machinery condition monitoring: Principles and practices[M]. Boca Raton:CRC Press,2014.

[2] BIGRET R. Rotating machinery essential features[M]//BRAUN S. Encyclopedia of

Vibration. New York:Elsevier, 2001, 1064-1069.

[3] AFFONSO L O A. Machinery failure analysis handbook[M]. New York:Elsevier, 2007.

[4] GAWDE S S, BORKAR S. Condition monitoring using image processing[C]//2017 International Conference on Computing Methodologies and Communication (ICCMC), 2017: 1083-1086.

[5] GAWDE S, PATIL S, KUMAR S, et al. Multi-fault diagnosis of industrial rotating machines using data-driven approach: A review of two decades of research[J]. Engineering Applications of Artificial Intelligence, 2023, 123: 106139.

[6] HSU K, LEVINE S, FINN C. Unsupervised learning via meta-learning[EB/OL]. (2019-03-21)[2025-04-10]. https://arxiv. org/abs/1810. 02334.

[7] KHODADADEH S, BÖLÖNI L, SHAH M. Unsupervised meta-learning for few-shot image classification[C]//Proceedings of the 33rd International Conference on Neural Information Processing Systems, 2019:10132-10142.

[8] XU H, WANG J X, LI H, et al. Unsupervised meta-learning for few-shot learning [J]. Pattern Recognition, 2021, 116: 107951.

[9] REN M Y, TRIANTAFILLOU E, RAVI S, et al. Meta-learning for semi-supervised few-shot classification[EB/OL]. (2018-03-02)[2025-04-10]. https://arxiv. org/abs/ 1803. 00676.

[10] ZHOU M, LI Y, LU H, et al. Semi-supervised meta-learning via self-training[C]// 2020 3rd International Conference on Intelligent Autonomous Systems (ICoIAS), 2020: 1-7.

[11] FENG Y, CHEN J, ZHANG T, et al. Semi-supervised meta-learning networks with squeeze-and-excitation attention for few-shot fault diagnosis[J]. ISA Transactions, 2022, 120: 383-401.

[12] DIXIT S, VERMA N K, GHOSH A K. Intelligent fault diagnosis of rotary machines: Conditional auxiliary classifier GAN coupled with meta learning using limited data[J]. IEEE Transactions on Instrumentation and Measurement, 2021, 70: 1-11.

[13] ZHANG W, LI X. Federated transfer learning for intelligent fault diagnostics using deep adversarial networks with data privacy[J]. IEEE/ASME Transactions on Mechatronics, 2021, 27(1): 430-439.

[14] LI D, YANG Y X, SONG Y Z, et al. Learning to generalize: Meta-learning for domain generalization[C]// Proceedings of the 32nd AAAI Conference on Artificial Intelligence. Palo Alto:AAAI Press,2018:3490-3497.

[15] ZHAO Y, ZHONG Z, YANG F, et al. Learning to generalize unseen domains via memory-based multi-source meta-learning for person re-identification[C]//Proceedings of the IEEE/CVF Conference on Computer Vision and Pattern Recognition,

2021：6277-6286.

[16] LIU L, ZHOU T, LONG G, et al. Many-class few-shot learning on multi-granularity class hierarchy[J]. IEEE Transactions on Knowledge and Data Engineering, 2020, 34(5)：2293-2305.

[17] ZHAO H, YAP K H, KOT A C, et al. Few-shot and many-shot fusion learning in mobile visual food recognition[C]//2019 IEEE International Symposium on Circuits and Systems (ISCAS), 2019：1-5.

[18] FINN C, RAJESWARAN A, KAKADE S, et al. Online meta-learning[C]//International Conference on Machine Learning, 2019：1920-1930.

[19] LI J, HU M. Continuous model adaptation using online meta-learning for smart grid application[J]. IEEE Transactions on Neural Networks and Learning Systems, 2020, 32(8)：3633-3642.

[20] ZHAO H, SUN S, JIN B. Sequential fault diagnosis based on LSTM neural network [J]. IEEE Access, 2018, 6：12929-12939.

[21] ZHOU Z, WANG J, CHEN H, et al. An online compressor liquid floodback fault diagnosis method for variable refrigerant flow air conditioning system[J]. International Journal of Refrigeration, 2020, 111：9-19.

[22] HAN Y, LI K, GE F, et al. Online fault diagnosis for sucker rod pumping well by optimized density peak clustering[J]. ISA Transactions, 2022, 120：222-234.

[23] XU G, LIU M, JIANG Z, et al. Online fault diagnosis method based on transfer convolutional neural networks[J]. IEEE Transactions on Instrumentation and Measurement, 2019, 69(2)：509-520.

[24] YOUNAN M, HOUSSEIN E H, ELHOSENY M, et al. Challenges and recommended technologies for the industrial internet of things：A comprehensive review[J]. Measurement, 2020, 151：107198.

[25] HOSSAYNI H, KHAN I, AAZAM M, et al. SemKoRe：Improving machine maintenance in industrial IoT with semantic knowledge graphs[J]. Applied Sciences, 2020, 10(18)：6325.